Mag. Walther M. Stuzka

MATHEMATIK
Schularbeiten

2. Klasse der Hauptschulen und
der allgemeinbildenden höheren Schulen

G&D

www.lernfit.at

ISBN 978-3-7074-0880-5

1. Auflage 2001, Nachdruck 2008 (1,04)

Satz: SBS – Rainer Schmid, 1090 Wien
Illustrationen: Anton Bartl
Technische Zeichnungen: Ing. Mag. Dr. Herbert Löffler
Printed in Europe

Inhaltsverzeichnis

Vorwort

Schlaflose Nächte ...

Das alles muss nicht (mehr) sein!
Dieses Buch will dir dabei helfen.

- Du lernst mögliche Beispiele für Schularbeiten kennen.
- Du erfährst die verschiedenen Schwierigkeitsgrade der Aufgaben.
- Mit Routine und Sicherheit wird jede Schularbeit ein Erfolg.

Bei einer Umfrage unter Schülerinnen und Schülern aller Altersklassen über die Probleme rund um die Mathematikschularbeit kamen recht interessante Ergebnisse heraus:

Auf die Frage: „Wie bereitest du dich vor?" antworteten die meisten, dass sie erkannt hätten, wie wichtig das Mitarbeiten während des Unterrichts für sie sei und dass man die Beispiele, die man zur Schularbeit erwartet, üben müsse. Als Gründe für eine misslungene Mathematikschularbeit erklärten alle Befragten einstimmig, zu wenig geübt oder Unverstandenes nicht rechtzeitig geklärt zu haben.

Sehr aufschlussreich waren die Antworten auf die Frage: „Was, glaubst du, könnte für dich beim Lernen und Üben zu Hause besonders hilfreich sein?" Da wünschten sich viele nichts anderes als Ruhe und Ungestörtsein. Manche meinten, es wäre schön, wenn man jemanden hätte, den man fragen kann, und die meisten vermissten eine Art „Arbeitszettel" mit Beispielen, wie sie zur Schularbeit kommen könnten.

Diesen Wunsch soll dir dieses Buch erfüllen. Du findest im praktischen Teil Beispiele, die in deiner Klasse gestellt werden könnten. Die Rechengänge der einzelnen Aufgaben sind genau erklärt, daher wird dir das Buch auch bei der Lösung deiner Hausaufgaben helfen. Bevor du aber mit der eigentlichen Arbeit beginnst, solltest du auch die restlichen Seiten dieses Vorworts lesen. Dort erfährst du, wie du dich auf eine Mathematikschularbeit vorbereiten kannst. Außerdem werden viele Lerntipps gegeben. Am Ende des Buchs kannst du über deine Rechte und deine Pflichten die Mathematikschularbeit betreffend nachlesen.

ÜBER DEN PRAKTISCHEN UMGANG MIT DIESEM BUCH UND DIE VORBEREITUNG AUF DIE MATHEMATIKSCHULARBEIT

Dieses Buch soll wie ein „unsichtbarer Nachhilfelehrer" sein. Sobald du dich damit einmal vertraut gemacht hast, wird es dir auf viele Fragen Antwort geben. Es ist, ähnlich wie dein Mathematiklehrbuch, nach Themen gegliedert. Nur gibt es in diesem Buch neben dem ANGABENTEIL auch einen LÖSUNGSTEIL. Dort ist nicht nur das richtige Endergebnis des jeweiligen Beispiels abgedruckt, sondern in vielen Fällen Schritt für Schritt erklärt, wie du dieses und ähnliche Beispiele rechnen musst. Aber nicht nur das, in der RANDSPALTE stehen wichtige Formeln, Skizzen und Extrahinweise. Dort kannst du dir auch selbst Notizen machen.

Beispiele, die dir nicht gelungen sind, geh mit Hilfe des Lösungsteils des Buchs Schritt für Schritt durch. Achte darauf, wo du Fehler gemacht hast, präge dir den richtigen Rechengang ein, und mach dir eventuell eigene Anmerkungen in die Randspalte. Bearbeite dasselbe Beispiel ein oder zwei Tage später zur Übung nochmals.

Angenommen, du lernst in der Schule das Rechnen mit Gleichungen, dann suche dir zum Üben im Inhaltsverzeichnis (Seite 3) das Kapitel „Gleichungen und Formeln" heraus. Dort findest du die gewünschten Aufgabenstellungen. Darüber hinaus hast du die Möglichkeit, mit Hilfe des Registers (auf der letzten Seite) nicht nur nach Beispielen zu einem bestimmten Thema, sondern sogar nach Beispielen zu einem bestimmten Begriff zu suchen. Willst du zum Beispiel für die bevorstehende Mathematikschularbeit „Brüche", „Gleichungen" und Aufgaben zur „Symmetrie" üben, dann suche dir vier bis fünf entsprechende Beispiele und arbeite, wie du es von den Schularbeiten her gewohnt bist.

Löse jenes Beispiel zuerst, das dir am leichtesten fällt, nimm dir die schwierigeren Aufgaben danach vor. Achte darauf, dass du alle Aufgaben innerhalb von 40 Minuten schaffst: das ist w e n i g e r als die Dauer einer Unterrichtsstunde! Erst nach dieser „Probeschularbeit" schau im Lösungsteil nach, wie weit deine Arbeit richtig ist. Du solltest mit dieser Art von „Probeschularbeit" so rechtzeitig beginnen, dass du, falls erforderlich, an einem anderen Tag noch eine zweite oder auch eine dritte versuchen kannst. Dadurch lernst du am besten deine Kenntnisse und Schwächen kennen.

Interessiert es dich, mit welcher Note deine Arbeit beurteilt werden könnte, so halte dich an folgende „Daumen"-Regel:
Hast du weniger als die Hälfte aller Beispiele gelöst, so ist deine Arbeit (leider) mit „Nicht genügend" zu beurteilen. „Sehr gut" oder „Gut" ist deine Arbeit dann, wenn du entweder alle Beispiele fehlerlos bearbeitet hast bzw. nur ein paar Kleinigkeiten falsch sind oder fehlen. Dazwischen liegen das „Befriedigend" – dafür sollten drei Viertel der Anforderungen erfüllt sein – und das „Genügend".

Hinweis:
Unter der Internetadresse ***www.bmukk.gv.at/schulen/recht/gvo/lb_vo.xml*** kannst du zum Thema Leistungsbeurteilung in der vom Bundesministerium für Unterricht, Kunst und Kultur herausgegebenen Leistungsbeurteilungsverordnung – sie hat Gesetzesrang – umfassende Informationen abrufen.
Vor allem der § 14 „Beurteilungsstufen (Noten)" und der § 16 „Fachliche Aspekte für die Beurteilung von (Mathematik-)Schularbeiten" könnten für dich besonders interessant sein.

WIE LERNE ICH RICHTIG?

Lernen bedeutet, sich Wissen, Kenntnisse oder Fertigkeiten anzueignen, sich dieses Wissen einzuprägen und es so oft zu wiederholen, bis es persönlicher geistiger Besitz geworden ist.

Vieles an Wissen bekommst du in der Schule vermittelt. Die Mathematik ist ein aufbauendes Unterrichtsfach. Das heißt, der Lehrstoff baut auf dem auf, was du schon in vorangegangenen Klassen gelernt hast, und setzt sich in dieser aufbauenden Art fort. Daher sind Aufmerksamkeit und konzentrierte Mitarbeit ganz besonders wichtig. Nur so kannst du selbst prüfen, wie gut oder wie wenig gut du den Lehrstoff verstehst.

Wenn Unklarheiten auftreten, f r a g sofort – entweder deine Lehrerin oder deinen Lehrer oder eine Mitschülerin oder einen Mitschüler. Der zweite wichtige Teil deiner Arbeit für Mathematik sind die HAUSAUFGABEN. Sie sind kein lästiges „Anhängsel" an den Unterricht, sondern du prägst dir dabei das Erlernte ein und kannst dir selbst beweisen, dass du es an ähnlichen Beispielen anzuwenden verstehst. Ein sorgfältig geführtes, übersichtliches Hausübungsheft wird dir ein brauchbarer Helfer bei der unmittelbaren Schularbeitsvorbereitung sein:

- Schreibe bei jeder Hausübung das Datum dazu! Es hilft dir beim Wiederfinden von Beispielen, die du an einem bestimmten Tag gerechnet hast!
- Schreibe leserlich! Ähnlich aussehende Ziffern können leicht verwechselt werden:
  0 und 6, 1 und 7, ...

- Unterstreiche die Ergebnisse!
- Mach häufig Randbemerkungen, die dir später als zusätzliche Information oder Hilfe dienen können!
- Heb voll geschriebene Hefte auf, damit du später nachschauen kannst!

Noch ein paar Worte zum Arbeiten und Üben daheim: Es wäre natürlich ideal, alles, was man am Vormittag gelernt hat, zu Hause sogleich durchzuarbeiten und zu üben, bis alles „sitzt". Die Wirklichkeit sieht leider anders aus. Oft sind es zu viele Gegenstände, für die zu lernen ist, dann gibt es die eine oder andere Prüfung, für die du dich einen ganzen Nachmittag lang vorbereiten musst. Versuch trotzdem, die Hausübungen möglichst gleich zu erledigen, solange du noch alles frisch im Gedächtnis hast!

Ein kleiner Test, wie weit du dich an die letzte Mathematikstunde erinnern kannst:

- Kannst du den Ablauf der letzten Mathematikstunde wiedergeben?
  NEIN?
- Probiere es nach einem Blick in das Schulübungsheft.
  NOCH IMMER NICHT?
- Vielleicht kannst du dir die Vorgänge der letzten Stunde wenigstens bei genauem Anschauen deiner Aufzeichnungen ins Gedächtnis rufen?
  AUCH NICHT?
- DANN HAST DU WAHRSCHEINLICH ZU WENIG AUFGEPASST!

Diese Erkenntnis wird dir im Augenblick nicht weiterhelfen, aber sie zeigt dir, dass du deine Aufmerksamkeit während des Unterrichts verbessern und dass du dich bei deinen Mitschülerinnen oder Mitschülern nach dem, was in der letzten Stunde durchgenommen wurde, erkundigen musst.

Aus der Erkenntnis der eigenen Fehler kann man k l u g werden: Man darf sie nur nicht nochmals begehen!

Ein paar Dinge sind für das Lernen und Arbeiten zu Hause noch sehr wichtig. Versuch gemeinsam mit deinen Eltern die Voraussetzungen dafür zu schaffen!
Dazu gehören:

1. Der Arbeitsplatz

Kinder, die ihre Hausarbeit im Hort, im Internat oder in der Tagesheimschule machen, haben wahrscheinlich ihren ständigen, gleich bleibenden Arbeitsplatz. Im Elternhaus ist das nicht immer so. Nicht jedes Kind hat ein eigenes Zimmer, in dem es ungestört arbeiten (leider auch manchmal trödeln) kann. Trotzdem soll der Platz, an dem gearbeitet wird, immer derselbe sein. Dadurch wird man leichter und rascher auf die Arbeitssituation eingestimmt, als wenn Hefte und Bücher jeden Tag woanders aufgeschlagen werden müssen. Der Platz soll hell und nach Möglichkeit ruhig sein. Wenn es in deiner Familie üblich ist, schon in den frühen Abendstunden den Fernsehapparat einzuschalten, dann solltest du die schwierigeren Arbeiten bis dahin bereits erledigt haben.

Alles, was du zum Lernen brauchst, muss stets griffbereit in der Nähe deines Arbeitsplatzes sein. Eine Kiste, ein Karton, ein Regal oder zwei, drei Laden, die nur für deine Schulsachen bestimmt sind, genügen dafür.
Auch wenn du einen Schreibtisch ganz für dich allein haben solltest, nach getaner Arbeit sollte dir das sorgfältige Wegräumen der Gegenstände zur Gewohnheit werden. Diese äußere Ordnung ist sehr wichtig für ein erfolgreiches Lernen! Gerade die Mathematik ist eine Wissenschaft, die selbst Ordnung schafft, indem sie aus manchmal verwirrend erscheinenden Angaben zu eindeutigen Lösungen führt!

2. Die Konzentration

„Ich kann mich nicht konzentrieren!" – hört man schon von ganz jungen Schulkindern. Wenn das auch auf dich zutrifft, dann solltest du gemeinsam mit deinen Eltern nach den Ursachen deiner Konzentrationsschwäche suchen. Der Mangel an Konzentration könnte körperlich bedingt sein. Da müssten Schul- oder Hausarzt helfen.

Es wäre auch möglich, dass ein Kind, das bisher nie Schwierigkeiten in der Schule hatte, plötzlich nicht mehr die nötige Konzentration aufbringen kann, weil es überfordert ist. Ein Eltern-Lehrer-Gespräch kann dabei Klärung bringen.

Die Hauptursache des Konzentrationsmangels ist aber sicherlich die so genannte Reizüberflutung, der Kinder und Erwachsene ausgesetzt sind. Es ist oftmals zu viel, was im Laufe eines Tages auf einen Menschen einstürmt. Manche Dinge, von denen man glaubt, sie würden der Entspannung dienen, beeinflussen und reizen einen derart, dass man innerlich nicht zur Ruhe kommt. Auch ein aufregender oder brutaler Film im Fernsehen kann eine arge Belastung darstellen.

Auch bei Musik ist es meist unmöglich, sich auf ein schwieriges Rechenproblem zu konzentrieren. Wenn du Musik gern hast, dann wäre es jammerschade, sie nur mit halbem Herzen oder nur mit einem Ohr zu hören. Mach zuerst das eine ganz und widme dich dann voll dem anderen! Machst du beides zugleich, kommt beides zu kurz.

Du kannst dich selbst zur Konzentration erziehen, indem du störende Einflüsse (Straßenlärm, Radio, TV) beim Lernen völlig ausschaltest und indem du das konzentrierte Arbeiten zunächst in nur kurzen Zeitspannen übst, die du allmählich immer länger ausdehnst. Aber niemals länger als eine halbe Stunde! Kurze Konzentrationsübungen mehrmals am Tag bringen mehr Erfolg. Sich konzentrieren bedeutet Anspannung. Schalte daher immer wieder Entspannungspausen ein. Dabei kannst du dich ohne weiteres mit ablenkenden Dingen beschäftigen. Danach darf dir der Wiedereinstieg in die Arbeit aber nicht zu schwer fallen.

3. Die Methoden

Lernen ist ein Denkprozess. Du erhältst eine Information, die in dein Gehirn eindringt. Wenn du dir diese Information merken willst, musst du sie dir einprägen und so oft wiederholen, bis sie in deinem Gedächtnis bleibt. Dieser Lernprozess geht aber nicht bei jedem Menschen auf die gleiche Art und Weise vor sich. Manche lernen leichter, wenn sie Lerninhalte immer wieder h ö r e n. Wenn du zu denen gehörst, dann wirst du dir am besten den Stoff immer wieder laut vorsagen.

Andere behalten die Dinge leichter durch A n s c h a u e n beziehungsweise durch Lesen. Gehörst du zu diesem Lerntyp, dann wird dir für den speziellen Fall Mathematik ein übersichtliches, gut geführtes Formelheft oder eine Zettelkartei sehr nützlich sein.

Ein dritter Lerntyp ist jener, der sogar beim Lernen B e w e g u n g braucht. Nun wird man beim Üben von Mathematikaufgaben wohl schwerlich herumspazieren können. Wenn du zu diesem Lerntyp gehörst, dann mach ein paar körperliche Lockerungsübungen, bevor du dich an den Schreibtisch setzt. Du könntest auch versuchen, das gestellte Rechenproblem in einer zügigen Zeichnung darzustellen – falls dies von der Angabe her möglich ist – und dann erst an die rechnerische Lösung heranzugehen.

Der Zeitpunkt, an dem man am erfolgreichsten lernen und üben kann, wird nicht für jeden gleich sein. Finde selbst heraus, um welche Tageszeit du dich am besten konzentrieren kannst und wann du mit der Arbeit am schnellsten vorankommst. Manchmal hat eine frühe Morgenstunde vor der Schule mehr gebracht als viele Stunden während des Nachmittags. Auch die abendliche Wiederholung vor dem Einschlafen, wenn sie als letzter Tageseindruck mit hinüber in den Schlaf genommen wird, ist von großem Nutzen.

Zum Glück sind die Menschen nicht so veranlagt, dass man sie ausschließlich dem einen oder anderen Lerntyp zuordnen muss; es hat jeder auch von den anderen Eigenschaften ein bisschen etwas. Wenn du aber erkannt hast, nach welcher Methode du leichter lernst und dich darauf einstellst, hast du schon viel gewonnen. Was aber für alle Lerntypen gleichermaßen gilt, sind die einzelnen Schritte des Lernprozesses:

a) Erfassen

Du siehst etwas, hörst etwas, aber hast du es auch erfasst? Prüf dich einmal, wie viele Einzelheiten dir zum Beispiel von einem Foto, das du ein paar Minuten betrachtet hast, im Gedächtnis haften bleiben. Lies einen Absatz irgendeines Textes, sei er aus der Zeitung oder einem Abenteuerbuch, lege den Text beiseite und frage dich selbst, was du davon behalten hast. So wirst du sehr rasch erkennen, wie gut du im Auffassen und Erfassen von Dingen bist. Mach solche Übungen mehrmals, und du wirst lernen, besser zu schauen und besser zu erfassen. In der Mathematik brauchst du diese Fähigkeit, um so rasch wie möglich zu erfassen, wie etwa ein Textbeispiel gemeint ist, welche Formel eingesetzt werden muss oder welche Erfahrungen du aus ähnlichen Beispielen zur Lösung heranziehen könntest.

b) Einprägen

Das Einprägen des Erfassten ist die nächste Stufe im Lernprozess. Auch hier wird zu unterscheiden sein, dass es Menschen mit gutem und solche mit schlechtem Gedächtnis gibt. Außerdem gibt es Menschen, die ein ausgeprägtes Zahlengedächtnis, und andere, die eine besonders gute Merkfähigkeit für Vokabeln und Namen haben. Es wäre ein großer Fehler, der Neigung zu dem, was einem leichter fällt, nachzugeben! Sobald du feststellst, dass du dir zum Beispiel Jahreszahlen nicht gut merkst, musst du dir einfach mehr Zeit zum „Büffeln" nehmen. Der Erfolg wird dich sicherlich belohnen. Das Denktraining, das du dabei betreibst, wirkt sich automatisch auch auf andere Lerngegenstände aus.

c) Üben

Der dritte Schritt beim richtigen Lernen ist das Üben. Was man beharrlich übt, wird einem mit der Zeit immer leichter fallen. Kein Sportler kann ohne Training Leistungen erbringen, kein Musiker oder Sänger ohne tägliches Üben Erfolg haben. So wird die Übung auch aus dir sicherlich einen Meister machen.

Wenn du alle diese Ratschläge überdenkst und die Anregungen in die Tat umsetzt, werden sich Schwierigkeiten ganz sicher bewältigen lassen. Es bleibt nur noch übrig, dir bei der Beschäftigung mit diesem Buch viel Freude und bei allen kommenden Schularbeiten den wohlverdienten Erfolg zu wünschen.

Wien, Perchtoldsdorf, September 2001
Walther M. Stuzka

1 Teilbarkeit

1.1 Gib alle Ziffern an, die für den Platzhalter □ gesetzt werden können, sodass eine wahre Aussage entsteht!

$3 \mid 5\square46$, $4 \nmid 54\,27\square$, $10 \mid 35\square$, $12 \mid 5\,12\square$, $9 \mid 17\square34$

1.2 Gib alle Ziffern an, die für den Platzhalter □ gesetzt werden können, sodass eine wahre Aussage entsteht!

$3 \nmid 7\,2\square3$, $4 \mid 73\,5\square6$, $5 \mid 58\square$, $15 \mid 4\,12\square$, $9 \mid 47\,1\square1$

1.3 Welche der nachfolgenden Aussagen sind wahr bzw. falsch?
Begründe jeweils mit Hilfe der Summen- bzw. der Produktregel!

$7 \mid 728$, $6 \mid 7 \cdot 24$, $19 \mid 1\,937$

1.4 Welche der nachfolgenden Aussagen sind wahr bzw. falsch?
Begründe jeweils mit Hilfe der Summen- bzw. der Produktregel!

$8 \mid 568$, $4 \mid 5 \cdot 32$, $17 \mid 1\,735$

1.5 Kreuze die leeren Felder an, wenn die links stehende Zahl durch die oben stehende Zahl teilbar ist!

	2	3	4	5	6	9	10	12	15	25	100
744											
2 250											
34 700											
514 845											

1.6 Kreuze die leeren Felder an, wenn die links stehende Zahl durch die oben stehende Zahl teilbar ist!

	2	3	4	5	6	9	10	12	15	25	100
984											
4 920											
71 600											
412 335											

1.7 Gib die Teiler der Zahl 120 (im aufzählenden) Verfahren an!

1.8 Gib die Teiler der Zahl 420 (im aufzählenden) Verfahren an!

1.9 Ermittle mittels Primfaktorenzerlegung den ggT(1 155, 630, 252)!
Wie oft ist der ggT in jeder der drei Zahlen enthalten?

1.10 Ermittle mittels Primfaktorenzerlegung den ggT(1 386, 990, 825)!
Wie oft ist der ggT in jeder der drei Zahlen enthalten?

1.11 Ermittle mittels Primfaktorenzerlegung den ggT(585, 675, 990, 1 260)!
Wie oft ist der ggT in jeder der vier Zahlen enthalten?

1.12 Ermittle mittels Primfaktorenzerlegung den ggT(420, 588, 728, 1 540)!
Wie oft ist der ggT in jeder der vier Zahlen enthalten?

1.13 Ein Raum mit rechteckiger Grundfläche ist 8,40 m lang und 5,20 m breit.
Der Fußboden soll mit möglichst großen, quadratischen Steinplatten belegt werden.

a) Wie groß ist die Kantenlänge einer solchen Platte?
(Der Zwischenraum zwischen den Platten wird vernachlässigt.)

b) Wie viele Platten sind mindestens erforderlich?

1.14 Ein rechteckiges Grundstück ist 612 m lang und 420 m breit.
Für die Einzäunung des Grundstücks sollen in möglichst großen, aber gleich bleibenden Abständen Zaunstützen aufgestellt werden.

a) Wie groß ist der Abstand zwischen zwei Stützen?

b) Wie viele Stützen sind erforderlich?

1.15 Ein Transportbehälter (Container) für die Beförderung von Gütern ist 2,4 m breit, 2,4 m hoch und 9,0 m lang. Er soll mit möglichst großen würfelförmigen Paketen beladen werden.

a) Wie groß ist die Kantenlänge eines solchen Würfels?

b) Wie viele solche Würfel haben höchstens Platz?

1.16 Ermittle mittels Primfaktorenzerlegung das kgV(270, 420, 504)!
Wie oft ist jede der drei Zahlen im kgV enthalten?

1.17 Ermittle mittels Primfaktorenzerlegung das kgV(1 260, 980, 150)!
Wie oft ist jede der drei Zahlen im kgV enthalten?

1.18 Ermittle mittels Primfaktorenzerlegung das kgV(2 475, 1 050, 630)!
Wie oft ist jede der drei Zahlen im kgV enthalten?

1.19 Ermittle mittels Primfaktorenzerlegung das kgV(1 008, 648, 168, 72)!
Wie oft ist jede der vier Zahlen im kgV enthalten?

1.20 Drei Schiffe laufen gleichzeitig aus einem Hafen aus. Das erste Schiff kehrt alle 8 Wochen, das zweite alle 12 Wochen und das dritte alle 16 Wochen in diesen Hafen zurück.

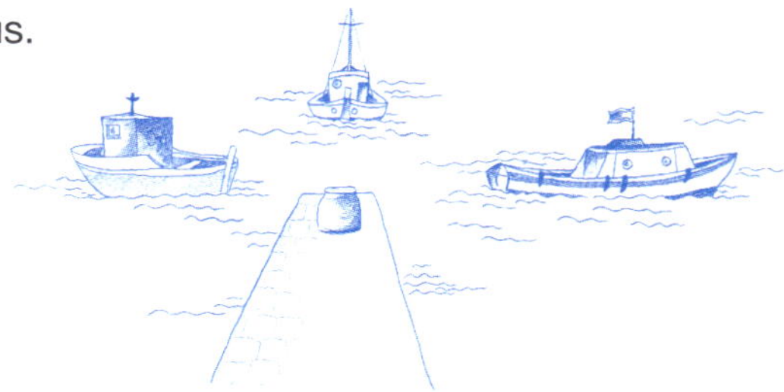

a) Wann werden alle Schiffe zum ersten Mal in diesem Hafen wieder zusammentreffen?

b) Wie oft wird dann jedes der drei Schiffe den Hafen angelaufen haben?

1.21 Von einem Autobusbahnhof fährt von 7 Uhr an alle 8 Minuten ein Bus der Linie A, alle 12 Minuten ein Bus der Linie B, alle 16 Minuten ein Bus der Linie C und alle 18 Minuten ein Bus der Linie D ab. Zu welchen Zeitpunkten zwischen 7 Uhr und 21 Uhr fahren die Busse der vier Linien gleichzeitig vom Bahnhof ab?

1.22 Zwei Spaziergänger gehen gleich schnell. Der eine macht Schritte von 45 cm Länge, der andere solche von 60 cm Länge.

a) Nach welcher Strecke schreiten beide gleichzeitig aus?

b) Beide beginnen mit dem gleichen Bein auszuschreiten. Nach welcher Strecke schreiten beide wieder mit dem gleichen Bein aus?

2 Brüche und Dezimalzahlen

2.1 Zeichne einen Zahlenstrahl! Wähle eine geeignete Einheitsstrecke und kennzeichne die Lage folgender Bruchzahlen durch Kreuze auf dem Zahlenstrahl:

$\frac{3}{5}$, $\frac{2}{3}$, $\frac{4}{15}$, $\frac{9}{10}$, $\frac{1}{2}$!

2.2 Zeichne einen Zahlenstrahl! Wähle eine geeignete Einheitsstrecke und kennzeichne die Lage folgender Bruchzahlen durch Kreuze auf dem Zahlenstrahl:

$\frac{5}{8}$, $\frac{7}{16}$, $\frac{1}{2}$, $1\frac{1}{5}$, $\frac{9}{10}$!

2.3 a) Schreib in Bruchform, kürze so weit wie möglich und führe eine Kontrolle (durch Division) aus: 3,75; 0,4; $0{,}\dot{6}$; $2{,}\dot{7}\dot{2}$!

b) Schreib als Dezimalzahl an: $\frac{19}{100}$, $3\frac{2}{9}$, $\frac{5}{8}$, $\frac{3}{20}$!

2.4 a) Schreib in Bruchform, kürze so weit wie möglich und führe eine Kontrolle (durch Division) aus: 1,25; 0,6; $0{,}\dot{3}$; $1{,}\dot{5}\dot{4}$!

b) Schreib als Dezimalzahl an: $\frac{43}{1000}$, $2\frac{5}{9}$, $\frac{3}{8}$, $\frac{7}{50}$!

2.5 a) Ordne die folgenden Bruchzahlen nach ihrer Größe und verwende dazu das Zeichen „<“:

$\frac{17}{20}$, $\frac{5}{8}$, $\frac{13}{18}$, $\frac{3}{4}$, $\frac{11}{16}$!

b) Gib drei Bruchzahlen zwischen $\frac{7}{30}$ und $\frac{4}{15}$ an!

c) Welche Bruchzahl liegt genau in der Mitte zwischen $\frac{3}{5}$ und $\frac{3}{4}$?

2.6 a) Ordne die folgenden Bruchzahlen nach ihrer Größe und verwende dazu das Zeichen „<“:

$\frac{1}{4}$, $\frac{3}{25}$, $\frac{4}{15}$, $\frac{3}{8}$, $\frac{5}{16}$!

b) Gib drei Bruchzahlen zwischen $\frac{4}{5}$ und $\frac{17}{18}$ an!

c) Welche Bruchzahl liegt genau in der Mitte zwischen $\frac{1}{4}$ und $\frac{2}{5}$?

2.7 3 Quellen: Aus der ersten Quelle sprudeln pro Minute $4\frac{1}{2}$ l Wasser, aus der zweiten Quelle $3\frac{3}{5}$ l und aus der dritten Quelle $6\frac{3}{4}$ l.

a) Wie groß ist für jede Quelle der relative Anteil an der pro Minute insgesamt erhaltenen Wassermenge?

b) Wie viel Liter Wasser geben die drei Quellen pro Stunde ab?

2.8 Aus einem Behälter mit 100 l Fruchtsaft werden 35 Flaschen zu je 1,5 l, 41 Flaschen zu je $\frac{7}{10}$ l und 25 Quaderpack zu je $\frac{1}{4}$ l abgefüllt. Der Rest wird in Dosen zu je 0,33 l gefüllt.

a) Wie viele Dosen lassen sich füllen?

b) Bleibt im Behälter ein Rest? Wenn ja, wie groß ist dieser Rest?

2.9 Ein Grundstück soll in vier kleinere Grundstücke (Parzellen) aufgeteilt werden. Die erste Parzelle soll $\frac{1}{4}$, die zweite $\frac{1}{5}$ und die dritte $\frac{2}{9}$ der Grundstücksfläche umfassen. Die vierte Parzelle wäre dann 1 180 m^2 groß.

a) Wie viel Quadratmeter wären die ersten drei Parzellen jeweils groß?

b) Wie groß ist die Fläche des Grundstücks?

2.10 Der Gesamtgewinn aus einem Geschäft wurde unter vier Geschäftspartnern aufgeteilt. Der erste Partner erhielt 20 100 €. Die anderen drei Partner erhielten jeweils $\frac{1}{3}$, $\frac{1}{7}$ bzw. $\frac{1}{8}$ des Gewinns.

a) Wie viel Euro erhielt jeder der drei anderen Partner?

b) Wie groß ist der Gesamtgewinn?

2.11 $9\frac{3}{8} - (2\frac{1}{6} + \frac{3}{4}) + \frac{5}{16} - (3\frac{5}{12} - 1\frac{1}{16} + \frac{1}{2}) =$

2.12 $7\frac{4}{9} - (2\frac{1}{6} + \frac{1}{8} - 1\frac{7}{12}) + 4\frac{2}{3} - (3\frac{3}{4} - \frac{13}{18}) =$

2.13 $(2\frac{3}{5} \cdot 4 + 1\frac{7}{8}) \cdot 3 - (4\frac{1}{10} - 2 \cdot \frac{1}{4}) \cdot 7 + 12 \cdot \frac{1}{32} =$

2.14 $(5\frac{3}{10} - 2 \cdot \frac{1}{4}) \cdot 4 - (1\frac{2}{5} \cdot 3 + 3\frac{5}{8}) \cdot 2 + 8 \cdot \frac{1}{32} =$

2.15 $(1\frac{1}{2} + 3\frac{2}{9}) \cdot 3\frac{3}{5} - 2\frac{13}{14} + (5\frac{1}{5} - 2\frac{2}{7}) \cdot \frac{5}{6} =$

2.16 $(3\frac{4}{5} - 1\frac{2}{3}) \cdot \frac{5}{8} + 4\frac{5}{6} - (2\frac{1}{9} + 1\frac{7}{12}) \cdot \frac{6}{19} =$

2.17 $2\frac{2}{5} : 3 + (1\frac{3}{4} \cdot 5\frac{1}{3} - 5\frac{3}{10} : 6) : 13 - \frac{9}{20} =$

2.18 $5\frac{1}{10} - (4\frac{3}{7} : 5 + 1\frac{2}{5} \cdot 3\frac{1}{2}) : 15 + 2\frac{5}{14} : 3 =$

2.19 $6\frac{1}{3} \cdot 1\frac{1}{2} - 2\frac{3}{4} : 3\frac{2}{3} + 5\frac{5}{9} : 4\frac{1}{6} =$

2.20 $(2\frac{1}{2} + 1\frac{1}{9}) : \frac{5}{18} - (3\frac{3}{5} - 2\frac{4}{7}) : 1\frac{1}{5} =$

2.21 $(2\frac{1}{2} + 1\frac{3}{7}) : \frac{5}{14} - (2\frac{4}{5} - 1\frac{7}{9}) : 2\frac{5}{9} =$

3 Gleichungen und Formeln

3.1 Löse durch Anwenden von Umkehroperationen! Führe jeweils eine Probe durch!

a) $9 \cdot x + 17 = 53$ **b)** $82 - 3 \cdot x = 67$

3.2 Löse durch Anwenden von Umkehroperationen! Führe jeweils eine Probe durch!

a) $61 - 7 \cdot x = 19$ **b)** $8 \cdot x - 43 = 29$

3.3 Löse durch Anwenden von Umkehroperationen! Führe jeweils eine Probe durch!

a) $\frac{2}{3} \cdot x + 21 = 25$ **b)** $8 - \frac{4}{7} \cdot x = 5\frac{1}{2}$

3.4 Löse durch Anwenden von Umkehroperationen! Führe jeweils eine Probe durch!

a) $\frac{4}{9} \cdot x + 2 = 10$ **b)** $11\frac{1}{4} - \frac{5}{6} \cdot x = 9$

3.5 Löse durch Anwenden von Umkehroperationen! Führe jeweils eine Probe durch!

a) $1\frac{1}{5} + \frac{3}{4} \cdot x = 3\frac{19}{20}$ **b)** $(6 \cdot x - \frac{2}{9}) \cdot \frac{3}{5} = 1\frac{2}{3}$

3.6 Löse durch Anwenden von Umkehroperationen! Führe jeweils eine Probe durch!

a) $\frac{5}{8} \cdot x + 2\frac{5}{6} = 4\frac{1}{3}$ **b)** $(8 \cdot x + \frac{4}{7}) \cdot \frac{7}{8} = 2\frac{5}{6}$

3.7 Schreib die nachfolgenden Aussagen mit Hilfe von Variablen in Form von Gleichungen an! Löse die Gleichungen und führe die Proben durch!

a) Dividiert man eine Zahl durch $1\frac{1}{3}$ und addiert anschließend $1\frac{1}{2}$, so erhält man $1\frac{4}{5}$.

b) Das 4fache einer Zahl ist um 5,3 größer als 12,5.

3.8 Schreib die nachfolgenden Aussagen mit Hilfe von Variablen in Form von Gleichungen an! Löse die Gleichungen und führe die Proben durch!

a) Multipliziert man eine Zahl mit $1\frac{1}{6}$ und subtrahiert anschließend $1\frac{1}{4}$, so erhält man $1\frac{3}{8}$.

b) Das 5fache einer Zahl ist um 8,7 kleiner als 24,9.

3.9 Schreib die nachfolgenden Aussagen mit Hilfe von Variablen in Form von Gleichungen an! Löse die Gleichungen und führe die Proben durch!

a) Das Drittel einer Zahl ist um 14 größer als 37. Wie lautet die Zahl?

b) Anton bekommt eine Erhöhung seines Taschengelds um $\frac{1}{7}$ des ursprünglichen Betrags. Er erhält nun 16 €. Wie hoch war sein Taschengeld ursprünglich?

3.10 Schreib die nachfolgenden Aussagen mit Hilfe von Variablen in Form von Gleichungen an! Löse die Gleichungen und führe die Proben durch!

a) Das Viertel einer Zahl ist um 23 kleiner als 45.
Wie lautet die Zahl?

b) Für die Angestellten einer Firma wurde die wöchentliche Arbeitszeit um $\frac{1}{20}$ des ursprünglichen Werts verringert. Nun werden pro Woche nur mehr 38 Stunden gearbeitet. Wie lang war die wöchentliche Arbeitszeit vor der Kürzung?

3.11 Schreib die nachfolgenden Aussagen mit Hilfe von Variablen in Form von Gleichungen an! Löse die Gleichungen und führe die Proben durch!

a) Die Summe der Winkel 25° 48′ und 116° 11′ ist siebenmal so groß wie der Winkel α. Wie groß ist der Winkel α?

b) Der supplementäre Winkel zu β ist achtmal so groß wie der Winkel β selbst. Wie groß ist der Winkel β?

3.12 Schreib die nachfolgenden Aussagen mit Hilfe von Variablen in Form von Gleichungen an! Löse die Gleichungen und führe die Proben durch!

a) Die Differenz der Winkel 235° 27′ und 93° 35′ ist viermal so groß wie der Winkel γ. Wie groß ist der Winkel γ?

b) Der komplementäre Winkel zu δ ist fünfmal so groß wie der Winkel δ selbst. Wie groß ist der Winkel δ?

3.13 Schreib die nachfolgenden Aussagen mit Hilfe von Variablen in Form von Gleichungen an! Löse die Gleichungen und führe die Proben durch!

a) In einem Dreieck mit den Winkeln α, β und γ misst α = 62° 17′.
Der Winkel β ist um 29° 34′ größer als α.
Wie groß sind die Winkel β und γ?

b) α = 34° 25′. Das Dreifache des Winkels α ist fünfmal so groß wie der Winkel β. Wie groß ist der Winkel β?

3.14 Schreib die nachfolgenden Aussagen mit Hilfe von Variablen in Form von Gleichungen an! Löse die Gleichungen und führe die Proben durch!

a) In einem Dreieck mit den Winkeln α, β und γ misst γ = 124° 39′.
Der Winkel β ist um 96° 27′ kleiner als γ.
Wie groß sind die Winkel α und β?

b) β = 37° 18′. Das Vierfache des Winkels β ist dreimal so groß wie der Winkel α. Wie groß ist der Winkel α?

3.15 Schreib die nachfolgenden Aussagen mit Hilfe von Variablen in Form von Gleichungen an! Löse die Gleichungen und führe die Proben durch!

a) Ein gleichseitiges Dreieck mit der Seitenlänge a = 9,6 cm und ein Quadrat mit der Seitenlänge s haben den gleichen Umfang.
Wie lang ist die Quadratseite s?

b) Ein Quadrat mit der Seitenlänge s = 45 mm und ein Rechteck mit der Seite a = 81 mm und der Seite b sind flächengleich.
Wie lang ist die Rechteckseite b?

3.16 Schreib die nachfolgenden Aussagen mit Hilfe von Variablen in Form von Gleichungen an! Löse die Gleichungen und führe die Proben durch!

a) Ein Quadrat mit der Seitenlänge s = 70 mm und ein Rechteck mit der Seite b = 37 mm und der Seite a haben den gleichen Umfang.
Wie lang ist die Rechteckseite a?

b) Ein rechtwinkliges Dreieck mit der Kathete a = 9,1 cm und der Kathete b = 3,6 cm und ein Rechteck mit der Seite x = 2,1 cm und der Seite y sind flächengleich.
Wie lang ist die Rechteckseite y?

3.17 Schreib die nachfolgenden Aussagen mit Hilfe von Variablen in Form von Gleichungen an! Löse die Gleichungen und führe die Proben durch!

a) Ein Quadrat mit der Seite t = 54 mm und ein gleichseitiges Dreieck mit der Seite a haben den gleichen Umfang.
Wie lang ist die Dreieckseite a?

b) Ein Rechteck mit der Seite a = 8,7 cm und der Seite b = 5,6 cm und ein rechtwinkliges Dreieck mit der Kathete r = 11,6 cm und der Kathete s sind flächengleich.
Wie lang ist die Kathete s?

3.18 Schreib die nachfolgende Aussage mit Hilfe einer Variablen in Form einer Gleichung an! Löse die Gleichung und führe die Probe durch!
Der Umfang eines Rechtecks ist $10\frac{9}{10}$ m lang. Eine Seite ist $3\frac{3}{4}$ m lang.

a) Wie lang ist die andere Seite?

b) Wie groß ist der Flächeninhalt des Rechtecks?

3.19 Schreib die nachfolgende Aussage mit Hilfe einer Variablen in Form einer Gleichung an! Löse die Gleichung und führe die Probe durch!
Der Umfang eines Rechtecks ist $8\frac{1}{20}$ m lang. Eine Seite ist $2\frac{2}{5}$ m lang.

a) Wie lang ist die andere Seite?

b) Wie groß ist der Flächeninhalt des Rechtecks?

3.20 Schreib die nachfolgende Aussage mit Hilfe einer Variablen in Form einer Gleichung an! Löse die Gleichung und führe die Probe durch!
Der Flächeninhalt eines Rechtecks beträgt $6\frac{2}{3}$ m^2.
Eine Seite ist $2\frac{1}{6}$ m lang.

a) Wie lang ist die andere Seite?

b) Wie groß ist der Umfang des Rechtecks?

3.21 Schreib die nachfolgende Aussage mit Hilfe einer Variablen in Form einer Gleichung an! Löse die Gleichung und führe die Probe durch!
Der Flächeninhalt eines Rechtecks beträgt $8\frac{2}{3}$ m^2.
Eine Seite ist $1\frac{5}{9}$ m lang.

a) Wie lang ist die andere Seite?

b) Wie groß ist der Umfang des Rechtecks?

3.22 Schreib die nachfolgende Aussage mit Hilfe einer Variablen in Form einer Gleichung an! Löse die Gleichung und führe die Probe durch!
Der Rauminhalt eines Quaders beträgt 88 m^3.
Eine Kante ist $6\frac{3}{5}$ m lang, eine andere $7\frac{1}{2}$ m.

a) Wie lang ist die dritte Quaderkante?

b) Wie groß ist die Oberfläche des Quaders?

3.23 Schreib die nachfolgende Aussage mit Hilfe einer Variablen in Form einer Gleichung an! Löse die Gleichung und führe die Probe durch!
Der Rauminhalt eines Quaders beträgt 56 m^3.
Eine Kante ist $6\frac{2}{3}$ m lang, eine andere $3\frac{1}{5}$ m.

a) Wie lang ist die dritte Quaderkante?

b) Wie groß ist die Oberfläche des Quaders?

3.24 Drücke in den angegebenen Formeln (Gleichungen) die Variablen x bzw. y jeweils durch die übrigen aus!

a) $x + y = z$

b) $x - y = z$

c) $x \cdot y = z$

d) $\frac{x}{y} = z$

3.25 Drücke in den angegebenen Formeln (Gleichungen) jeweils eine Variable durch die übrigen aus!
Gib für die Variablen jeweils vier Zahlen an, für die diese Formeln (Gleichungen) eine wahre Aussage ergeben!

a) $a + b = c + d$ **b)** $a - b = \frac{c}{d}$ **c)** $a - b \cdot c = d$

3.26 Drücke in den angegebenen Formeln (Gleichungen) jeweils eine Variable durch die übrigen aus!
Gib für die Variablen jeweils vier Zahlen an, für die diese Formeln (Gleichungen) eine wahre Aussage ergeben!

a) $a + b = c - d$ **b)** $\frac{a}{b} = c + d$ **c)** $a - b = c \cdot d$

3.27 Drücke in den angegebenen Formeln (Gleichungen) jeweils eine Variable durch die übrigen aus!
Gib für die Variablen jeweils vier Zahlen an, für die diese Formeln (Gleichungen) eine wahre Aussage ergeben!

a) $a \cdot b = \frac{c}{d}$ **b)** $a \cdot b - c = d$

3.28 Drücke in den angegebenen Formeln (Gleichungen) jeweils eine Variable durch die übrigen aus!
Gib für die Variablen jeweils vier Zahlen an, für die diese Formeln (Gleichungen) eine wahre Aussage ergeben!

a) $\frac{a}{b} = \frac{c}{d}$ **b)** $a + \frac{b}{c} = d$

3.29 **a)** Stelle mit selbstgewählten Variablen eine Formel für die Ermittlung des Gesamtpreises einer Warenlieferung aus dem Stückpreis und der Anzahl der gelieferten Stück auf!

b) Drücke die Variable für den Stückpreis bzw. die für die Anzahl der gelieferten Stück jeweils durch die beiden anderen Variablen aus!

c) Setze in die drei Formeln jeweils für zwei Variable selbstgewählte Zahlen ein und berechne den Wert der dritten Variable!

3.30 **a)** Stelle mit selbstgewählten Variablen eine Formel für die Ermittlung der jährlichen Wasserkosten eines Haushalts auf. Diese Kosten setzen sich aus den fixen Kosten (für die Bereitstellung des Wassers und für die Messeinrichtung) und der Wasserbezugsgebühr (= Preis je m^3 Wasser mal der Anzahl der bezogenen m^3) zusammen.

b) Drücke die Variable für die fixen Kosten bzw. die für die Anzahl der bezogenen m^3 jeweils durch die übrigen Variablen aus!

c) Wieviel Euro beträgt die jährliche Wasserrechnung bei Fixkosten von 11,80 € und einem Preis von 1,10 € pro m^3, wenn insgesamt 135 m^3 Wasser bezogen wurden?

3.31 **a)** Stelle jeweils eine Formel für die Berechnung des Rauminhalts, der Oberfläche und der Summe der Kantenlängen des nebenstehend dargestellten Körpers auf! Verwende die in der Abbildung angegebenen Variablen!

b) Berechne den Rauminhalt, die Oberfläche und die Summe der Kantenlängen, wenn Folgendes gilt: $a = 8$ cm, $b = \frac{a}{4}$, $c = \frac{a}{2}$!

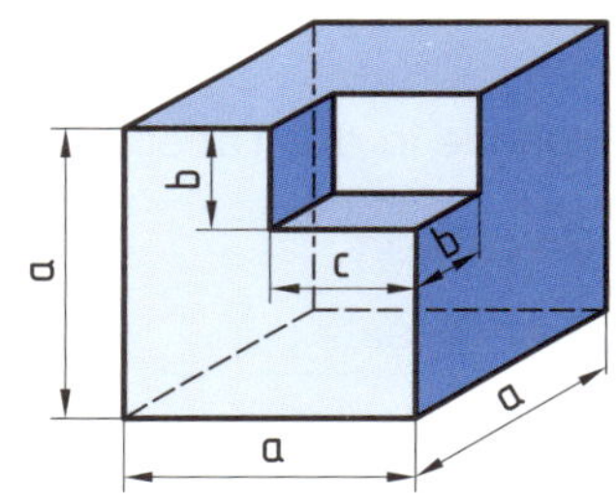

3.32 **a)** Stelle jeweils eine Formel für die Berechnung des Rauminhalts, der Oberfläche und der Summe der Kantenlängen des nebenstehend dargestellten Körpers auf! Verwende die in der Abbildung angegebenen Variablen!

b) Berechne den Rauminhalt, die Oberfläche und die Summe der Kantenlängen, wenn Folgendes gilt: $r = 12$ cm, $s = \frac{r}{3}$, $t = \frac{r}{2}$!

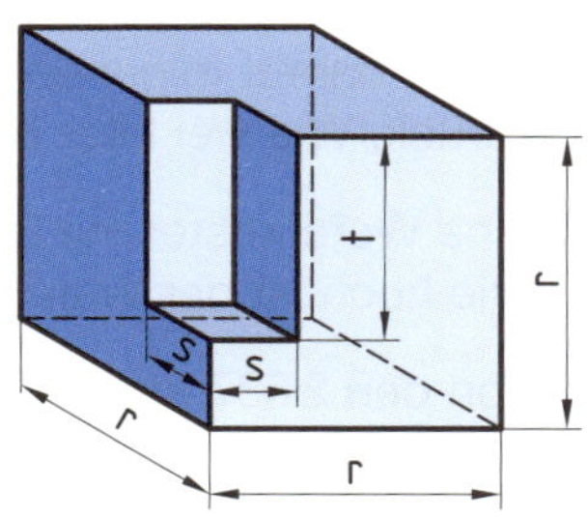

4 Prozentrechnungen

4.1 Ergänze in der Tabelle die fehlenden Größen!

Grundwert	3 470 €	145 l	
Prozentsatz p %	9 %		45,5 %
(Prozent-)Anteil		26,1 l	364 m

4.2 Ergänze in der Tabelle die fehlenden Größen!

Grundwert	428 m^2	128 kg	
Prozentsatz p %	12,5 %		32 %
(Prozent-)Anteil		19,2 kg	1 344 €

4.3 Ergänze in der Tabelle die fehlenden Größen!

Grundwert	6 l	4 000 000 €	
Promillesatz p ‰	0,8 ‰		6 ‰
(Promille-)Anteil		4 800 €	0,09 mm

4.4 Ergänze in der Tabelle die fehlenden Größen!

Grundwert	450 m	5 000 000 €	
Promillesatz p ‰	2,4 ‰		0,5 ‰
(Promille-)Anteil		7 500 €	1,9 ml

4.5 **a)** Eine Tankstelle verkaufte in einer Woche 16 950 l Benzin. In der darauf folgenden Woche ging der Absatz um 8 % zurück. Wie viel Liter Benzin wurden in dieser Woche verkauft?

b) Eine Ware kostet mit 20 % Mehrwertsteuer (MWSt.) 570 €. Wie hoch ist der Warenpreis (ohne MWSt.)?

c) Von den 2 637 km der österreichischen Staatsgrenze verlaufen 784 km gemeinsam mit Deutschland. Wie viel Prozent sind das?

4.6 **a)** Eine Ortschaft hatte ursprünglich 3 240 Einwohner. Im Laufe der nächsten 3 Jahre stieg die Einwohnerzahl um 5 % an. Wie viele Einwohner hatte die Ortschaft dann?

b) Nach einem 8 %igen Preisnachlass kostete ein Auto 23 184 €. Wie groß war der ursprüngliche Preis?

c) Die Gesamtlänge des Donaustroms beträgt 2 850 km. 350 km davon liegen auf österreichischem Staatsgebiet. Wie viel Prozent sind das?

4.7 **a)** Für eine Versicherung beträgt die Prämie in der Höhe von 7 ‰ der Versicherungssumme 3 640 €. Wie hoch ist die Versicherungssumme?

b) Die waagrechte Entfernung zwischen der Bahnstation in Gloggnitz (Seehöhe: 428 m) und der in Semmering (Seehöhe: 894 m) beträgt 28 km. Gib die (durchschnittliche) Steigung der Eisenbahnlinie auf dieser Strecke in Promille (auf eine Dezimale gerundet) an!

4.8 **a)** Im Zuge einer Verkehrskontrolle wurde bei einem Fahrzeuglenker 1,2 ‰ Alkoholgehalt im Blut festgestellt. Wie viel ml (reinem) Alkohol entspricht dieser Wert bei einer Blutmenge von 5 l?

b) Die waagrechte Entfernung zwischen Passau (Seehöhe: 287 m) und Hainburg (Seehöhe: 133 m) beträgt 350 km. Gib das (durchschnittliche) Gefälle der Donau auf ihrem Weg durch Österreich in Promille (auf eine Dezimale gerundet) an!

4.9 **a)** Ein rechtwinkliges Dreieck hat die Kathetenlängen a = 6 cm und b = 4 cm. Um wie viel Prozent ändert sich der Flächeninhalt des Dreiecks, wenn a um 1 cm verkürzt, b aber um 2 cm verlängert wird?

b) Ein 250 m langes Stahlseil schrumpft durch Abkühlung um 1,7 ‰ seiner Länge. Wie viel Zentimeter beträgt die Längenänderung?

4.10 **a)** Ein rechtwinkliges Dreieck hat die Kathetenlängen x = 5 cm und y = 7 cm. Um wie viel Prozent ändert sich der Flächeninhalt des Dreiecks, wenn x um 2 cm verlängert, y aber um 3 cm verkürzt wird?

b) Eine 11 m lange Eisenbahnschiene dehnt sich durch Erwärmung um 0,6 ‰ ihrer Länge aus. Wie viel Millimeter beträgt die Längenänderung?

4.11 Ein Rechteck hat die Seitenlängen a = 4 m und b = 5 m. Um wie viel Prozent ändern sich der Umfang und der Flächeninhalt des Rechtecks, wenn a um 4 m verlängert, b aber um 3 m verkürzt wird?

4.12 Ein Quader hat die Kantenlängen a = 4 cm, b = 2 cm und c = 10 cm. Um wie viel Prozent ändern sich die Oberfläche und der Rauminhalt des Quaders, wenn a und b jeweils um 1 cm verlängert werden, c aber um 3 cm verkürzt wird?

4.13 **a)** Aus einer 150 cm langen und 90 cm breiten, rechteckigen Blechplatte werden 286 kreisförmige Scheiben zu je 30,2 cm^2 ausgestanzt. Wie viel Prozent der Blechplatte werden zu Abfall?

b) Bei einer Wahl entfielen von den gültigen Stimmen 33,6 % auf die Partei A, 36,2 % auf die Partei B und 25 % auf die Partei C. Der Rest von 122 408 Stimmen entfiel auf kleinere Gruppierungen. Wie viele Stimmen hat jede der drei Parteien erhalten? Wie viele gültige Stimmen gab es?

4.14 **a)** Aus einer 1,2 m breiten und 10 m langen Stoffbahn werden 206 Stoffflecke zu je 4,2 dm^2 ausgeschnitten. Wie viel Prozent des Stoffs werden zu Abfall?

b) Bei einer Wahl entfielen von den gültigen Stimmen 50,3 % auf die Partei X, 27,8 % auf die Partei Y und 18,5 % auf die Partei Z. Der Rest von 96 798 Stimmen entfiel auf kleinere Gruppierungen. Wie viele Stimmen hat jede der drei Parteien erhalten? Wie viele gültige Stimmen gab es?

4.15 Familie Eiligs Ausgaben für ihren privaten PKW schlüsselten sich im vergangenen Jahr wie folgt auf:
36 % Anschaffung des PKW
24 % Betriebsmittel (Treibstoff, Motoröl)
17 % Kfz-Versicherung
15 % Reparaturen und Service
Der Rest von 760 € entfiel auf Autozubehör und Sonstiges.

a) Wie hoch waren die Gesamtausgaben, wie hoch die Ausgaben für die Betriebsmittel und die Kfz-Versicherung?

b) Das Auto wurde im angegebenen Zeitraum 17 000 km gefahren. Wie hoch waren die Kosten pro gefahrenem Kilometer?

4.16 Der Grundbesitz eines Bauern setzt sich wie folgt zusammen:
10 ha Ackerland, 20 ha Wiesen, $37\frac{1}{2}$ ha Wald.
Den Rest von $7\frac{1}{2}$ ha bilden Ödland, Wege und verbaute Flächen.
Drücke die Besitzverhältnisse in Prozenten aus! Stelle die Besitzverhältnisse in Form eines Prozentkreises (r = 4 cm) dar!

4.17 Für einen Menschen von 50 kg Masse gilt in guter Näherung: Er besteht aus 4 kg Blut, 21 kg Muskeln, 8,5 kg Fett und 9 kg Knochen. Den Rest bilden unter anderem das Gehirn, die Haare und die Zähne. Drücke die Massenverhältnisse in Prozenten aus! Stelle die Massenverhältnisse in Form eines Prozentkreises (r = 4 cm) dar!

4.18 Die Landflächen unserer Erde können wie folgt in Kontinente eingeteilt werden:

Afrika	30 Mio. km^2	Nord-Amerika	24 Mio. km^2
Europa	10 Mio. km^2	Süd-Amerika	18 Mio. km^2
Asien	42 Mio. km^2	Australien	9 Mio. km^2
Arktis + Antarktis	17 Mio. km^2		

Stelle die Flächenverhältnisse in Form eines Prozentstreifens (Streifenbreite: 5 cm, Streifenlänge: 15 cm) dar!

4.19 Die großen Wasserflächen auf unserer Erde können wie folgt in Weltmeere eingeteilt werden:

Pazifischer Ozean	180 Mio. km^2
Atlantischer Ozean	106 Mio. km^2
Indischer Ozean	75 Mio. km^2

a) Stelle die Flächenverhältnisse in Form eines Prozentstreifens (Streifenbreite: 5 cm, Streifenlänge: 10 cm) dar!

b) Das Mittelmeer hat eine Oberfläche von 2,5 Mio. km^2. Wie viel Prozent der Gesamtfläche der Weltmeere sind das?

5 Statistik

5.1 Bei einer schulärztlichen Untersuchung wurden in einer Klasse folgende Körpermassen (Körper-„gewichte“) m gemessen (Zahlenwerte in kg): 37,5; 35,0; 47,5; 55,1; 44,1; 29,7; 24,9; 39,5; 41,3; 42,7; 27,2; 36,3; 53,2; 49,3; 32,4; 38,6; 52,4; 56,3; 42,4; 48,6.

a) Teile in „Gewichts“-klassen ein (Zahlenwerte in kg)!
K_1: $m \leq 25{,}0$
K_2: $25{,}1 \leq m \leq 35{,}0$
K_3: $35{,}1 \leq m \leq 45{,}0$
K_4: $45{,}1 \leq m \leq 55{,}0$
K_5: $55{,}1 \leq m$

Erstelle zu dieser Einteilung eine Statistik der absoluten, der relativen und der prozentuellen Häufigkeiten!

b) Veranschauliche die prozentuellen Häufigkeiten mit Hilfe eines Streifenschaubilds (Streifenbreite: 1 cm, 10 % ≙ 2 cm)!

5.2 Bei einer schulärztlichen Untersuchung wurden in einer Klasse folgende Körpergrößen G gemessen (Zahlenwerte in cm): 165, 160, 142, 168, 129, 148, 140, 158, 151, 148, 146, 176, 137, 145, 151, 160, 169, 147, 154, 156.

a) Teile in Größenklassen ein (Zahlenwerte in cm)!
K_1: $G \leq 135$
K_2: $136 \leq G \leq 145$
K_3: $146 \leq G \leq 155$
K_4: $156 \leq G \leq 165$
K_5: $166 \leq G$

Erstelle zu dieser Einteilung eine Statistik der absoluten, der relativen und der prozentuellen Häufigkeiten!

b) Veranschauliche die prozentuellen Häufigkeiten mit Hilfe eines Streckenschaubilds (Streckenabstand: 1 cm, 10 % ≙ 2 cm)!

5.3 Bei einer Schularbeit erreichten die Teilnehmer folgende Punkteanzahlen: 14, 23, 23, 9, 14, 15, 10, 17, 21, 19, 22, 20, 17, 16, 8, 11, 12, 18, 14, 13.

a) Teile in Beurteilungsstufen ein (P … Punkteanzahl)!
Sehr gut: $23 \leq P \leq 24$
Gut: $20 \leq P \leq 22$
Befriedigend: $16 \leq P \leq 19$
Genügend: $12 \leq P \leq 15$
Nicht genügend: $0 \leq P \leq 11$

Erstelle zu dieser Einteilung eine Statistik der absoluten, der relativen und der prozentuellen Häufigkeiten!

b) Veranschauliche die prozentuellen Häufigkeiten mit Hilfe eines Prozentstreifens (Streifenbreite: 5 cm, Streifenlänge: 15 cm)!

5.4 Der Start für einen Langlauf erfolgte um 13:50. Für die 30 Teilnehmer wurden folgende Ankunftszeiten gestoppt und in die Teilnehmerliste eingetragen: 15:09, 14:42, 14:59, 15:02, 15:08, 14:32, 15:08, 15:05, 14:56, 14:45, 15:03, 15:09, 15:01, 14:58, 14:37, 14:50, 15:06, 15:00, 14:52, 15:02, 14:48, 15:05, 15:07, 14:57, 14:55, 14:57, 14:45, 15:07, 14:55, 14:47.

a) Teile in Leistungsklassen ein (t … Laufzeit)!
K_1: 40 min $\leq t \leq$ 49 min
K_2: 50 min $\leq t \leq$ 59 min
K_3: 1 h $\leq t \leq$ 1 h 9 min
K_4: 1 h 10 min $\leq t \leq$ 1 h 19 min

Erstelle zu dieser Einteilung eine Statistik der absoluten, der relativen und der prozentuellen Häufigkeiten!

b) Veranschauliche die prozentuellen Häufigkeiten mit Hilfe eines Prozentkreises (r = 4 cm)!

5.5 Im Zuge einer Meinungsumfrage im Sommer 2001 wurde das Geburtsjahr der Befragten erhoben. Dabei ergab sich folgende Urliste: 1981, 1960, 1968, 1971, 1980, 1949, 1973, 1969, 1976, 1975, 1962, 1971, 1976, 1983, 1982, 1967, 1978, 1982, 1958, 1950, 1969, 1981, 1977, 1968, 1971, 1958, 1970, 1969, 1973, 1964, 1978, 1965.

a) Teile in Altersklassen ein (a … Alter)!
K_1: 18 Jahre $\leq a \leq$ 27 Jahre
K_2: 28 Jahre $\leq a \leq$ 37 Jahre
K_3: 38 Jahre $\leq a \leq$ 47 Jahre
K_4: 48 Jahre $\leq a \leq$ 57 Jahre

Erstelle zu dieser Einteilung eine Statistik der absoluten, der relativen und der prozentuellen Häufigkeiten!

b) Veranschauliche die prozentuellen Häufigkeiten mit Hilfe eines Prozentkreises (r = 4 cm)!

6 Schlussrechnungen

(Direkte und indirekte Proportionalität)

6.1 Ein Wassebehälter mit einem Fassungsvermögen von 2 000 l wird durch eine Röhre in 12,5 Minuten gefüllt.

a) Wie viel Liter Wasser können in 5 Stunden durch diese Röhre fließen?

b) Wie lange dauert das Füllen eines Behälters von 15,2 m^3 Rauminhalt mit Hilfe dieser Röhre?

6.2 Der Tank eines Autos fasst 74 l Treibstoff. Zu Fahrtbeginn ist der Tank voll. Nach 272 km Fahrt sind noch 40 l im Tank.

a) Wie groß ist der (mittlere) Treibstoffverbrauch auf 100 km?

b) Wie weit kann mit dem Auto voraussichtlich noch gefahren werden?

c) Welche Masse haben 74 l Treibstoff, wenn 1 m^3 Treibstoff eine Masse von 750 kg hat (d. h. wenn die Dichte des Treibstoffs 750 kg/m^3 beträgt)?

6.3 **a)** Ein Fahrzeug durchfährt eine 100 km lange Straße in 1 h 20 min.
Wie groß ist die (mittlere) Geschwindigkeit in km/h?

b) Wie lange braucht ein Regentropfen, dessen (mittlere) Sinkgeschwindigkeit 4 m/s beträgt, um aus 3,5 km Höhe bis zum Erdboden zu gelangen?

c) Die Schallgeschwindigkeit in der Luft beträgt (bei 20 °C) 343 m/s.

1) Rechne diese Geschwindigkeit in km/h um!

2) Jemand ruft gegen eine Felswand und hört das Echo 2,5 Sekunden später. Wie weit ist der Rufende – auf zehn Meter genau – von der Felswand entfernt?

6.4 Die Lichtgeschwindigkeit beträgt (rund) 300 000 km/s.

a) Gib die Geschwindigkeit **1)** in m/s und **2)** in km/h an!

b) Der Erdumfang beträgt (rund) 40 000 km.

1) Wie lange – auf Hundertstelsekunden gerundet – würde ein Lichtsignal für diese Strecke brauchen?

2) Wie oft könnte ein Lichtsignal in 1 Sekunde rund um den Erdball laufen?

6.5 **a)** Ein Fahrzeug durchfährt eine Strecke von 3 km Länge in 1 min 30 s.
Wie groß ist die (mittlere) Geschwindigkeit in km/h?

b) Wie lange braucht ein Zug, der mit einer (mittleren) Geschwindigkeit von 48 km/h unterwegs ist, für eine Strecke von 80 km Länge?

c) Eine Schnecke kriecht mit einer (mittleren) Geschwindigkeit von 1,5 mm/s.

1) Welche Strecke legt sie in 10 min zurück?

2) Wie lange braucht sie, um 1 m zurückzulegen?

6.6 **a)** Marias Zeit im 60-m-Lauf betrug 8,6 s.
Berechne ihre (mittlere) Geschwindigkeit in m/s und in km/h!

b) Ein 11-m-Schütze schießt den Fußball mit 90 km/h (direkt) gegen das Tor. Wie lange dauert es, bis der Ball die Torlinie erreicht?

c) Eine Gewehrkugel hat eine Geschwindigkeit von 2 850 km/h.
Welche Strecke legt das Geschoss in einer Zehntelsekunde zurück?

6.7 Zwei Orte A und B sind 60 km voneinander entfernt.
Ein Radfahrer fährt um 8:00 Uhr von A nach B.
Seine (mittlere) Geschwindigkeit beträgt 12,5 km/h.
Um 8:30 Uhr fährt ein Radfahrer von B nach A. Seine (mittlere) Geschwindigkeit beträgt 16 km/h.

a) Wie weit sind die beiden Radfahrer um 10:00 Uhr voneinander entfernt?

b) Um wie viel Uhr erreicht der aus dem Ort B kommende Radfahrer den Ort A?

6.8 Vom Ort A geht um 7:00 Uhr ein Fußgänger in Richtung des 21 km entfernten Ortes B. Seine (mittlere) Geschwindigkeit beträgt 4 km/h.
Um 10:00 Uhr fährt dem Fußgänger ein Radfahrer vom Ort A aus mit einer (mittleren) Geschwindigkeit von 10 km/h nach.

a) Wie weit sind die beiden um 11:30 Uhr noch voneinander entfernt?

b) Um wie viel Uhr kommt der Fußgänger im Ort B an?

6.9 Vier (bauartgleiche) Bagger stehen 420 Stunden im Einsatz, um eine Baugrube auszuheben.

a) Wie viel Stunden braucht man mit 5 (bauartgleichen) Baggern für diese Arbeit?

b) Wie viele (bauartgleiche) Bagger müssen eingesetzt werden, wenn dieselbe Arbeit in 280 Stunden erledigt werden soll?

6.10 Ein Zug durchfährt mit einer Geschwindigkeit von 34 km/h einen Tunnel in 18 Minuten.

a) Wie lange braucht ein Zug, der mit 54 km/h unterwegs ist, für die Tunnelstrecke?

b) Wie schnell muss ein Zug fahren, um den Tunnel in 20 Minuten zu durchfahren?

6.11 Zum Verlegen einer Rohrleitung brauchen 24 Arbeiter 29 Tage.

a) Um wie viel Tage kann die Bauzeit verkürzt werden, wenn nach 8 Arbeitstagen 4 weitere Arbeiter eingesetzt werden?

b) Um wie viel Tage verzögert sich der Bauabschluss, wenn nach 6 Arbeitstagen 1 Arbeiter von der Baustelle abgezogen wird?

6.12 Ein Radfahrer, der täglich 65 km zurücklegt, braucht für eine Radwanderung 12 Tage.

a) Wie lang (in km) ist die Radwanderung?

b) Wie viel km muss der Radfahrer im Mittel täglich zurücklegen, wenn er sich für seine Reise einen Tag länger Zeit lassen will?

c) Wie lange braucht er, wenn er täglich 75 km zurücklegt?

6.13 Bei einem mittleren Tagesverbrauch von 140 kg Kohle reicht der Brennstoffvorrat in einem Heizhaus für 35 Tage.

a) Um wie viel Tage ist der Vorrat früher aufgebraucht, wenn nach 15 Tagen der tägliche Verbrauch um 20 kg höher liegt?

b) Um wie viel kg Kohle müssen pro Tag weniger verbraucht werden, wenn der Vorrat 14 Tage länger reichen soll?

6.14 Ein Flugzeug legt in 20 Minuten 240 km zurück.

a) Lege eine Tabelle an, aus der man die vom Flugzeug in $\frac{1}{2}$ h, 1 h, $1\frac{1}{2}$ h, 2 h, $2\frac{1}{2}$ h und 3 h zurückgelegte Wegstrecke (in km) entnehmen kann!

b) Stelle – ausgehend von der Tabelle – den Zusammenhang zwischen Zeit (in h) und Wegstrecke (in km) in einem Punktdiagramm dar! Wähle auf den Achsen des Koordinatensystems folgende Einheiten: x-Achse: 1 h ≙ 2 cm, y-Achse: 200 km ≙ 1 cm!

c) Zeichne in deinem Diagramm ein, wie man für eine Flugzeit von $2\frac{1}{4}$ Stunden die zugehörige Wegstrecke abliest und ermittle diesen Wert rechnerisch!

6.15 Eine Pumpe fördert in 3 Stunden 2 250 l Wasser.

a) Lege eine Tabelle an, aus der man die Fördermenge (in l) nach 1, 2, 3, 4 und 5 Betriebsstunden entnehmen kann!

b) Stelle – ausgehend von der Tabelle – den Zusammenhang zwischen der Betriebsdauer (in h) und der Fördermenge (in l) in einem Punktdiagramm dar!
Wähle auf den Achsen des Koordinatensystems folgende Einheiten:
x-Achse: 1 h $\triangleq$ 1 cm, y-Achse: 1 000 l $\triangleq$ 2 cm!

c) Zeichne in deinem Diagramm ein, wie man für eine Betriebsdauer von $4\frac{1}{2}$ Stunden die erzielte Fördermenge abliest und ermittle diesen Wert rechnerisch!

6.16 Ein Rechteck hat einen Flächeninhalt von 840 m^2.

a) Lege eine Tabelle an, aus der man die Länge der Seite b des Rechtecks (in m) entnehmen kann, wenn die Länge der Seite a 10 m, 20 m, 30 m, … , 80 m beträgt!

b) Stelle – ausgehend von der Tabelle – den Zusammenhang zwischen der Länge der Seite a (in m) und der Länge der Seite b (in m) in einem Punktdiagramm dar!
Wähle auf den Achsen des Koordinatensystems folgende Einheiten:
x-Achse: 10 m $\triangleq$ 1 cm, y-Achse: 10 m $\triangleq$ 1 cm!

c) Zeichne in deinem Diagramm ein, wie man für eine Länge der Seite a von 35 m die zugehörige Länge der Seite b abliest und ermittle diesen Wert rechnerisch!

6.17 Ein Fahrzeug durchfährt eine 60 km lange Strecke.

a) Lege eine Tabelle an, aus der man die Fahrzeit (in h) entnehmen kann, wenn die Geschwindigkeit 5, 10, 15, … , 30 km/h beträgt!

b) Stelle – ausgehend von der Tabelle – den Zusammenhang zwischen der Geschwindigkeit (in km/h) und der Fahrzeit (in h) in einem Punktdiagramm dar!
Wähle auf den Achsen des Koordinatensystems folgende Einheiten:
x-Achse: 5 km/h $\triangleq$ 10 mm, y-Achse: 1 h $\triangleq$ 5 mm!

c) Zeichne in deinem Diagramm ein, wie man für eine Geschwindigkeit von 12 km/h die zugehörige Fahrzeit abliest und ermittle diesen Wert rechnerisch!

7 Der Winkel

7.1 **a)** Um wie viel Grad dreht sich der Minutenzeiger einer Uhr
1) in 7 Minuten, **2)** in 45 Minuten, **3)** in 10 Sekunden?

b) Um wie viel Grad dreht sich der Stundenzeiger einer Uhr in 20 Minuten?

c) In welcher Zeitspanne dreht sich der Minutenzeiger einer Uhr um 48°?

d) In welcher Zeitspanne dreht sich der Stundenzeiger einer Uhr um 50°?

7.2 **a)** Um wie viel Grad dreht sich der Minutenzeiger einer Uhr
1) in 15 Minuten, **2)** in 50 Minuten, **3)** in einer halben Minute?

b) Um wie viel Grad dreht sich der Stundenzeiger einer Uhr in 40 Minuten?

c) In welcher Zeitspanne dreht sich der Minutenzeiger einer Uhr um 42°?

d) In welcher Zeitspanne dreht sich der Stundenzeiger einer Uhr um 70°?

7.3 Berechne!

a) $274° - (159°\ 48' + 63°\ 17') =$

b) $46°\ 39' \cdot 7 =$

c) $114°\ 27' : 9 =$

7.4 Berechne!

a) $325° - (117°\ 54' + 65°\ 23') =$

b) $38°\ 54' \cdot 9 =$

c) $97°\ 11' : 7 =$

7.5 Berechne!

a) $211° - 14°\ 45' - 21°\ 18' =$ **b)** $39°\ 24' \cdot 8 =$ **c)** $136°\ 58' : 14 =$

7.6 Berechne!

a) $306° - 12°\ 17' - 32°\ 52' =$ **b)** $43°\ 28' \cdot 6 =$ **c)** $263°\ 13' : 17 =$

7.7 **a)** Schreib als Dezimalzahl! $37°\ 27' =$

b) Schreib mehrnamig! $19{,}35° =$

c) Schreib in Minuten! $12°\ 53' =$

d) Schreib mehrnamig! $500' =$

7.8 a) Schreib als Dezimalzahl! $49° 21' =$

b) Schreib mehrnamig! $23{,}45° =$

c) Schreib in Minuten! $13°47' =$

d) Schreib mehrnamig! $400' =$

7.9 Zeichne die Winkel $\alpha = 78°$, $\beta = 63°$ und $\gamma = 34°$ mit Hilfe eines Winkelmessers!

a) Konstruiere ohne Winkelmesser den Winkel $\delta = 3 \cdot \alpha - \beta + 2 \cdot \gamma$!

b) Überprüfe deine Konstruktion durch eine Rechnung!

7.10 Zeichne die Winkel $\alpha = 124°$, $\beta = 103°$ und $\gamma = 57°$ mit Hilfe eines Winkelmessers!

a) Konstruiere ohne Winkelmesser den Winkel $\delta = 2 \cdot \alpha - \beta + 3 \cdot \gamma$!

b) Überprüfe deine Konstruktion durch eine Rechnung!

7.11 Zeichne die Winkel $\alpha = 71°$ und $\beta = 39°$ mit Hilfe eines Winkelmessers!

a) Konstruiere ohne Winkelmesser den Winkel $\gamma = (3 \cdot \alpha - 2 \cdot \beta) : 2$!

b) Überprüfe deine Konstruktion durch eine Rechnung!

7.12 Zeichne die Winkel $\alpha = 117°$ und $\beta = 43°$ mit Hilfe eines Winkelmessers!

a) Konstruiere ohne Winkelmesser den Winkel $\gamma = (2 \cdot \alpha - 3 \cdot \beta) : 2$!

b) Überprüfe deine Konstruktion durch eine Rechnung!

7.13 Konstruiere die Winkel $\alpha = 15°$ und $\beta = 202\frac{1}{2}°$ jeweils ohne Winkelmesser!
Gib jeweils die Art des Winkels an!

7.14 Konstruiere die Winkel $\gamma = 75°$ und $\delta = 292\frac{1}{2}°$ jeweils ohne Winkelmesser!
Gib jeweils die Art des Winkels an!

7.15 Konstruiere die Winkel $\alpha = 105°$ und $\beta = 225°$ jeweils ohne Winkelmesser!
Gib jeweils die Art des Winkels an!

7.16 Konstruiere die Winkel $\gamma = 135°$ und $\delta = 285°$ jeweils ohne Winkelmesser!
Gib jeweils die Art des Winkels an!

7.17 a) Berechne das Dreifache des komplementären Winkels zu $\alpha = 23° 17'$!

b) Berechne ein Fünftel des supplementären Winkels zu $\beta = 61° 25'$!

7.18 a) Berechne ein Siebentel des komplementären Winkels zu $\gamma = 14° 3'$!

b) Berechne das Vierfache des supplementären Winkels zu $\delta = 164° 31'$!

7.19 a) α_1, der Supplementärwinkel des Winkels α, beträgt $72° 56'$.
Berechne die Größe des Winkels α!

b) β_1, der Komplementärwinkel des Winkels β, beträgt $24° 39'$.
Berechne die Größe des Winkels β!

7.20 a) γ_1, der Komplementärwinkel des Winkels γ, beträgt $36° 27'$.
Berechne die Größe des Winkels γ!

b) δ_1, der Supplementärwinkel des Winkels δ, beträgt $154° 58'$.
Berechne die Größe des Winkels δ!

7.21 Der Punkt S(2|4) ist der Scheitel des Winkels α. Der Schenkel a verläuft durch den Punkt A(8|1), der Schenkel b durch den Punkt B(4|10). Zeichne den Winkel α und konstruiere dazu jene Parallelwinkel, deren Scheitel im Punkt S_1(5|5) liegen! Gib die Größe dieser Winkel an!

7.22 Der Punkt S(9|7) ist der Scheitel des Winkels α. Der Schenkel a verläuft durch den Punkt A(6|2), der Schenkel b durch den Punkt B(2|6). Zeichne den Winkel α und konstruiere dazu jene Parallelwinkel, deren Scheitel im Punkt S_1(4|4) liegen! Gib die Größe dieser Winkel an!

7.23 Der Punkt S(1|8) ist der Scheitel des Winkels α. Der Schenkel a verläuft durch den Punkt A(8|6), der Schenkel b durch den Punkt B(6|1). Zeichne den Winkel α und konstruiere dazu jene Normalwinkel, deren Scheitel im Punkt S_1(5|5) liegen! Gib die Größe dieser Winkel an!

7.24 Der Punkt S(9|2) ist der Scheitel des Winkels α. Der Schenkel a verläuft durch den Punkt A(3|1), der Schenkel b durch den Punkt B(3|7). Zeichne den Winkel α und konstruiere dazu jene Normalwinkel, deren Scheitel im Punkt S_1(4|4) liegen! Gib die Größe dieser Winkel an!

7.25 Drei Geländepunkte P, Q und R liegen in einer horizontalen Ebene. Die Punkte P und R sowie Q und R sind durch einen Fluss von einander getrennt. Die Länge der Strecke PQ, der Standlinie, beträgt 290 m. Die Strecke PR steht normal auf die Strecke PQ (PR $\perp$ PQ), $\sphericalangle PQR = 34°$.

a) Fertige eine Zeichnung im Maßstab 1 : 5 000 an!

b) Wie lang sind die Strecken PR und QR in der Wirklichkeit?

c) Wie groß ist der Winkel $\sphericalangle PRQ$?

7.26 Drei Geländepunkte X, Y und P liegen in einer horizontalen Ebene. Vom Punkt P misst man: $\overline{PX} = 104$ m, $\overline{PY} = 79$ m und $\sphericalangle XPY = 85°$ Die Punkte X und Y sind durch einen unzugänglichen Sumpf von einander getrennt.

a) Fertige eine Zeichnung im Maßstab 1 : 1 000 an!

b) Wie lang ist die Strecke XY in der Wirklichkeit?

c) Wie groß sind die Winkel $\sphericalangle PXY$ und $\sphericalangle PYX$?

d) Wie groß ist der Abstand des Punkts P von der Strecke XY in der Wirklichkeit?

7.27 Drei Geländepunkte A, B und P liegen in einer horizontalen Ebene. Die Länge der Strecke AB, der Standlinie, beträgt 136 m. Folgende Winkel sind bekannt: $\sphericalangle PAB = 120°$, $\sphericalangle ABP = 28°$

a) Fertige eine Zeichnung im Maßstab 1 : 2 000 an! Nimm dabei die Lage der Standlinie AB auf der x-Achse mit A(4|0) an!

b) Welche Koordinaten hat der Punkte P in der Zeichnung?

c) Wie lang sind die Strecken AP und BP in der Wirklichkeit?

d) Wie groß ist der Abstand des Punkts P von der Standlinie AB in der Wirklichkeit?

e) Wie groß ist der Winkel $\sphericalangle APB$?

7.28 Vier Geländepunkte A, B, P und Q liegen in einer horizontalen Ebene.
Die Länge der Strecke AB, der Standlinie, beträgt 450 m.
Folgende Winkel sind bekannt: $\sphericalangle PAB = 76°$, $\sphericalangle ABP = 49°$, $\sphericalangle QAB = 53°$ und $\sphericalangle ABQ = 101°$

a) Fertige eine Zeichnung im Maßstab 1 : 10 000 an! Nimm dabei die Lage der Standlinie AB auf der x-Achse mit A(2|0) an!

b) Welche Koordinaten haben die Punkte P und Q in der Zeichnung?

c) Wie lang ist die Strecke PQ in der Wirklichkeit?

d) Wie groß ist der Abstand des Punkts Q von der Standlinie AB in der Wirklichkeit?

e) Wie groß ist der Winkel $\sphericalangle APB$?

7.29 Vier Geländepunkte R, S, T und U liegen in einer horizontalen Ebene.
Die Länge der Strecke RS, der Standlinie, beträgt 550 m.
Folgende Winkel sind bekannt: $\sphericalangle URS = 83°$, $\sphericalangle RSU = 61°$, $\sphericalangle TRS = 27°$ und $\sphericalangle RST = 113°$

a) Fertige eine Zeichnung im Maßstab 1 : 10 000 an! Nimm dabei die Lage der Standlinie RS auf der x-Achse mit R(2|0) an!

b) Welche Koordinaten haben die Punkte T und U in der Zeichung?

c) Wie lang ist die Strecke UT in der Wirklichkeit?

d) Wie groß ist der Abstand des Punkts U von der Standlinie RS in der Wirklichkeit?

e) Wie groß ist der Winkel $\sphericalangle RUS$?

8 Symmetrie

8.1 Zeichne die durch die Koordinaten ihrer Endpunkte A(3|7) und B(6|2) gegebene Strecke!

a) Konstruiere die Streckensymmetrale s_{AB}!

b) Gib die Koordinaten des Halbierungspunkts H der Strecke AB an!

c) Schreib die Eigenschaft der Streckensymmetrale s_{AB} in Form eines Satzes an!

8.2 Zeichne die durch die Koordinaten ihrer Endpunkte P(2|3) und Q(7|7) gegebene Strecke!

a) Konstruiere die Streckensymmetrale s_{PQ}!

b) Gib die Koordinaten des Halbierungspunkts H der Strecke PQ an!

c) Schreib die Eigenschaft der Streckensymmetrale s_{PQ} in Form eines Satzes an!

8.3 Der Punkt S(4|8) ist Scheitel des Winkels α. Der Schenkel a verläuft durch den Punkt A(2|3). Der Schenkel b ist parallel zur x-Achse.

a) Konstruiere die Winkelsymmetrale w_α!

b) Nimm im Abstand von 7 cm von S auf der Winkelsymmetrale w_α den Punkt Z an! Gib den Abstand dieses Punkts von den beiden Schenkeln a und b an!

c) Schreib die Eigenschaft der Winkelsymmetrale w_α in Form eines Satzes an!

8.4 Der Punkt S(7|5) ist Scheitel des Winkels α. Der Schenkel b verläuft durch den Punkt B(4|8). Der Schenkel a ist parallel zur y-Achse.

a) Konstruiere die Winkelsymmetrale w_α!

b) Nimm im Abstand von 5 cm von S auf der Winkelsymmetrale w_α den Punkt Q an! Gib den Abstand dieses Punkts von den beiden Schenkeln a und b an!

c) Schreib die Eigenschaft der Winkelsymmetrale w_α in Form eines Satzes an!

8.5 Spiegle das Quadrat ABCD [A(1|1), B(4|2), C, D(0|4)] an der Geraden g [I(1|8), II(8|0)]! Ermittle die Koordinaten des Punkts C sowie die der Bildpunkte A_1, B_1, C_1 und D_1!

8.6 Spiegle das Quadrat ABCD [A(2|5), B, C(4|9), D(1|8)] an der Geraden g [I(3|2), II(8|9)]! Ermittle die Koordinaten des Punkts B sowie die der Bildpunkte A_1, B_1, C_1 und D_1!

8.7 Spiegle das Rechteck ABCD [A(2|4), B(8|6), C(7|9), D] an der Geraden g [I(2|0), II(9|10)]! Ermittle die Koordinaten des Punkts D sowie die der Fixpunkte auf den Rechteckseiten!

8.8 Spiegle das Rechteck ABCD [A(3|1), B(9|5), C, D(1|4)] an der Geraden g [I(0|6), II(10|4)]! Ermittle die Koordinaten des Punkts C sowie die der Fixpunkte auf den Rechteckseiten!

8.9 Konstruiere das Rechteck ABCD mit a = 55 mm und b = 30 mm! Spiegle das Rechteck an der Geraden g, die normal auf BD steht und durch P geht! P liegt auf der Verlängerung von BD mit $\overline{DP}$ = 10 mm.

8.10 Konstruiere das Rechteck ABCD mit a = 25 mm und b = 60 mm! Spiegle das Rechteck an der Geraden g, die normal auf AC steht und durch P geht! P liegt auf der Verlängerung von AC mit $\overline{CP}$ = 10 mm.

8.11 Konstruiere das Rechteck ABCD mit a = 45 mm und b = 25 mm! Spiegle das Rechteck an der Geraden g, die zu BX parallel ist und durch C geht! X ist der Halbierungspunkt der Strecke DA.

8.12 Konstruiere das Rechteck ABCD mit a = 30 mm und b = 45 mm! Spiegle das Rechteck an der Geraden g, die zu AY parallel ist und durch D geht! Y ist der Halbierungspunkt der Strecke BC.

9 Dreiecke

9.1 **a)** Man teilt Dreiecke gemäß ihren Seitenlängen in drei Typen ein. Wie heißen diese (Dreiecks-)Typen? Nenne jeweils deren besondere (typenbildende) Merkmale!

b) Man teilt Dreiecke gemäß ihren Winkeln in drei Typen ein. Wie heißen diese (Dreiecks-)Typen? Nenne jeweils deren besondere (typenbildende) Merkmale!

c) In wie weit weisen die aus a) stammenden Dreieckstypen auch die für die Einteilung in b) notwendigen Merkmale auf?

9.2 Von einem Dreieck kennt man die Winkel $\alpha = 135° \ 47'$ und $\gamma = 26° \ 39'$.

a) Berechne die Größe des dritten Winkels und führe eine Kontrolle durch!

b) Gib an, um welche Art von Dreieck es sich handelt!

9.3 Von einem Dreieck kennt man die Winkel $\beta = 82° \ 51'$ und $\gamma = 34° \ 26'$.

a) Berechne die Größe des dritten Winkels und führe eine Kontrolle durch!

b) Gib an, um welche Art von Dreieck es sich handelt!

9.4 Von einem rechtwinkligen Dreieck kennt man den Winkel $\alpha = 46° \ 18'$.
Gib die Größen der beiden anderen Winkel an und führe eine Kontrolle durch!

9.5 Von einem rechtwinkligen Dreieck kennt man den Winkel $\beta = 12° \ 38'$.
Gib die Größen der beiden anderen Winkel an und führe eine Kontrolle durch!

9.6 Ein Stück (ebenes) Land hat die Form eines Dreiecks ABC.
$\overline{AC} = 175$ m, $\sphericalangle BAC = 62°$, $\sphericalangle ACB = 75°$.

a) Fertige eine Zeichnung im Maßstab 1 : 2 500 an!

b) Wie groß ist der Umfang des Landstücks in der Wirklichkeit?

9.7 Ein Stück (ebenes) Land hat die Form eines Dreiecks ABC.
$\overline{BC} = 250$ m, $\sphericalangle ABC = 57°$, $\sphericalangle ACB = 91°$.

a) Fertige eine Zeichnung im Maßstab 1 : 5 000 an!

b) Wie groß ist der Umfang des Landstücks in der Wirklichkeit?

9.8 Konstruiere das Dreieck ABC mit b = 174 m, a = 128 m und $\gamma = 116°$ im Maßstab 1 : 2 000!
Wie lang ist die Seite c in der Wirklichkeit?

9.9 Konstruiere das Dreieck ABC mit a = 8,4 km, c = 10,8 km und $\beta = 42°$ im Maßstab 1 : 100 000! Wie lang ist die Seite b in der Wirklichkeit?

9.10 Konstruiere das Dreieck ABC mit b = 84 mm, $\alpha = 105°$ und $\beta = 37°$!
Um welche Art von Dreieck handelt es sich?

9.11 Konstruiere das Dreieck ABC mit a = 77 mm, $\alpha = 36°$ und $\gamma = 72°$!
Um welche Art von Dreieck handelt es sich?

9.12 Konstruiere das Dreieck ABC mit a = 93 mm, c = 56 mm und $\gamma = 30°$! Ermittle beide möglichen Lösungen und halte fest, um welche Arten von Dreiecken es sich dabei handelt! Gib die Längen der fehlenden Seiten und die Größen der fehlenden Winkel an!

9.13 Konstruiere das Dreieck ABC mit a = 89 mm, b = 65 mm und $\beta = 43°$! Ermittle beide möglichen Lösungen und halte fest, um welche Arten von Dreiecken es sich dabei handelt! Gib die Längen der fehlenden Seiten und die Größen der fehlenden Winkel an!

9.14 Konstruiere das Dreieck ABC mit b = 54 mm, $\alpha = 41°$ und $\beta = 26°$!

a) Was versteht man bei einem Dreieck unter der „Höhe auf eine Seite"?

b) Zeichne die Höhen h_a, h_b sowie h_c, gib ihre Längen an und bezeichne den Höhenschnittpunkt mit H!

9.15 Zeichne das durch die Koordinaten seiner Eckpunkte festgelegte
Dreieck ABC [A(1|4), B(9|1), C(7|9)]!

a) Zeichne die Höhen h_a, h_b sowie h_c und bezeichne den Höhenschnittpunkt mit H!

b) Gib die Koordinaten des Höhenschnittpunkts und die Längen der Höhen an!

9.16 Konstruiere das Dreieck ABC mit b = 94 mm, $\alpha = 65°$ und $\gamma = 72°$!

a) Was versteht man bei einem Dreieck unter einer Schwerlinie?

b) Zeichne die Schwerlinien s_a, s_b sowie s_c und bezeichne den Schwerpunkt mit S!

9.17 Zeichne das durch die Koordinaten seiner Eckpunkte festgelegte
Dreieck ABC [A(2|2), B(8|4), C(9|10)]!

a) Zeichne die Schwerlinien s_a, s_b sowie s_c und bezeichne den Schwerpunkt mit S!

b) Gib die Koordinaten des Schwerpunkts an!

9.18 Konstruiere das Dreieck ABC mit c = 50 mm, b = 105 mm und $\beta = 120°$!

a) Konstruiere den Umkreismittelpunkt U, zeichne den Umkreis und gib den Umkreisradius r an!

b) Welche geometrische Eigenschaft hat der Umkreismittelpunkt?

9.19 Zeichne das durch die Koordinaten seiner Eckpunkte festgelegte
Dreieck ABC [A(1|3), B(9|4), C(3|9)]!

a) Konstruiere den Umkreismittelpunkt U und zeichne den Umkreis!

b) Gib die Koordinaten des Umkreismittelpunkts und den Umkreisradius r an!

c) Welche geometrische Eigenschaft hat der Umkreismittelpunkt?

9.20 Konstruiere das Dreieck ABC mit a = 98 mm, c = 125 mm und $\gamma = 57°$!

a) Konstruiere den Inkreismittelpunkt I, zeichne den Inkreis und gib den Inkreisradius ϱ an!

b) Welche geometrische Eigenschaft hat der Inkreismittelpunkt?

9.21 Zeichne das durch die Koordinaten seiner Eckpunkte festgelegte Dreieck ABC [A(3|1), B(8|10), C(1|6)]!

a) Konstruiere den Inkreismittelpunkt I und zeichne den Inkreis!

b) Gib die Koordinaten des Inkreismittelpunkts und den Inkreisradius ϱ an!

c) Welche geometrische Eigenschaft hat der Inkreismittelpunkt?

9.22 Konstruiere die EULER'sche Gerade für das Dreieck ABC mit c = 80 mm, a = 105 mm und $\alpha = 75°$!
Gib die Längen der Strecken US und SH an!

9.23 Zeichne das durch die Koordinaten seiner Eckpunkte festgelegte Dreieck ABC [A(1|2), B(11|6), C(4|7)]! Konstruiere die EULER'sche Gerade und gib die Koordinaten der Punkte U, H und S an!

9.24 Konstruiere – unter Anwendung des Satzes von THALES – das rechtwinklige Dreieck ABC ($\gamma = 90°$) mit c = 83 mm und a = 46 mm!

a) Gib den Radius des THALESkreises an!

b) Mit welchem merkwürdigen Punkt des (rechtwinkligen) Dreiecks fällt der Mittelpunkt des THALESkreises zusammen?

c) Ermittle den Flächeninhalt des Dreiecks!

9.25 Konstruiere – unter Anwendung des Satzes von THALES – das rechtwinklige Dreieck ABC ($\gamma = 90°$) mit c = 77 mm und $\alpha = 65°$!

a) Gib den Radius des THALESkreises an!

b) Mit welchem merkwürdigen Punkt des (rechtwinkligen) Dreiecks fällt der Mittelpunkt des THALESkreises zusammen?

c) Ermittle den Flächeninhalt des Dreiecks!

9.26 Berechne jeweils den Flächeninhalt des gegebenen Dreiecks, indem du rechtwinklige Dreiecke verwendest!

a)

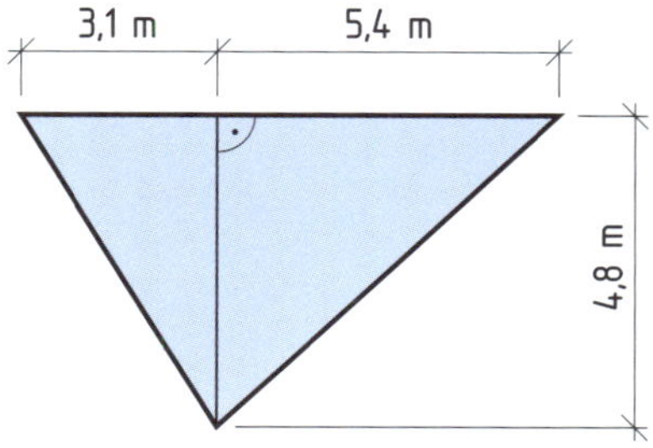

b)

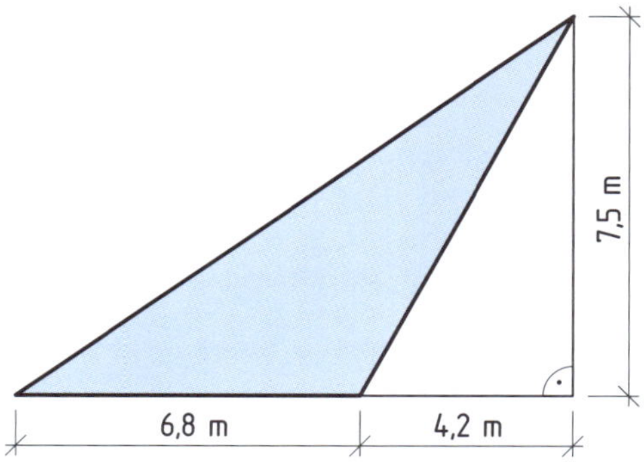

9.27 Zeichne ein beliebiges Dreieck ABC und beweise anhand dieser Zeichnung: Die Summe der Innenwinkel beträgt in jedem Dreieck 180°. Gib die notwendigen Begründungen in Stichworten an!

9.28 Beweise durch Rechnung (in Verbindung mit einer Zeichnung): In jedem rechtwinkligen Dreieck ist die Summe der beiden spitzen Winkel 90°.

9.29 Zeichne ein beliebiges Dreieck ABC und beweise anhand dieser Zeichnung: Jeder Außenwinkel ist gleich der Summe der ihm nicht anliegenden Innenwinkel. Gib die notwendigen Begründungen in Stichworten an!

9.30 Beweise durch Rechnung (in Verbindung mit einer Zeichnung): Die Summe der Außenwinkel beträgt bei jedem Dreieck 360°.

9.31 a) Was versteht man in der Mathematik unter dem Begriff „kongruent“?

b) Schreib die drei Kongruenzsätze für Dreiecke in der Form „Zwei Dreiecke, die .... übereinstimmen, sind kongruent.“ auf!
Vervollständige jeweils das vorgegebene Satzschema indem du die Eigenschaften *„in einer Seitenlänge“, „in zwei Seitenlängen“, „in ihren drei Seitenlängen“, „und in den dieser Seite anliegenden Winkeln“* sowie *„und in dem eingeschlossenen Winkel“* einsetzt!

10 Vierecke

10.1 Konstruiere das Parallelogramm ABCD mit $\overline{CD} = 43$ mm, $\overline{BD} = 87$ mm und $\delta = 60°$!

a) Gib die Längen der Strecken AD und AC an!

b) Welche Beziehung gilt zwischen zwei Winkeln, die einer Seite eines Parallelogramms anliegen?

10.2 Konstruiere das Parallelogramm ABCD mit a = 65 mm, e = 105 mm und $\alpha = 60°$!

a) Gib die Längen der Seite b und der Diagonale f an!

b) Welche Beziehung gilt zwischen zwei Winkeln, die einer Seite eines Parallelogramms anliegen?

10.3 Konstruiere das Parallelogramm ABCD mit a = 80 mm, f = 73 mm und $\beta = 120°$!
Ermittle beide mögliche Lösungen!

a) Gib die Längen der Seite b und der Diagonale e an!

b) Welche Beziehung gilt zwischen zwei Winkeln eines Parallelogramms, die einander gegenüberliegen?

10.4 Konstruiere den Rhombus ABCD mit $\overline{AB} = 58$ mm und $\overline{AC} = 95$ mm!
Konstruiere den Inkreismittelpunkt I, zeichne den Inkreis und gib den Inkreisradius ϱ an!

10.5 Konstruiere den Rhombus ABCD aus den beiden Diagonalen e = 96 mm und f = 60 mm!

a) Gib die Länge der Rhombusseite an!

b) Berechne den Flächeninhalt des Rhombus!

10.6 Konstruiere das Trapez ABCD mit a = 125 mm, c = 23 mm, f = 95 mm und $\alpha = 45°$!
Ermittle beide mögliche Lösungen!

10.7 Konstruiere das Trapez ABCD mit b = 63 mm, c = 30 mm, d = 55 mm und $\delta = 120°$!
Ermittle beide mögliche Lösungen!

10.8 Zeichne das durch die Koordinaten seiner Eckpunkte festgelegte gleichschenklige Trapez ABCD [A, B(9|1), C(7|8), D(3|8)]!

a) Gib die Koordinaten des Eckpunkts A an!

b) Konstruiere den Umkreismittelpunkt U und zeichne den Umkreis!

c) Gib die Koordinaten des Umkreismittelpunkts und den Umkreisradius an!

10.9 Zeichne das durch die Koordinaten seiner Eckpunkte festgelegte Trapez ABCD [A(1|1), B(5|1), C(8|6), D(6|6)]!

a) Berechne den Flächeninhalt des Trapezes!

b) Wie groß ist die Summe der Innenwinkel in einem Trapez?

c) Welche Beziehung gilt zwischen den Winkeln, die einem Schenkel eines Trapezes anliegen?

10.10 Konstruiere das Deltoid ABCD mit a = 52 mm, b = 70 mm und γ = 80°!
Ermittle beide mögliche Lösungen!

10.11 Konstruiere das Deltoid ABCD mit b = 85 mm, f = 60 mm und α = 120°!

a) Konstruiere den Inkreismittelpunkt I, zeichne den Inkreis und gib den Inkreisradius ϱ an!

b) Welche geometrische Eigenschaft hat der Inkreismittelpunkt?

10.12 Konstruiere das Deltoid ABCD mit e = 95 mm, f = 90 mm und γ = 60° und berechne seinen Flächeninhalt!

10.13 Konstruiere das Viereck ABCD mit b = 58 mm, c = 44 mm, d = 69 mm, e = 93 mm und f = 76 mm! Wie groß ist die Summe der Innenwinkel in einem Viereck?

10.14 Konstruiere das Viereck ABCD mit a = 65 mm, b = 95 mm, c = 73 mm, d = 45 mm und β = 75°!
Ermittle beide mögliche Lösungen!
Wie groß ist die Summe der Innenwinkel in einem Viereck?

10.15 Zeichne das durch die Koordinaten seiner Eckpunkte festgelegte Viereck ABCD [A(1|3), B(4|0), C(9|4), D(3|7)] und berechne seinen Flächeninhalt!

10.16 Zeichne das durch die Koordinaten seiner Eckpunkte festgelegte Viereck ABCD [A(3|0), B(8|3), C(4|7), D(1|3)] und berechne seinen Flächeninhalt!

11 Vielecke

11.1 Zeichne das durch die Koordinaten seiner Eckpunkte festgelegte Vieleck ABCDE [A(2|1), B(6|1), C(9|3), D(7|7), E(2|9)] und berechne seinen Flächeninhalt!

11.2 Zeichne das durch die Koordinaten seiner Eckpunkte festgelegte Vieleck ABCDE [A(1|2), B(6|1), C(9|9), D(1|9), E(4|6)] und berechne seinen Flächeninhalt!

11.3 Konstruiere ein regelmäßiges Sechseck, das einem Kreis vom Radius $r = 5$ cm eingeschrieben ist!

a) Gib die Länge der Sechseckseite an!

b) Zeichne den Inkreis und gib den Inkreisradius ϱ an!

c) Wie groß ist ein Innenwinkel in einem regelmäßigen Sechseck?

11.4 Konstruiere ein regelmäßiges Achteck, das einem Kreis vom Radius $r = 5$ cm eingeschrieben ist!

a) Gib die Länge der Achteckseite an!

b) Zeichne den Inkreis und gib den Inkreisradius ϱ an!

c) Wie groß ist die Summe der Innenwinkel in einem regelmäßigen Achteck?

12 Das Prisma

12.1 **a)** Konstruiere das Netz des links unten dargestellten Körpers (Maße in cm)!

b) Berechne den Rauminhalt des Körpers!

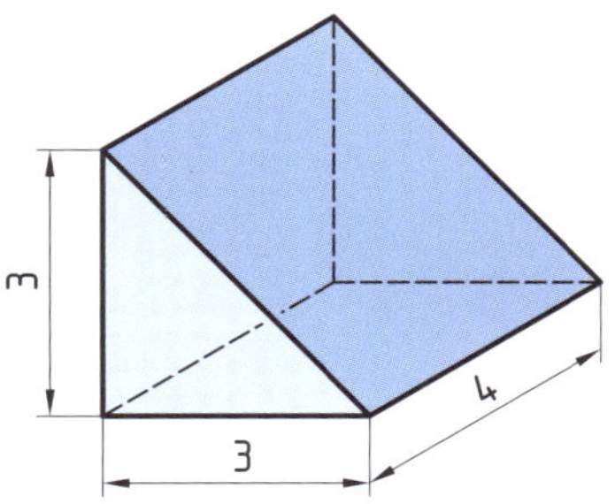

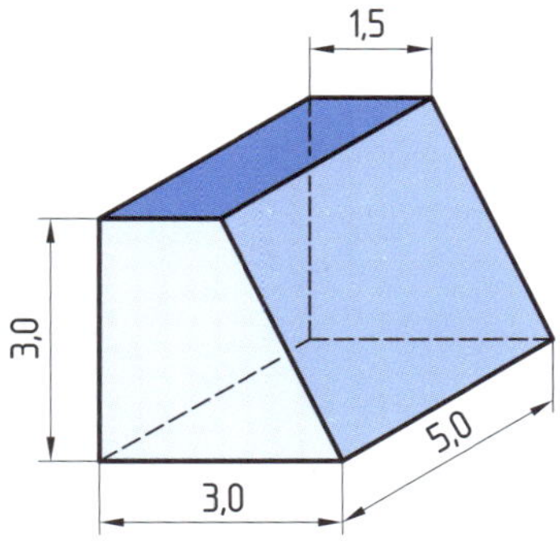

12.2 **a)** Konstruiere das Netz des rechts oben dargestellten Körpers (Maße in cm)!

b) Berechne den Rauminhalt des Körpers!

12.3 **a)** Konstruiere das Netz eines geraden dreiseitigen Prismas mit der Körperhöhe $h = 64$ mm, dessen Grundfläche ein gleichschenkligrechtwinkliges Dreieck mit der Kathetenlänge $a = 30$ mm ist!

b) Berechne den Rauminhalt des Prismas!

12.4 **a)** Konstruiere das Netz eines geraden dreiseitigen Prismas mit der Körperhöhe $h = 37$ mm, dessen Grundfläche ein gleichschenkliges Dreieck mit der Basislänge $c = 30$ mm und der Höhe $h_c = 40$ mm ist!

b) Berechne den Rauminhalt des Prismas!

12.5 Abbildungen rechts: Gegeben ist jeweils ein Quader ABCDEFGH mit den Kantenlängen a = 42 mm, b = 27 mm und c = 57 mm.

a) **1)** Zeichne in die linke Abbildung jene Schnittfläche ein, die bei einem Diagonalschnitt längs der Diagonale BG entsteht!

2) Zeichne in die rechte Abbildung jene Schnittfläche ein, die bei einem Diagonalschnitt längs der Diagonale AC entsteht!

b) Ermittle in beiden Fällen die fehlenden Seitenlängen der Schnittfigur aus geeigneten (Hilfs-)Konstruktionen!

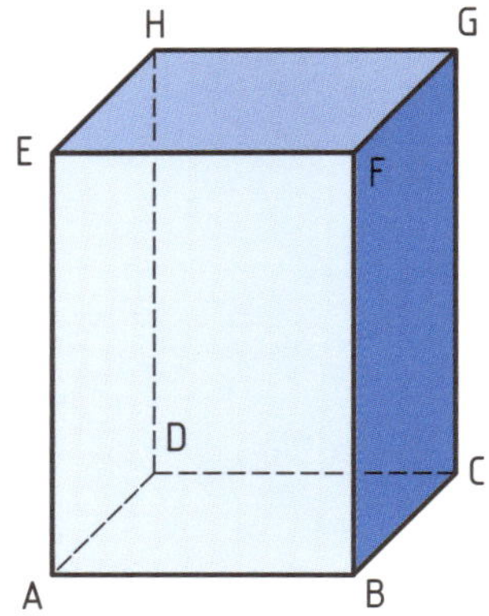

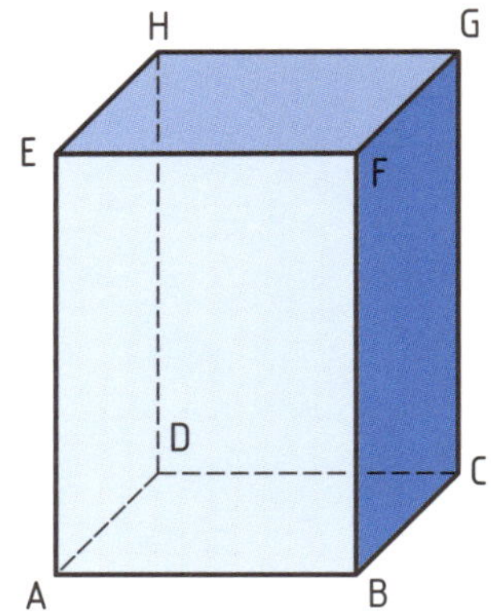

12.6 Abbildungen rechts: Gegeben ist jeweils ein regelmäßiges dreiseitiges Prisma ABCDEF mit den Kantenlängen a = 52 mm und h = 47 mm.

a) **1)** Zeichne in die linke Abbildung die Schnittfläche BCD ein!

2) Zeichne in die rechte Abbildungen die Schnittfläche AH_1H_2D ein!

b) Welche geometrische Figuren stellen diese Schnittflächen dar? Ermittle in beiden Fällen die fehlende Seitenlänge der Schnittfigur aus geeigneten (Hilfs-)Konstruktionen!

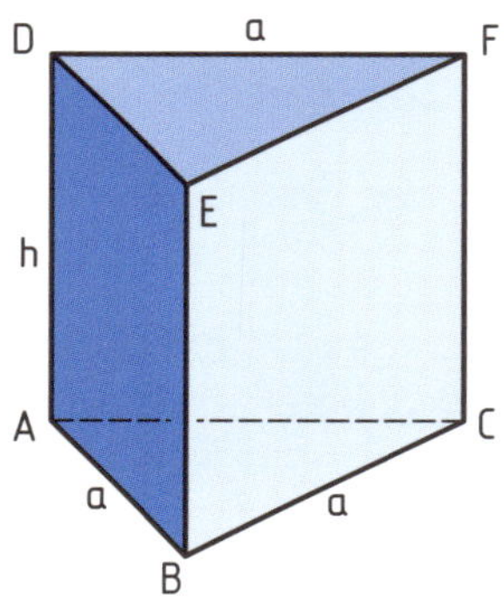

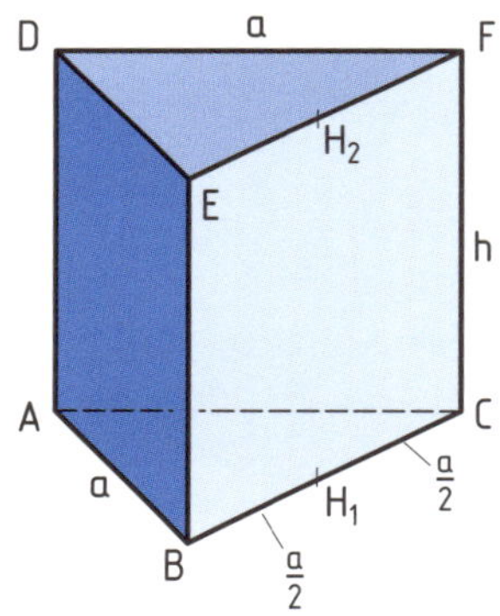

12.7 Die Abbildung unten zeigt den Querschnitt eines Kanals.

a) Wie viel Liter Wasser fasst ein 5 km langer derartiger Kanal?

b) Wie viele Arbeitsstunden waren für das Ausheben dieses Kanals notwendig, wenn pro Stunde 65 m^3 ausgehoben werden konnten?

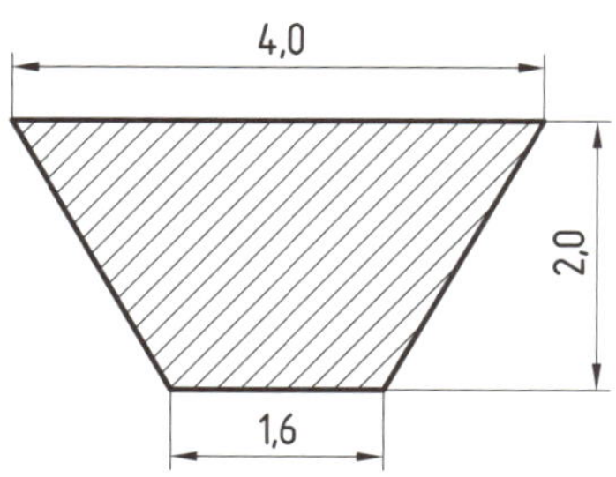

Kanal – Querschnitt
(Maße in m)

12.8 Die Abbildung unten zeigt den Querschnitt eines Schutzdamms.

a) Wie viel m^3 Erdreich müssen für einen 300 m langen derartigen Damm aufgeschüttet werden?

b) Welche Masse (in Tonnen) hat das erforderliche Erdreich, wenn die Masse von 1 m^3 Erdreich 2 400 kg beträgt (oder anders ausgedrückt, wenn die Dichte des Erdreichs 2 400 kg/m^3 beträgt)?

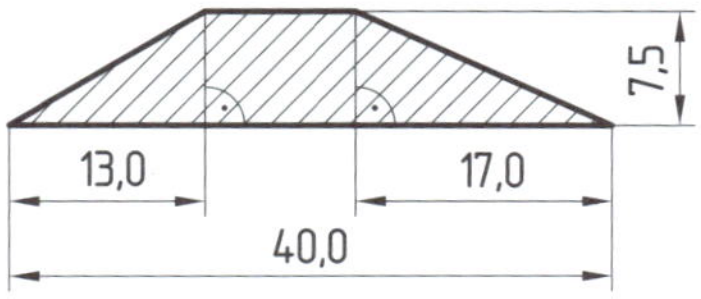

Damm – Querschnitt
(Maße in m)

12.9 Ein Eisenwürfel von 12,0 cm Kantenlänge wird eingeschmolzen und in die Form eines geraden dreiseitigen Prismas gleichen Rauminhalts umgegossen. Die Grundfläche des Prismas bildet ein rechtwinkliges Dreieck mit den Kathetenlängen a = 6,4 cm und b = 8,0 cm.

a) Wie hoch wird das Prisma?

b) Welche Masse (in kg) hat der Körper, wenn die Masse von 1 m^3 Eisen 7 900 kg beträgt (oder anders ausgedrückt, wenn die Dichte des Eisens 7 900 kg/m^3 beträgt)?

12.10 Ein Gefäß hat die Form eines (oben offenen) geraden, dreiseitigen Prismas mit einem gleichschenklig-rechtwinkligen Dreieck als Grundfläche. Die Kathetenlänge a = 7,8 cm, die Körperhöhe h = 5,0 cm. In das Gefäß wird $\frac{1}{8}$ l Quecksilber gegossen.

a) Wie hoch steht die Flüssigkeit in dem Gefäß?

b) Welche Masse (in kg) hat das im Gefäß befindliche Quecksilber, wenn die Masse von 1 m^3 Quecksilber 13 600 kg beträgt (oder anders ausgedrückt, wenn die Dichte des Quecksilbers 13 600 kg/m^3 beträgt)?

Allgemeine Hinweise zu den Lösungen

1) In diesem Buch sind die Koordinaten stets in der **Einheit cm** gegeben.
2) Verwende beim Zeichnen eines Koordinatensystems – falls möglich – **Millimeterpapier**!
3) Fertige bei Konstruktionsaufgaben immer eine **Skizze** an!
   Kennzeichne die gegebenen Bestimmungsstücke z. B. mit Farbe!
   Die Skizze dient dir zum Überlegen, wie du bei der Konstruktion vorgehen kannst.
4) Wenn nicht extra gekennzeichnet, sind die Konstruktionen auf 60 % verkleinert dargestellt.

1 Teilbarkeit

„|" … mathematisches Zeichen für „teilt"

a | b … a teilt b.
a ist Teiler von b.
a ist restlos in b enthalten.

„∤" … mathematisches Zeichen für „teilt nicht"
a ∤ b … a teilt b nicht.
a ist kein Teiler von b.
a ist nicht restlos in b enthalten.

1.1 3 | 5□46
3 teilt alle Zahlen, deren Ziffernsumme durch 3 teilbar ist. Die Ziffernsumme aus den bereits bekannten Ziffernwerten beträgt (5 + 4 + 6 =)15; eine durch 3 teilbare Zahl. Soll die aus allen vier Ziffernwerten gebildete Ziffernsumme ebenfalls durch 3 teilbar sein, so darf der Platzhalter □ nur mit einer durch 3 teilbaren Zahl (Ziffer) belegt werden.
□ = **0**, **3**, **6** oder **9**.

Die Zahlen lauten **5 046**, **5 346**, **5 646**, **5 946**.

4 ∤ 54 27□
4 teilt jede Hunderterzahl und jede Zahl, deren letzten zwei Ziffern eine durch 4 teilbare Zahl bilden. 4 teilt die Zahlen 54 272 und 54 276. Folglich gilt für den Platzhalter: □ = **0**, **1**, **3**, **4**, **5**, **7**, **8** oder **9**.

Die Zahlen lauten **54 270**, **54 271**, **54 273**, **54 274**, **54 275**, **54 277**, **54 278**, **54 279**.

10 | 35□

10 teilt alle Zahlen, die an der Einerstelle die Ziffer Null haben.
□ = **0**

Die Zahl lautet **350**.

12 | 5 12□

12 teilt alle Zahlen, die durch 3 und durch 4 teilbar sind.
3 teilt 5 121, 5 124 und 5 127.
4 teilt 5 120, 5 124 und 5 128.

Nur die Zahl **5 124** wird sowohl von 3 als auch von 4 und somit von 12 geteilt.

Für den Platzhalter gilt: □ = **4**

9 | 17□34

9 teilt alle Zahlen, deren Ziffersumme durch 9 teilbar ist.
1 + 7 + 3 + 4 = 15. Die nächste, durch 9 teilbare Zahl, ist 18. Folglich darf der Platzhalter nur mit der Ziffer 3 belegt werden.

□ = **3**

Die Zahl lautet **17 334**.

1.2 (Vergleiche mit dem Beispiel 1.1!)

3 ∤ 7 2□3

□ = **1**, **2**, **4**, **5**, **7** oder **8**.

Die Zahlen lauten **7 213**, **7 223**, **7 243**, **7 253**, **7 273**, **7 283**.

4 | 73 5□6

□ = **1**, **3**, **5**, **7** oder **9**.

Die Zahlen lauten **73 516**, **73 536**, **73 556**, **73 576**, **73 596**.

$5 \mid 58\square$

5 teilt alle Zahlen, die an der Einerstelle die Ziffer Null oder Fünf haben.

$\square$ = **0** oder **5**.

Die Zahlen lauten **580**, **585**.

$15 \mid 4\,12\square$

15 teilt alle Zahlen, die durch 3 und durch 5 teilbar sind.

3 teilt 4 122, 4 125 und 4 128.

5 teilt 4 120 und 4 125.

$\square$ = **5**

Die Zahl lautet **4 125**.

$9 \mid 47\,1\square1$

$\square$ = **5**.

Die Zahl lautet **47 151**.

1.3 **Summenregel:** Sind zwei Zahlen a und b durch t teilbar, so ist auch die Summe (a + b) dieser Zahlen durch t teilbar.

Produktregel: Ist in einem Produkt $a \cdot b$ mindestens ein Faktor durch t teilbar, so ist auch das ganze Produkt durch t teilbar.

Summenregel:
$t \mid a$ und $t \mid b \Rightarrow t \mid (a + b)$

Produktregel:
$t \mid a \Rightarrow t \mid (a \cdot b)$

„$\mid$“ … mathematisches Zeichen für „teilt“

$7 \mid 728$ ist eine **wahre Aussage**, denn gemäß der Summenregel gilt:
$7 \mid 700$ und $7 \mid 28 \Rightarrow 7 \mid 728$.

$6 \mid 7 \cdot 24$ ist eine **wahre Aussage**, denn gemäß der Produktregel gilt:
$6 \mid 24 \Rightarrow 6 \mid 7 \cdot 24$.

$19 \mid 1\,937$ ist eine **falsche Aussage**, denn gemäß der Summenregel gilt:
$19 \mid 1\,900$ aber $19 \nmid 37 \Rightarrow 19 \nmid 1\,937$.

„$\nmid$“ … mathematisches Zeichen für „teilt nicht“

1.4 (Vergleiche mit dem Beispiel 1.3!)

$8 \mid 568$ ist eine **wahre Aussage**, denn gemäß der Summenregel gilt:
$8 \mid 560$ und $8 \mid 8 \Rightarrow 8 \mid 568$.

$4 \mid 5 \cdot 32$ ist eine **wahre Aussage**, denn gemäß der Produktregel gilt:
$4 \mid 32 \Rightarrow 4 \mid 5 \cdot 32$.

$17 \mid 1\,735$ ist eine **falsche Aussage**, denn gemäß der Summenregel gilt:
$17 \mid 1\,700$ aber $17 \nmid 35 \Rightarrow 17 \nmid 1\,735$.

1.5 Lies dir die in deinem Mathematik-Arbeitsbuch zusammengestellten Teilbarkeitsregeln durch!

	2	3	4	5	6	9	10	12	15	25	100
744	x	x	x		x			x			
2 250	x	x		x	x	x	x		x	x	
34 700	x		x	x			x			x	x
514 845		x		x		x			x		

1.6 (Vergleiche mit dem Beispiel 1.5!)

	2	3	4	5	6	9	10	12	15	25	100
984	x	x	x		x			x			
4 920	x	x	x	x	x		x	x	x		
71 600	x		x	x			x			x	x
412 335		x		x		x			x		

Primzahl:
natürliche Zahl (außer Null), die nur 1 und sich selbst als Teiler hat.
Eine Primzahl hat genau zwei Teiler! Daher ist die Zahl 1 keine Primzahl.

1.7 Jede Zahl, die nicht selbst eine Primzahl ist, lässt sich als Produkt von Primzahlen, den so genannten Primfaktoren darstellen. Diese Primfaktoren sind natürlich Teiler der jeweiligen Zahl aber auch die Produkte von je 2 Primfaktoren, je 3 Primfaktoren usw. sind Teiler.

$120 = 2 \cdot 2 \cdot 2 \cdot 3 \cdot 5$

120	2
60	2
30	2
15	3
5	5
1	

Die Teiler:

1 ist Teiler jeder natürlichen Zahl. Jede natürliche Zahl (außer Null) hat sich selbst als Teiler.

a) 1, 2, 3, 5, 120

b) Produkt von je 2 Primfaktoren:
$2 \cdot 2 = 4$ $2 \cdot 3 = 6$ $2 \cdot 5 = 10$ $3 \cdot 5 = 15$

c) Produkt von je 3 Primfaktoren:
$2 \cdot 2 \cdot 2 = 8$ $2 \cdot 2 \cdot 3 = 12$ $2 \cdot 2 \cdot 5 = 20$ $2 \cdot 3 \cdot 5 = 30$

d) Produkt von je 4 Primfaktoren:
$2 \cdot 2 \cdot 2 \cdot 3 = 24$ $2 \cdot 2 \cdot 2 \cdot 5 = 40$ $2 \cdot 2 \cdot 3 \cdot 5 = 60$

Hinweis: die Menge aller Teiler einer Zahl nennt man auch Teilermenge dieser Zahl.

T_{120} = {1, 2, 3, 4, 5, 6, 8, 10, 12, 15, 20, 24, 30, 40, 60, 120} .... 16 Teiler

Hinweis:
Auf Seite 167 findest du eine Tabelle aller Primzahlen < 5 000.

1.8 (Vergleiche mit dem Beispiel 1.7!)

$420 = 2 \cdot 2 \cdot 3 \cdot 5 \cdot 7$

420	2
210	2
105	3
35	5
7	7
1	

Die Teiler:

a) 1, 2, 3, 5, 7, 420

b) Produkt von je 2 Primfaktoren:
$2 \cdot 2 = 4$ $2 \cdot 3 = 6$ $2 \cdot 5 = 10$ $2 \cdot 7 = 14$
$3 \cdot 5 = 15$ $3 \cdot 7 = 21$ $5 \cdot 7 = 35$

c) Produkt von je 3 Primfaktoren:
$2 \cdot 2 \cdot 3 = 12$ $\quad 2 \cdot 2 \cdot 5 = 20$ $\quad 2 \cdot 2 \cdot 7 = 28$ $\quad 2 \cdot 3 \cdot 5 = 30$
$2 \cdot 3 \cdot 7 = 42$ $\quad 2 \cdot 5 \cdot 7 = 70$ $\quad 3 \cdot 5 \cdot 7 = 105$

d) Produkt von je 4 Primfaktoren:
$2 \cdot 2 \cdot 3 \cdot 5 = 60$ $\quad 2 \cdot 2 \cdot 5 \cdot 7 = 140$
$2 \cdot 2 \cdot 3 \cdot 7 = 84$ $\quad 2 \cdot 3 \cdot 5 \cdot 7 = 210$

T_{420} = {1, 2, 3, 4, 5, 6, 7, 10, 12, 14, 15, 20, 21, 28, 30, 35, 42, 60, 70, 84, 105, 140, 210, 420} .... 24 Teiler

1.9 Der größte gemeinsame Teiler (ggT) gegebener Zahlen ist die größte Zahl, die in jeder der gegebenen Zahlen (restlos) enthalten ist. Im ggT müssen daher alle gemeinsamen Primfaktoren enthalten sein. Kennzeichne die gemeinsamen Primfaktoren, indem du sie z. B. unterstreichst!

1 155	$\underline{3}$	630	2	252	2
385	5	315	$\underline{3}$	126	2
77	$\underline{7}$	105	3	63	$\underline{3}$
11	11	35	5	21	3
1		7	$\underline{7}$	7	$\underline{7}$
		1		1	

ggT(1 155, 630, 252) = $3 \cdot 7$ = **21**

Wie oft ist der ggT in jeder der drei gegebenen Zahlen enthalten? Vermeide die (zeitaufwendigen) Divisionen und überlege:

Das Produkt der Primfaktoren, die jeweils nicht im ggT vorkommen, gibt an, wie oft der ggT in der betreffenden Zahl enthalten ist.

$1\,155 = \underline{3} \cdot \underline{7} \cdot 5 \cdot 11 = 21 \cdot 55$
$630 = \underline{3} \cdot \underline{7} \cdot 2 \cdot 3 \cdot 5 = 21 \cdot 30$
$252 = \underline{3} \cdot \underline{7} \cdot 2 \cdot 2 \cdot 3 = 21 \cdot 12$

Der ggT ist **55-mal** in 1 155, **30-mal** in 630 und **12-mal** in 252 enthalten.

1.10 (Vergleiche mit dem Beispiel 1.9!)

1 386	2	990	2	825	$\underline{3}$
693	$\underline{3}$	495	$\underline{3}$	275	5
231	3	165	3	55	5
77	7	55	5	11	$\underline{11}$
11	$\underline{11}$	11	$\underline{11}$	1	
1		1			

Hinweis:
Auf Seite 167 findest du eine Tabelle aller Primzahlen < 5 000.

ggT(1 386, 990, 825) = $3 \cdot 11$ = **33**

$1\,386 = \underline{3} \cdot \underline{11} \cdot 2 \cdot 3 \cdot 7 = 33 \cdot 42$
$990 = \underline{3} \cdot \underline{11} \cdot 2 \cdot 3 \cdot 5 = 33 \cdot 30$
$825 = \underline{3} \cdot \underline{11} \cdot 5 \cdot 5 = 33 \cdot 25$

Der ggT ist **42-mal** in 1 386, **30-mal** in 990 und **25-mal** in 825 enthalten.

Hinweis:
Auf Seite 167 findest du eine Tabelle aller Primzahlen < 5 000.

1.11 (Vergleiche mit dem Beispiel 1.9!)

585	$\underline{3}$	675	3	990	2	1 260	2
195	$\underline{3}$	225	$\underline{3}$	495	$\underline{3}$	630	2
65	$\underline{5}$	75	$\underline{3}$	165	$\underline{3}$	315	$\underline{3}$
13	13	25	$\underline{5}$	55	$\underline{5}$	105	$\underline{3}$
1		5	5	11	11	35	$\underline{5}$
		1		1		7	7
						1	

ggT(585, 675, 990, 1 260) = 3 · 3 · 5 = **45**

$585 = \underline{3} \cdot \underline{3} \cdot \underline{5} \cdot 13 = 45 \cdot 13$
$675 = \underline{3} \cdot \underline{3} \cdot \underline{5} \cdot 3 \cdot 5 = 45 \cdot 15$
$990 = \underline{3} \cdot \underline{3} \cdot \underline{5} \cdot 2 \cdot 11 = 45 \cdot 22$
$1\,260 = \underline{3} \cdot \underline{3} \cdot \underline{5} \cdot 2 \cdot 2 \cdot 7 = 45 \cdot 28$

Der ggT ist **13-mal** in 585, **15-mal** in 675, **22-mal** in 990 und **28-mal** in 1 260 enthalten.

1.12 (Vergleiche mit dem Beispiel 1.9!)

420	$\underline{2}$	588	$\underline{2}$	728	$\underline{2}$	1 540	$\underline{2}$
210	$\underline{2}$	294	$\underline{2}$	364	$\underline{2}$	770	$\underline{2}$
105	3	147	3	182	2	385	5
35	5	49	$\underline{7}$	91	$\underline{7}$	77	$\underline{7}$
7	$\underline{7}$	7	7	13	13	11	11
1		1		1		1	

ggT(420, 588, 728, 1 540) = 2 · 2 · 7 = **28**

$420 = \underline{2} \cdot \underline{2} \cdot \underline{7} \cdot 3 \cdot 5 = 28 \cdot 15$
$588 = \underline{2} \cdot \underline{2} \cdot \underline{7} \cdot 3 \cdot 7 = 28 \cdot 21$
$728 = \underline{2} \cdot \underline{2} \cdot \underline{7} \cdot 2 \cdot 13 = 28 \cdot 26$
$1\,540 = \underline{2} \cdot \underline{2} \cdot \underline{7} \cdot 5 \cdot 11 = 28 \cdot 55$

Der ggT ist **15-mal** in 420, **21-mal** in 588, **26-mal** in 728, und **55-mal** in 1 540 enthalten.

1.13 **a)** Möglichst große (quadratische) Steinplatten bedeuten: eine möglichst große Kantenlänge für die einzelnen Platten. Die Kantenlänge muss aber restlos in der Rechtecklänge und in der Rechteckbreite enthalten sein. Die größte Zahl, die in zwei gegebenen Zahlen enthalten ist, ist der größte gemeinsame Teiler (ggT) der beiden Zahlen.

8,40 m = 840 cm   5,20 m = 520 cm

840	$\underline{2}$	520	$\underline{2}$
420	$\underline{2}$	260	$\underline{2}$
210	$\underline{2}$	130	$\underline{2}$
105	3	65	$\underline{5}$
35	$\underline{5}$	13	13
7	7	1	
1			

ggT(840, 520) = 2 · 2 · 2 · 5 = 40

Die Kantenlänge einer Platte beträgt **40 cm**.

b) Wie viele Platten passen auf die Rechtecklänge?

$840 = \underline{2} \cdot \underline{2} \cdot \underline{2} \cdot \underline{5} \cdot 3 \cdot 7 = 40 \cdot 21$

Es können 21 Platten entlang der Rechtecklänge aufgelegt werden.

Wie viele Platten passen auf die Rechteckbreite?

$520 = \underline{2} \cdot \underline{2} \cdot \underline{2} \cdot \underline{5} \cdot 13 = 40 \cdot 13$

Es können 13 Platten entlang der Rechteckbreite aufgelegt werden.

Insgesamt können also 13 Reihen zu je 21 Stück verlegt werden.

$21 \cdot 13 = 273$

Es sind **273 Steinplatten** erforderlich.

1.14 (Vergleiche mit dem Beispiel 1.13!)

a)

$$\begin{array}{r|l} 612 & \underline{2} \\ 306 & \underline{2} \\ 153 & \underline{3} \\ 51 & 3 \\ 17 & 17 \\ 1 & \end{array} \qquad \begin{array}{r|l} 420 & \underline{2} \\ 210 & \underline{2} \\ 105 & \underline{3} \\ 35 & 5 \\ 7 & 7 \\ 1 & \end{array} \qquad \text{ggT}(612, 420) = 2 \cdot 2 \cdot 3 = 12$$

Der Abstand zwischen zwei Stützen beträgt **12 m**.

b) $612 = \underline{2} \cdot \underline{2} \cdot \underline{3} \cdot 3 \cdot 17 = 12 \cdot 51$

Die Länge kann in 51 Abschnitte zu je 12 m Länge geteilt werden.

$420 = \underline{2} \cdot \underline{2} \cdot \underline{3} \cdot 5 \cdot 7 = 12 \cdot 35$

Die Breite kann in 35 Abschnitte zu je 12 m Länge geteilt werden.

$(51 + 35) \cdot 2 = 86 \cdot 2 = 172$

Der Umfang kann in 172 Abschnitte zu je 12 m Länge geteilt werden. Zu je einem 12 m langen Abschnitt gehört **eine** Stütze.

Es sind **172 Stützen** erforderlich.

1.15 (Vergleiche mit dem Beispiel 1.13!)

a) 2,4 m = 24 dm 9,0 m = 90 dm

$$\begin{array}{r|l} 24 & \underline{2} \\ 12 & 2 \\ 6 & 2 \\ 3 & \underline{3} \\ 1 & \end{array} \qquad \begin{array}{r|l} 90 & \underline{2} \\ 45 & \underline{3} \\ 15 & 3 \\ 5 & 5 \\ 1 & \end{array} \qquad \text{ggT}(24, 90) = 2 \cdot 3 = 6$$

Die Kantenlänge eines Würfels beträgt **6 dm**.

b) $24 = \underline{2} \cdot \underline{3} \cdot 2 \cdot 2 = 6 \cdot 4$

$90 = \underline{2} \cdot \underline{3} \cdot 3 \cdot 5 = 6 \cdot 15$

Da der Behälter gleich hoch wie breit ist, können 4 Lagen zu je 4-mal 15 Würfel gelagert werden.

$4 \cdot 4 \cdot 15 = 16 \cdot 15 = 240$

Es haben **240 Würfel** Platz.

Hinweis:
Auf Seite 167 findest du eine Tabelle aller Primzahlen < 5 000.

1.16 Das kleinste gemeinsame Vielfache (kgV) gegebener Zahlen ist die kleinste Zahl, in der jede der gegebenen Zahlen (restlos) enthalten ist. Das kgV muss daher die Primfaktoren der gegebenen Zahlen enthalten.

Beachte! Dies bedeutet nicht, dass das kgV alle Primfaktoren der gegebenen Zahlen enthalten muss. (Dem würde das Produkt der gegebenen Zahlen entsprechen.) Das kgV muss jene Primfaktoren enthalten, die gerade notwendig sind, damit jede der gegebenen Zahlen (restlos) enthalten ist.

Kennzeichne diese Primfaktoren, indem du sie z. B. unterstreichst!

270	2	420	2	504	$\underline{2}$
135	$\underline{3}$	210	2	252	$\underline{2}$
45	$\underline{3}$	105	3	126	$\underline{2}$
15	$\underline{3}$	35	$\underline{5}$	63	3
5	5	7	$\underline{7}$	21	3
1		1		7	7
				1	

$$\text{kgV}(270, 420, 504) = 2 \cdot 2 \cdot 2 \cdot 3 \cdot 3 \cdot 3 \cdot 5 \cdot 7 = \\ = 40 \cdot 27 \cdot 7 = 280 \cdot 27 = \mathbf{7\,560}$$

Wie oft ist jede der drei Zahlen im kgV enthalten? Vermeide die (zeitaufwendigen) Divisionen und überlege:
Das Produkt der Primfaktoren, die zwar im kgV, nicht aber in der Primfaktorenzerlegung der betreffenden Zahl vorkommen, gibt an, wie oft die betreffende Zahl im kgV enthalten ist.

Jene Primfaktoren, die aus der jeweils untersuchten Zahl stammen, sind in Klammern zusammengefasst.

$$7\,560 = 2 \cdot 2 \cdot 2 \cdot 3 \cdot 3 \cdot 3 \cdot 5 \cdot 7 = (2 \cdot 3 \cdot 3 \cdot 3 \cdot 5) \cdot 2 \cdot 2 \cdot 7 = 270 \cdot 28$$
$$7\,560 = 2 \cdot 2 \cdot 2 \cdot 3 \cdot 3 \cdot 3 \cdot 5 \cdot 7 = (2 \cdot 2 \cdot 3 \cdot 5 \cdot 7) \cdot 2 \cdot 3 \cdot 3 = 420 \cdot 18$$
$$7\,560 = 2 \cdot 2 \cdot 2 \cdot 3 \cdot 3 \cdot 3 \cdot 5 \cdot 7 = (2 \cdot 2 \cdot 2 \cdot 3 \cdot 3 \cdot 7) \cdot 3 \cdot 5 = 504 \cdot 15$$

270 ist im kgV **28-mal** enthalten, 420 ist im kgV **18-mal** enthalten und 504 ist im kgV **15-mal** enthalten.

1.17 (Vergleiche mit dem Beispiel 1.16!)

1 260	$\underline{2}$	980	2	150	2
630	$\underline{2}$	490	2	75	3
315	$\underline{3}$	245	5	25	$\underline{5}$
105	$\underline{3}$	49	$\underline{7}$	5	$\underline{5}$
35	5	7	$\underline{7}$	1	
7	7	1			
1					

$$\text{kgV}(1\,260, 980, 150) = 2 \cdot 2 \cdot 3 \cdot 3 \cdot 5 \cdot 5 \cdot 7 \cdot 7 = \\ = 4 \cdot 9 \cdot 25 \cdot 49 = 900 \cdot 49 = \mathbf{44\,100}$$

$$44\,100 = 2 \cdot 2 \cdot 3 \cdot 3 \cdot 5 \cdot 5 \cdot 7 \cdot 7 = (2 \cdot 2 \cdot 3 \cdot 3 \cdot 5 \cdot 7) \cdot 5 \cdot 7 = 1\,260 \cdot 35$$
$$44\,100 = 2 \cdot 2 \cdot 3 \cdot 3 \cdot 5 \cdot 5 \cdot 7 \cdot 7 = (2 \cdot 2 \cdot 5 \cdot 7 \cdot 7) \cdot 3 \cdot 3 \cdot 5 = 980 \cdot 45$$
$$44\,100 = 2 \cdot 2 \cdot 3 \cdot 3 \cdot 5 \cdot 5 \cdot 7 \cdot 7 = (2 \cdot 3 \cdot 5 \cdot 5) \cdot 2 \cdot 3 \cdot 7 \cdot 7 = 150 \cdot 294$$

1 260 ist im kgV **35-mal** enthalten, 980 ist im kgV **45-mal** enthalten und 150 ist im kgV **294-mal** enthalten.

1.18 (Vergleiche mit dem Beispiel 1.16!)

$$\begin{array}{r|l} 2\,475 & 3 \\ 825 & 3 \\ 275 & 5 \\ 55 & 5 \\ 11 & \underline{11} \\ 1 & \end{array} \qquad \begin{array}{r|l} 1\,050 & 2 \\ 525 & 3 \\ 175 & \underline{5} \\ 35 & \underline{5} \\ 7 & \underline{7} \\ 1 & \end{array} \qquad \begin{array}{r|l} 630 & \underline{2} \\ 315 & \underline{3} \\ 105 & \underline{3} \\ 35 & 5 \\ 7 & 7 \\ 1 & \end{array}$$

$\text{kgV}(2\,475,\ 1\,050,\ 630) = 2 \cdot 3 \cdot 3 \cdot 5 \cdot 5 \cdot 7 \cdot 11 =$
$= 90 \cdot 35 \cdot 11 = 3\,150 \cdot 11 =$ **34 650**

$34\,650 = 2 \cdot 3 \cdot 3 \cdot 5 \cdot 5 \cdot 7 \cdot 11 = (3 \cdot 3 \cdot 5 \cdot 5 \cdot 11) \cdot 2 \cdot 7 = 2\,475 \cdot 14$
$34\,650 = 2 \cdot 3 \cdot 3 \cdot 5 \cdot 5 \cdot 7 \cdot 11 = (2 \cdot 3 \cdot 5 \cdot 5 \cdot 7) \cdot 3 \cdot 11 = 1\,050 \cdot 33$
$34\,650 = 2 \cdot 3 \cdot 3 \cdot 5 \cdot 5 \cdot 7 \cdot 11 = (2 \cdot 3 \cdot 3 \cdot 5 \cdot 7) \cdot 5 \cdot 11 = 630 \cdot 55$

2 475 ist im kgV **14-mal** enthalten, 1 050 ist im kgV **33-mal** enthalten und 630 ist im kgV **55-mal** enthalten.

1.19 (Vergleiche mit dem Beispiel 1.16!)

$$\begin{array}{r|l} 1\,008 & \underline{2} \\ 504 & \underline{2} \\ 252 & \underline{2} \\ 126 & \underline{2} \\ 63 & 3 \\ 21 & 3 \\ 7 & \underline{7} \\ 1 & \end{array} \qquad \begin{array}{r|l} 648 & 2 \\ 324 & 2 \\ 162 & 2 \\ 81 & \underline{3} \\ 27 & \underline{3} \\ 9 & \underline{3} \\ 3 & \underline{3} \\ 1 & \end{array} \qquad \begin{array}{r|l} 168 & 2 \\ 84 & 2 \\ 42 & 2 \\ 21 & 3 \\ 7 & 7 \\ 1 & \end{array} \qquad \begin{array}{r|l} 72 & 2 \\ 36 & 2 \\ 18 & 2 \\ 9 & 3 \\ 3 & 3 \\ 1 & \end{array}$$

$\text{kgV}(1\,008,\ 648,\ 168,\ 72) = 2 \cdot 2 \cdot 2 \cdot 2 \cdot 3 \cdot 3 \cdot 3 \cdot 3 \cdot 7 =$
$= 16 \cdot 81 \cdot 7 = 16 \cdot 567 =$ **9 072**

$9\,072 = 2 \cdot 2 \cdot 2 \cdot 2 \cdot 3 \cdot 3 \cdot 3 \cdot 3 \cdot 7 = (2 \cdot 2 \cdot 2 \cdot 2 \cdot 3 \cdot 3 \cdot 7) \cdot 3 \cdot 3 = 1\,008 \cdot 9$
$9\,072 = 2 \cdot 2 \cdot 2 \cdot 2 \cdot 3 \cdot 3 \cdot 3 \cdot 3 \cdot 7 = (2 \cdot 2 \cdot 2 \cdot 3 \cdot 3 \cdot 3 \cdot 3) \cdot 2 \cdot 7 = 648 \cdot 14$
$9\,072 = 2 \cdot 2 \cdot 2 \cdot 2 \cdot 3 \cdot 3 \cdot 3 \cdot 3 \cdot 7 = (2 \cdot 2 \cdot 2 \cdot 3 \cdot 7) \cdot 2 \cdot 3 \cdot 3 \cdot 3 = 168 \cdot 54$
$9\,072 = 2 \cdot 2 \cdot 2 \cdot 2 \cdot 3 \cdot 3 \cdot 3 \cdot 3 \cdot 7 = (2 \cdot 2 \cdot 2 \cdot 3 \cdot 3) \cdot 2 \cdot 3 \cdot 3 \cdot 7 = 72 \cdot 126$

1 008 ist im kgV **9-mal**, 648 ist im kgV **14-mal**, 168 ist im kgV **54-mal** und 72 ist im kgV **126-mal** enthalten.

1.20 **a)** Das erste Schiff kehrt nach 8 Wochen, 16 Wochen, 24 Wochen usw. in den Hafen zurück. Das zweite Schiff kehrt nach 12 Wochen, 24 Wochen, 36 Wochen usw. in den Hafen zurück. Das dritte Schiff kehrt nach 16 Wochen, 32 Wochen, 48 Wochen usw. in den Hafen zurück. Das kleinste gemeinsame Vielfache von 8, 12 und 16 kann dann als die Anzahl der Wochen gedeutet werden, die vergehen, bis die drei Schiffe zum ersten Mal wieder im Hafen zusammentreffen.

$8 = 2 \cdot 2 \cdot 2 \qquad 12 = 2 \cdot 2 \cdot \underline{3} \qquad 16 = \underline{2} \cdot \underline{2} \cdot \underline{2} \cdot \underline{2}$

$\text{kgV}(8,\ 12,\ 16) = 2 \cdot 2 \cdot 2 \cdot 2 \cdot 3 = 48$

Die drei Schiffe treffen nach **48 Wochen** zum ersten Mal wieder zusammen.

b) $48 = 2 \cdot 2 \cdot 2 \cdot 2 \cdot 3 = (2 \cdot 2 \cdot 2) \cdot 2 \cdot 3 = 8 \cdot 6$
$48 = 2 \cdot 2 \cdot 2 \cdot 2 \cdot 3 = (2 \cdot 2 \cdot 3) \cdot 2 \cdot 2 = 12 \cdot 4$
$48 = 2 \cdot 2 \cdot 2 \cdot 2 \cdot 3 = (2 \cdot 2 \cdot 2 \cdot 2) \cdot 3 = 16 \cdot 3$

Das erste Schiff wird den Hafen **6-mal** angelaufen haben, das zweite Schiff **4-mal** und das dritte Schiff wird ihn **3-mal** angelaufen haben.

1.21 (Vergleiche mit dem Beispiel 1.20!)

Linie A: $8 = 2 \cdot 2 \cdot 2$ Linie C: $16 = \underline{2} \cdot \underline{2} \cdot \underline{2} \cdot \underline{2}$
Linie B: $12 = 2 \cdot 2 \cdot 3$ Linie D: $18 = 2 \cdot \underline{3} \cdot \underline{3}$

kgV $(8, 12, 16, 18) = 2 \cdot 2 \cdot 2 \cdot 2 \cdot 3 \cdot 3 = 16 \cdot 9 = 144$

144 min = 2 h 24 min

60 min = 1 h

zwischen 7 Uhr und 21 Uhr bedeutet:

7 Uhr < t < 21 Uhr

t … Uhrzeit

7 h 00 min + 2 h 24 min = 9 h 24 min
9 h 24 min + 2 h 24 min = 11 h 48 min
11 h 48 min + 2 h 24 min = 13 h 72 min = 14 h 12 min
14 h 12 min + 2 h 24 min = 16 h 36 min
16 h 36 min + 2 h 24 min = 18 h 60 min = 19 h

Zeiten, zu denen die Busse zwischen 7 Uhr und 21 Uhr gleichzeitig abfahren: **9:24**, **11:48**, **14:12**, **16:36**, **19:00**.

1.22 **a)** $45 = \underline{3} \cdot \underline{3} \cdot 5$
$60 = \underline{2} \cdot \underline{2} \cdot 3 \cdot 5$

kgV$(45, 60) = 2 \cdot 2 \cdot 3 \cdot 3 \cdot 5 = 180$

180 cm = 1,8 m

Die Spaziergänger schreiten nach genau **1,8 m** gleichzeitig aus.

b) Nach 1,8 m (= 180 cm) hat der eine Spaziergänger (180 : 45 =) 4 Schritte, der andere aber nur (180 : 60 =) 3 Schritte gemacht. Sie schreiten daher erst nach 1,8 m · 2 = 3,6 m wieder mit dem gleichen Bein aus.

Die Spaziergänger schreiten immer nach genau **3,6 m** mit dem gleichen Bein aus.

2 Brüche und Dezimalzahlen

2.1 Die Länge der Einheitsstrecke ist dann „geeignet“, wenn die gegebenen Bruchzahlen genau, d. h. ohne eine Streckenlänge zu runden, darstellbar sind.

Ermittle zuerst das kleinste gemeinsame Vielfache der fünf Nenner!

kgV(2, 3, 5, 10, 15) = 30

Die Bruchzahlen, nach ihrer Größe geordnet und mit dem kgV als Nenner lauten dann:

$\frac{8}{30}, \frac{15}{30}, \frac{18}{30}, \frac{20}{30}, \frac{27}{30}$

Wählst du die Einheitsstrecke (zwischen 0 und 1 = $\frac{30}{30}$) 150 mm lang, dann entsprechen jedem Dreißigstel genau 5 mm auf dem Zahlenstrahl.

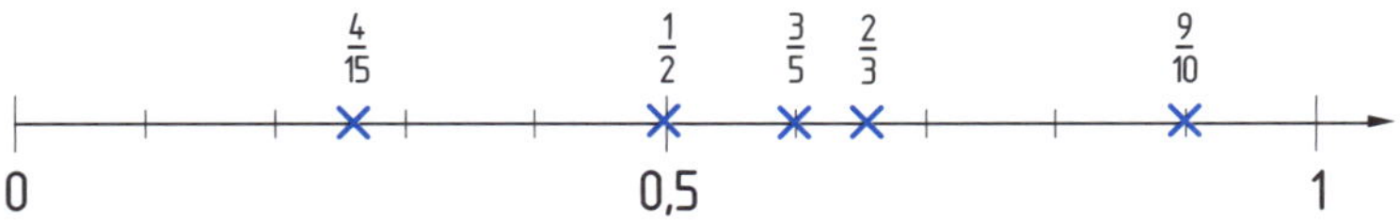

$\frac{1}{30} \triangleq$ 5 mm

$\frac{4}{15} = \frac{8}{30} \triangleq$ 40 mm

$\frac{1}{2} = \frac{15}{30} \triangleq$ 75 mm

$\frac{3}{5} = \frac{18}{30} \triangleq$ 90 mm

$\frac{2}{3} = \frac{20}{30} \triangleq$ 100 mm

$\frac{9}{10} = \frac{27}{30} \triangleq$ 135 mm

Der Abstand zweier Skalenstriche beträgt 15 mm $\triangleq \frac{3}{30}$.

2.2 (Vergleiche mit dem Beispiel 2.1!)

kgV(2, 5, 8, 10, 16) = 80

Die Bruchzahlen, nach ihrer Größe geordnet und mit dem kgV als Nenner lauten dann:

$\frac{35}{80}, \frac{40}{80}, \frac{50}{80}, \frac{72}{80}, 1\frac{16}{80}$

Wählst du die Einheitsstrecke (zwischen 0 und 1 = $\frac{80}{80}$) 80 mm lang, dann entspricht jedem Achtzigstel genau 1 mm auf dem Zahlenstrahl.

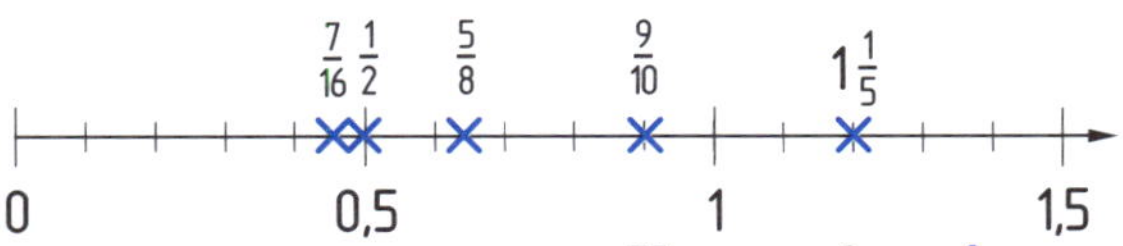

$\frac{1}{80} \triangleq$ 1 mm

$\frac{7}{16} = \frac{35}{80} \triangleq$ 35 mm

$\frac{1}{2} = \frac{40}{80} \triangleq$ 40 mm

$\frac{5}{8} = \frac{50}{80} \triangleq$ 50 mm

$\frac{9}{10} = \frac{72}{80} \triangleq$ 72 mm

$1\frac{1}{5} = 1\frac{16}{80} \triangleq$ 96 mm

Der Abstand zweier Skalenstriche beträgt 8 mm = $\frac{8}{80}$.

2.3 **a)** $3{,}75 = 3 + 0{,}75 = 3 + \frac{75}{100} = 3 + \frac{3}{4} = \mathbf{3\frac{3}{4}}$

Kontrolle: 3 : 4 = 0,75

$0{,}4 = \frac{4}{10} = \mathbf{\frac{2}{5}}$

Kontrolle: 2 : 5 = 0,4

$0{,}\dot{6} = 0{,}666\ldots$

Jede periodische Dezimalzahl lässt sich in Form eines Bruchs angeben. Im Zähler des Bruchs steht die Periode (in diesem Beispiel: 6), im Nenner stehen so viele Neuner, wie die Periode Ziffern hat (in diesem Beispiel: ein Neuner).

$0{,}\dot{6} = \frac{6}{9} = \mathbf{\frac{2}{3}}$

Kontrolle: 2 : 3 = 0,66…

$2{,}\dot{7}\dot{2} = 2{,}727\,272\ldots$

$2{,}\dot{7}\dot{2} = 2 + 0{,}\dot{7}\dot{2} = 2 + \frac{72}{99} = 2 + \frac{8}{11} = \mathbf{2\frac{8}{11}}$

Kontrolle: 8 : 11 = 0,727 2 …

b) $\frac{19}{100} = \mathbf{0{,}19}$ $\frac{5}{8} = \mathbf{0{,}625}$

$3\frac{2}{9} = 3{,}22\ldots = \mathbf{3{,}\dot{2}}$ $\frac{3}{20} = \mathbf{0{,}15}$

$\frac{1}{100} = 0{,}01$

$\frac{1}{9} = 0{,}\dot{1}$

$\frac{1}{8} = 0{,}125$

$\frac{1}{20} = 0{,}05$

$\frac{1}{1000} = 0{,}001$
$\frac{1}{9} = 0{,}\dot{1}$
$\frac{1}{8} = 0{,}125$
$\frac{1}{50} = 0{,}02$

2.4 (Vergleiche mit dem Beispiel 2.3!)

a) $1{,}25 = 1 + 0{,}25 = 1 + \frac{25}{100} = 1 + \frac{1}{4} = \mathbf{1\frac{1}{4}}$

Kontrolle: $1 : 4 = 0{,}25$

$0{,}6 = \frac{6}{10} = \mathbf{\frac{3}{5}}$

Kontrolle: $3 : 5 = 0{,}6$

$0{,}\dot{3} = 0{,}333\ldots = \frac{3}{9} = \mathbf{\frac{1}{3}}$

Kontrolle: $1 : 3 = 0{,}33\ldots$

$1{,}\dot{5}\dot{4} = 1{,}545\,454\ldots$

$1{,}\dot{5}\dot{4} = 1 + 0{,}\dot{5}\dot{4} = 1 + \frac{54}{99} = 1 + \frac{6}{11} = \mathbf{1\frac{6}{11}}$

Kontrolle: $6 : 11 = 0{,}545\,4\ldots$

b) $\frac{43}{1000} = \mathbf{0{,}043}$ $\frac{3}{8} = \mathbf{0{,}375}$

$2\frac{5}{9} = \mathbf{2{,}\dot{5}}$ $\frac{7}{50} = \mathbf{0{,}14}$

2.5 **a)** Um bei ungleichnamigen Brüchen zu entscheiden, welcher der kleinere ist, gibt es zwei Arten zu rechnen:

1. Art: Du ziehst für den Größenvergleich die Werte der Brüche heran.

$\frac{17}{20} = 17 : 20 = 0{,}85$ $\frac{3}{4} = 3 : 4 = 0{,}75$

$\frac{5}{8} = 5 : 8 = 0{,}625$ $\frac{11}{16} = 11 : 16 = 0{,}687\,5$

$\frac{13}{18} = 13 : 18 = 0{,}7\dot{2}$

$\frac{5}{8} \mathbf{<} \frac{11}{16} \mathbf{<} \frac{13}{18} \mathbf{<} \frac{3}{4} \mathbf{<} \frac{17}{20}$

Der kleinste gemeinsame Nenner ist das kleinste gemeinsame Vielfache der Nenner der gegebenen Brüche.

2. Art: Du formst die Brüche durch Erweitern in gleichnamige Brüche um und vergleichst diese. Dazu ist es vorteilhaft, den kleinsten gemeinsamen Nenner zu berechnen.

$4 = 2 \cdot 2$ $16 = \underline{2} \cdot \underline{2} \cdot \underline{2} \cdot \underline{2}$ $20 = 2 \cdot 2 \cdot \underline{5}$

$8 = 2 \cdot 2 \cdot 2$ $18 = 2 \cdot \underline{3} \cdot \underline{3}$

$\text{kgV}(4, 8, 16, 18, 20) = 2 \cdot 2 \cdot 2 \cdot 2 \cdot 3 \cdot 3 \cdot 5 = 720$

720 : 20 = 36
720 : 8 = 90
720 : 18 = 40
720 : 4 = 180
720 : 16 = 45

$\frac{17}{20} = \frac{17 \cdot 36}{20 \cdot 36} = \frac{612}{720}$ $\frac{3}{4} = \frac{3 \cdot 180}{4 \cdot 180} = \frac{540}{720}$

$\frac{5}{8} = \frac{5 \cdot 90}{8 \cdot 90} = \frac{450}{720}$ $\frac{11}{16} = \frac{11 \cdot 45}{16 \cdot 45} = \frac{495}{720}$

$\frac{13}{18} = \frac{13 \cdot 40}{18 \cdot 40} = \frac{520}{720}$

$\frac{450}{720} < \frac{495}{720} < \frac{520}{720} < \frac{540}{720} < \frac{612}{720} \Rightarrow \frac{5}{8} \mathbf{<} \frac{11}{16} \mathbf{<} \frac{13}{18} \mathbf{<} \frac{3}{4} \mathbf{<} \frac{17}{20}$

b) Forme die beiden ungleichnamigen Brüche ($\frac{7}{30}$ und $\frac{4}{15}$) zuerst in gleichnamige Brüche um!

$\frac{4}{15} = \frac{8}{30}$

Zwischen zwei Bruchzahlen gibt es unendlich viele Bruchzahlen.

Allein durch Erweitern mit einem Faktor 10 kannst du zwischen $\frac{7}{30}$ und $\frac{8}{30}$, d. h. zwischen $\frac{70}{300}$ und $\frac{80}{300}$ bereits 9 Brüche ($\frac{71}{300}, \frac{72}{300}, \ldots, \frac{79}{300}$) angeben. Es genügen aber drei, z. B.: $\frac{71}{300}, \frac{75}{300} = \frac{1}{4}, \frac{76}{300} = \frac{19}{75}$

$\mathbf{\frac{71}{300}, \frac{1}{4}, \frac{19}{75}}$

c) Forme die beiden ungleichnamigen Brüche ($\frac{3}{5}$ und $\frac{3}{4}$) zuerst in gleichnamige Brüche um!

$\frac{3}{5} = \frac{12}{20}$ $\frac{3}{4} = \frac{15}{20}$

In der Mitte zwischen 12 und 15 liegt (12 + 15) : 2 = 13,5. In dieser Form ist das Ergebnis aber unbrauchbar. Erweitere beide Brüche nochmals mit dem Faktor 2!

$\frac{3}{5} = \frac{12}{20} = \frac{24}{40}$ $\frac{3}{4} = \frac{15}{20} = \frac{30}{40}$

In der Mitte zwischen 24 und 30 liegt (24 + 30) : 2 = 27.

$\frac{27}{40}$ liegt genau in der Mitte zwischen $\frac{3}{5}$ und $\frac{3}{4}$.

2.6 (Vergleiche mit dem Beispiel 2.5!)

a) 1. Art:

$\frac{1}{4} = 1 : 4 = 0{,}25$ $\frac{3}{8} = 3 : 8 = 0{,}375$

$\frac{3}{25} = 0{,}12$ $\frac{5}{16} = 5 : 16 = 0{,}3125$

$\frac{4}{15} = 4 : 15 = 0{,}2\dot{6}$

$\frac{3}{25} < \frac{1}{4} < \frac{4}{15} < \frac{5}{16} < \frac{3}{8}$

2. Art: kgV (4, 8, 15, 16, 25) = 1 200

$\frac{1}{4} = \frac{1 \cdot 300}{4 \cdot 300} = \frac{300}{1200}$ $\frac{3}{8} = \frac{3 \cdot 150}{8 \cdot 150} = \frac{450}{1200}$

$\frac{3}{25} = \frac{3 \cdot 48}{25 \cdot 48} = \frac{144}{1200}$ $\frac{5}{16} = \frac{5 \cdot 75}{16 \cdot 75} = \frac{375}{1200}$

$\frac{4}{15} = \frac{4 \cdot 80}{15 \cdot 80} = \frac{320}{1200}$

$\frac{144}{1200} < \frac{300}{1200} < \frac{320}{1200} < \frac{375}{1200} < \frac{450}{1200} \Rightarrow \frac{3}{25} < \frac{1}{4} < \frac{4}{15} < \frac{5}{16} < \frac{3}{8}$

b) $\frac{4}{5} = \frac{72}{90}$ $\frac{17}{18} = \frac{85}{90}$ Z. B.: $\frac{73}{90}$, $\frac{81}{90} = \frac{9}{10}$, $\frac{84}{90} = \frac{14}{15}$

$\frac{73}{90}$, $\frac{9}{10}$, $\frac{14}{15}$

c) $\frac{1}{4} = \frac{5}{20} = \frac{10}{40}$ $\frac{2}{5} = \frac{8}{20} = \frac{16}{40}$ (10 + 16) : 2 = 13

$\frac{13}{40}$ liegt genau in der Mitte zwischen $\frac{1}{4}$ und $\frac{2}{5}$.

2.7 **a)** Berechne den relativen Anteil einer Quelle an der pro Minute insgesamt erhaltenen Wassermenge, indem du die Anzahl der pro Minute aus der Quelle sprudelnden Liter durch die Gesamtanzahl der Liter, die pro Minute aus allen drei Quellen herauskommen, dividierst!

relativ … auf etwas bezogen, verhältnismäßig; im Gegensatz zu absolut

Gesamtanzahl (l/min):

$4\frac{1}{2} + 3\frac{3}{5} + 6\frac{3}{4} = 4\frac{10}{20} + 3\frac{12}{20} + 6\frac{15}{20} = 13\frac{37}{20} = 14\frac{17}{20}$

Relative Anteile:

1. Quelle: $4\frac{1}{2} : 14\frac{17}{20} = \frac{9}{2} : \frac{297}{20} = \frac{9}{2} \cdot \frac{20}{297} = \frac{90}{297} = \frac{10}{33}$

2. Quelle: $3\frac{3}{5} : 14\frac{17}{20} = \frac{18}{5} \cdot \frac{20}{297} = \frac{8}{33}$

3. Quelle: $6\frac{3}{4} : 14\frac{17}{20} = \frac{27}{4} \cdot \frac{20}{297} = \frac{15}{33}$

Die relativen Anteile der Quellen betragen $\frac{10}{33}$, $\frac{8}{33}$ und $\frac{15}{33}$.

b) Wenn die drei Quellen in 1 min $14\frac{17}{20}$ l Wasser abgeben, dann geben sie in 1 h 60-mal so viel ab.

1 h = 60 min

$14\frac{17}{20}\,\text{l} \cdot 60 = 14\,\text{l} \cdot 60 + \frac{17}{20}\,\text{l} \cdot 60 = 840\,\text{l} + 51\,\text{l} = \mathbf{891\,l}$

Die drei Quellen geben pro Stunde **891 l** Wasser ab.

2.8 35 Flaschen zu je 1,5 l: $1{,}5\ l \cdot 35 = 52{,}5\ l$
41 Flaschen zu je $\frac{7}{10}$ l = 0,7 l: $0{,}7\ l \cdot 41 = 28{,}7\ l$
25 Quaderp. zu je $\frac{1}{4}$ l = 0,25 l: $0{,}25\ l \cdot 25 = 6{,}25\ l$
Gesamt: $52{,}5\ l + 28{,}7\ l + 6{,}25\ l = 87{,}45\ l$
In Dosen abgefüllter Rest: $100\ l - 87{,}45\ l = 12{,}55\ l$

Eine Division x : y bedeutet nicht nur „x in y gleich große Teile teilen“, sondern auch: „Wie oft ist y in x enthalten?“

a) Eine Dose fasst 0,33 l Saft. Mit 12,55 l können dann so viele Dosen gefüllt werden, wie 0,33 (l) in 12,55 (l) restlos enthalten ist (sind).
$12{,}55 : 0{,}33 = 38 \quad 1$ Rest
Es können **38** Dosen gefüllt werden.

b) In Dosen abgefüllte Menge: $0{,}33\ l \cdot 38 = 12{,}54\ l$
Im Behälter verbleibender Rest: $12{,}55\ l - 12{,}54\ l = 0{,}01\ l$
Im Behälter verbleibt ein Rest von **0,01 l** = $\frac{1}{100}$ **l = 10 cm³**

$1\ l = 1\ dm^3 = 1\,000\ cm^3$

2.9 1. Parzelle: $\frac{1}{4}$ der Grundstücksfläche
2. Parzelle: $\frac{1}{5}$ der Grundstücksfläche
3. Parzelle: $\frac{2}{9}$ der Grundstücksfläche
(relativer) Anteil der drei Parzellen:
$\frac{1}{4} + \frac{1}{5} + \frac{2}{9} = \frac{45}{180} + \frac{36}{180} + \frac{40}{180} = \frac{121}{180}$ der Grundstücksfläche

kgV(4, 5, 9) = 180

(relativer) Anteil der 4. Parzelle:
$1 - \frac{121}{180} = \frac{180}{180} - \frac{121}{180} = \frac{59}{180}$ der Grundstücksfläche
$\frac{59}{180} \triangleq 1\,180\ m^2$ $\frac{1}{180} \triangleq 1\,180\ m^2 : 59 = 20\ m^2$

a) 1. Parzelle: $\frac{1}{4} = \frac{45}{180} \triangleq 20\ m^2 \cdot 45 =$ **900 m²**
2. Parzelle: $\frac{1}{5} = \frac{36}{180} \triangleq 20\ m^2 \cdot 36 =$ **720 m²**
3. Parzelle: $\frac{2}{9} = \frac{40}{180} \triangleq 20\ m^2 \cdot 40 =$ **800 m²**
Die Parzellen wären **900 m²**, **720 m²** und **800 m²** groß.

b) $900\ m^2 + 720\ m^2 + 800\ m^2 + 1\,180\ m^2 =$ **3 600 m²**
Die Fläche des Grundstücks beträgt **3 600 m²**.

2.10 (Vergleiche mit dem Beispiel 2.9!)
2. Partner: $\frac{1}{3}$ des Gewinns
3. Partner: $\frac{1}{7}$ des Gewinns
4. Partner: $\frac{1}{8}$ des Gewinns
(relativer) Anteil der drei Partner:
$\frac{1}{3} + \frac{1}{7} + \frac{1}{8} = \frac{56}{168} + \frac{24}{168} + \frac{21}{168} = \frac{101}{168}$ des Gewinns

kgV(3, 7, 8) = 168

(relativer) Anteil des 1. Partners: $1 - \frac{101}{168} = \frac{168}{168} - \frac{101}{168} = \frac{67}{168}$
$\frac{67}{168} \triangleq 20\,100$ € $\frac{1}{168} \triangleq 20\,100$ € : 67 = 300 €

a) 2. Partner: $\frac{1}{3} = \frac{56}{168} \triangleq 300$ € · 56 = **16 800 €**
3. Partner: $\frac{1}{7} = \frac{24}{168} \triangleq 300$ € · 24 = **7 200 €**
4. Partner: $\frac{1}{8} = \frac{21}{168} \triangleq 300$ € · 21 = **6 300 €**
Die anderen Partner erhielten **16 800 €**, **7 200 €** bzw. **6 300 €**.

b) 20 100 € + 16 800 € + 7 200 € + 6 300 € = **50 400 €**
Der Gesamtgewinn betrug **50 400 €**.

2.11 $9\frac{3}{8} - (2\frac{1}{6} + \frac{3}{4}) + \frac{5}{16} - (3\frac{5}{12} - 1\frac{1}{16} + \frac{1}{2}) =$

$= 9\frac{3}{8} - (2\frac{2}{12} + \frac{9}{12}) + \frac{5}{16} - (3\frac{20}{48} - 1\frac{3}{48} + \frac{24}{48}) =$

$= 9\frac{3}{8} - 2\frac{11}{12} + \frac{5}{16} - (2\frac{17}{48} + \frac{24}{48}) =$

$= 9\frac{18}{48} - 2\frac{44}{48} + \frac{15}{48} - 2\frac{41}{48} =$

$= 9\frac{33}{48} - 4\frac{85}{48} = 7\frac{129}{48} - 4\frac{85}{48} = 3\frac{44}{48} = \mathbf{3\frac{11}{12}}$

2.12 $7\frac{4}{9} - (2\frac{1}{6} + \frac{1}{8} - 1\frac{7}{12}) + 4\frac{2}{3} - (3\frac{3}{4} - \frac{13}{18}) =$

$= 7\frac{4}{9} - (2\frac{4}{24} + \frac{3}{24} - 1\frac{14}{24}) + 4\frac{2}{3} - (3\frac{27}{36} - \frac{26}{36}) =$

$= 7\frac{4}{9} - (2\frac{7}{24} - 1\frac{14}{24}) + 4\frac{24}{36} - 3\frac{1}{36} =$

$= 7\frac{4}{9} - (1\frac{31}{24} - 1\frac{14}{24}) + 1\frac{23}{36} =$

$= 7\frac{4}{9} - \frac{17}{24} + 1\frac{23}{36} = 7\frac{32}{72} - \frac{51}{72} + 1\frac{46}{72} = 6\frac{104}{72} - \frac{51}{72} + 1\frac{46}{72} =$

$= 6\frac{53}{72} + 1\frac{46}{72} = 7\frac{99}{72} = 8\frac{27}{72} = \mathbf{8\frac{3}{8}}$

2.13 $(2\frac{3}{5} \cdot 4 + 1\frac{7}{8}) \cdot 3 - (4\frac{1}{10} - 2 \cdot \frac{1}{4}) \cdot 7 + 12 \cdot \frac{1}{32} =$

$= (8\frac{12}{5} + 1\frac{7}{8}) \cdot 3 - (4\frac{1}{10} - \frac{1}{2}) \cdot 7 + \frac{3}{8} =$

$= (10\frac{2}{5} + 1\frac{7}{8}) \cdot 3 - (4\frac{1}{10} - \frac{5}{10}) \cdot 7 + \frac{3}{8} =$

$= (10\frac{16}{40} + 1\frac{35}{40}) \cdot 3 - (3\frac{11}{10} - \frac{5}{10}) \cdot 7 + \frac{3}{8} =$

$= 11\frac{51}{40} \cdot 3 - 3\frac{6}{10} \cdot 7 + \frac{3}{8} =$

$= 33\frac{153}{40} - 21\frac{42}{10} + \frac{3}{8} = 36\frac{33}{40} - 25\frac{2}{10} + \frac{3}{8} = 36\frac{33}{40} - 25\frac{8}{40} + \frac{15}{40} =$

$= 11\frac{25}{40} + \frac{15}{40} = 11\frac{40}{40} = \mathbf{12}$

$2 \cdot \frac{1}{4} \neq 2\frac{1}{4}$
$12 \cdot \frac{1}{32} = \frac{12}{32} = \frac{3}{8}$

2.14 $(5\frac{3}{10} - 2 \cdot \frac{1}{4}) \cdot 4 - (1\frac{2}{5} \cdot 3 + 3\frac{5}{8}) \cdot 2 + 8 \cdot \frac{1}{32} =$

$= (5\frac{3}{10} - \frac{1}{2}) \cdot 4 - (3\frac{6}{5} + 3\frac{5}{8}) \cdot 2 + \frac{1}{4} =$

$= (4\frac{13}{10} - \frac{5}{10}) \cdot 4 - (3\frac{48}{40} + 3\frac{25}{40}) \cdot 2 + \frac{1}{4} =$

$= 4\frac{8}{10} \cdot 4 - 6\frac{73}{40} \cdot 2 + \frac{1}{4} =$

$= 16\frac{32}{10} - 12\frac{146}{40} + \frac{1}{4} =$

$= 19\frac{2}{10} - 15\frac{26}{40} + \frac{1}{4} =$

$= 19\frac{8}{40} - 15\frac{26}{40} + \frac{10}{40} = 18\frac{48}{40} - 15\frac{26}{40} + \frac{10}{40} =$

$= 3\frac{22}{40} + \frac{10}{40} = 3\frac{32}{40} = \mathbf{3\frac{4}{5}}$

$8 \cdot \frac{1}{32} = \frac{8}{32} = \frac{1}{4}$

2.15 $(1\frac{1}{2} + 3\frac{2}{9}) \cdot 3\frac{3}{5} - 2\frac{13}{14} + (5\frac{1}{5} - 2\frac{2}{7}) \cdot \frac{5}{6} =$

$= (1\frac{9}{18} + 3\frac{4}{18}) \cdot \frac{18}{5} - 2\frac{13}{14} + (5\frac{7}{35} - 2\frac{10}{35}) \cdot \frac{5}{6} =$

$= 4\frac{13}{18} \cdot \frac{18}{5} - 2\frac{13}{14} + (4\frac{42}{35} - 2\frac{10}{35}) \cdot \frac{5}{6} =$

$= \frac{85}{18} \cdot \frac{18}{5} - 2\frac{13}{14} + 2\frac{32}{35} \cdot \frac{5}{6} =$

$= 17 - 2\frac{13}{14} + \frac{102}{35} \cdot \frac{5}{6} =$

$= 16\frac{14}{14} - 2\frac{13}{14} + \frac{17}{7} =$

$= 14\frac{1}{14} + \frac{34}{14} = 14\frac{35}{14} = 16\frac{7}{14} = \mathbf{16\frac{1}{2}}$

2.16 $(3\frac{4}{5} - 1\frac{2}{3}) \cdot \frac{5}{8} + 4\frac{5}{6} - (2\frac{1}{9} + 1\frac{7}{12}) \cdot \frac{6}{19} =$

$= (3\frac{12}{15} - 1\frac{10}{15}) \cdot \frac{5}{8} + 4\frac{5}{6} - (2\frac{4}{36} + 1\frac{21}{36}) \cdot \frac{6}{19} =$

$= 2\frac{2}{15} \cdot \frac{5}{8} + 4\frac{5}{6} - 3\frac{25}{26} \cdot \frac{6}{19} =$

$= \frac{32}{15} \cdot \frac{5}{8} + 4\frac{5}{6} - \frac{133}{36} \cdot \frac{6}{19} =$

$= \frac{4}{3} + 4\frac{5}{6} - \frac{7}{6} = \frac{8}{6} + 4\frac{5}{6} - \frac{7}{6} = 4\frac{6}{6} = \mathbf{5}$

2.17 $2\frac{2}{5} : 3 + (1\frac{3}{4} \cdot 5\frac{1}{3} - 5\frac{3}{10} : 6) : 13 - \frac{9}{20} =$

$\frac{53}{10} : 6 = \frac{53}{10} \cdot \frac{1}{6}$

$= \frac{12}{5} \cdot \frac{1}{3} + (\frac{7}{4} \cdot \frac{16}{3} - \frac{53}{10} \cdot \frac{1}{6}) : 13 - \frac{9}{20} =$

$= \frac{4}{5} + (\frac{28}{3} - \frac{53}{60}) : 13 - \frac{9}{20} =$

$= \frac{16}{20} - \frac{9}{20} + (\frac{560}{60} - \frac{53}{60}) : 13 =$

$507 : 13 = 39$

$= \frac{7}{20} + \frac{507}{60} : 13 =$

$= \frac{7}{20} + \frac{39}{60} = \frac{7}{20} + \frac{13}{20} = \frac{20}{20} = \mathbf{1}$

2.18 $5\frac{1}{10} - (4\frac{3}{7} : 5 + 1\frac{2}{5} \cdot 3\frac{1}{2}) : 15 + 2\frac{5}{14} : 3 =$

$4\frac{3}{7} : 5 = \frac{31}{7} : 5 = \frac{31}{7} \cdot \frac{1}{5}$

$= 5\frac{1}{10} - (\frac{31}{7} \cdot \frac{1}{5} + \frac{7}{5} \cdot \frac{7}{2}) : 15 + \frac{33}{14} : 3 =$

$= 5\frac{1}{10} - (\frac{31}{35} + \frac{49}{10}) : 15 + \frac{11}{14} =$

$= 5\frac{1}{10} - (\frac{62}{70} + \frac{343}{70}) : 15 + \frac{11}{14} =$

$405 : 15 = 17$

$= 5\frac{7}{70} - \frac{405}{70} : 15 + \frac{55}{70} =$

$= 5\frac{7}{70} + \frac{55}{70} - \frac{27}{70} = 5\frac{35}{70} = \mathbf{5\frac{1}{2}}$

2.19 $6\frac{1}{3} \cdot 1\frac{1}{2} - 2\frac{3}{4} : 3\frac{2}{3} + 5\frac{5}{9} : 4\frac{1}{6} =$

$= \frac{19}{3} \cdot \frac{3}{2} - \frac{11}{4} : \frac{11}{3} + \frac{50}{9} : \frac{25}{6} =$

$\frac{11}{14} : \frac{11}{3} = \frac{11}{4} \cdot \frac{3}{11}$

$= \frac{19}{2} - \frac{11}{4} \cdot \frac{3}{11} + \frac{50}{9} \cdot \frac{6}{25} =$

$= \frac{19}{2} - \frac{3}{4} + \frac{4}{3} =$

$= \frac{38}{4} - \frac{3}{4} + \frac{4}{3} =$

$= \frac{35}{4} + \frac{4}{3} = \frac{105}{12} + \frac{16}{12} = \frac{121}{12} = \mathbf{10\frac{1}{12}}$

2.20 $(2\frac{1}{2} + 1\frac{1}{9}) : \frac{5}{18} - (3\frac{3}{5} - 2\frac{4}{7}) : 1\frac{1}{5} =$

$= (2\frac{9}{18} + 1\frac{2}{18}) \cdot \frac{18}{5} - (3\frac{21}{35} - 2\frac{20}{35}) : \frac{6}{5} =$

$= 3\frac{11}{18} \cdot \frac{18}{5} - 1\frac{1}{35} \cdot \frac{5}{6} =$

$= \frac{65}{18} \cdot \frac{18}{5} - \frac{36}{35} \cdot \frac{5}{6} =$

$= 13 - \frac{6}{7} = \mathbf{12\frac{1}{7}}$

2.21 $(2\frac{1}{2} + 1\frac{3}{7}) : \frac{5}{14} - (2\frac{4}{5} - 1\frac{7}{9}) : 2\frac{5}{9} =$

$= (2\frac{7}{14} + 1\frac{6}{14}) \cdot \frac{14}{5} - (2\frac{36}{45} - 1\frac{35}{45}) : \frac{23}{9} =$

$= 3\frac{13}{14} \cdot \frac{14}{5} - 1\frac{1}{45} \cdot \frac{9}{23} =$

$= \frac{55}{14} \cdot \frac{14}{5} - \frac{46}{45} \cdot \frac{9}{23} =$

$= 11 - \frac{2}{5} = \mathbf{10\frac{3}{5}}$

3 Gleichungen und Formeln

Hinweise zu den Beispielen 3.1 – 3.6

Eine Gleichung mit einer Unbekannten „lösen“ bedeutet, die Gleichung so lange umzuformen, bis es möglich ist, den Wert des Platzhalters (der Variablen) unmittelbar abzulesen.

Eine Möglichkeit, diese Umformung durchzuführen, besteht in der Anwendung von **Umkehroperationen**.

Wenn du die Gleichung gelöst hast, dann vergiss nicht auf die Probe! Betrachte sie nicht als ein lästiges Anhängsel an die Rechnung, sondern als eine Chance, deine Arbeit **selbst** zu kontrollieren und Fehler **selbst** auszubessern.

Bei der Probe darfst du nur von der ersten Zeile deiner Rechnung (von der „Angabezeile“) ausgehen. Setze dort die für den Platzhalter ermittelte Lösungszahl ein! Deine Rechnung ist dann richtig, wenn der Wert auf der linken Seite der Gleichung mit dem auf der rechten Seite übereinstimmt.

3.1 **a)** $9 \cdot x + 17 = 53$

$9 \cdot x = 53 - 17$

$9 \cdot x = 36$

$x = 36 : 9$

$\mathbf{x = 4}$

Probe: $x = 4$
Rechte Seite der Gleichung: 53
Linke Seite der Gleichung: $9 \cdot 4 + 17 = 36 + 17 = 53$

$a \cdot x + b = c$
$a \cdot x = c - b$
$x = (c - b) : a$

b) $82 - 3 \cdot x = 67$

$82 = 67 + 3 \cdot x$

$82 - 67 = 3 \cdot x$

$15 = 3 \cdot x$

$x = 15 : 3$

$\mathbf{x = 5}$

Probe: $x = 5$
Rechte Seite der Gleichung: 67
Linke Seite der Gleichung: $82 - 3 \cdot 5 = 82 - 15 = 67$

$b - a \cdot x = c$
$b = c + a \cdot x$
$b - c = a \cdot x$
$x = (b - c) : a$

3.2 **a)** $61 - 7 \cdot x = 19$

$61 = 19 + 7 \cdot x$

$61 - 19 = 7 \cdot x$

$42 = 7 \cdot x$

$x = 42 : 7$

$\mathbf{x = 6}$

Probe: $x = 6$
Rechte Seite der Gleichung: 19
Linke Seite der Gleichung: $61 - 7 \cdot 6 = 61 - 42 = 19$

b) $8 \cdot x - 43 = 29$

$8 \cdot x = 29 + 43$

$8 \cdot x = 72$

$x = 72 : 8$

$\mathbf{x = 9}$

Probe: $x = 9$

Rechte Seite der Gleichung: 29

Linke Seite der Gleichung: $8 \cdot 9 - 43 = 72 - 43 = 29$

3.3 **a)** $\frac{2}{3} \cdot x + 21 = 25$

$\frac{2}{3} \cdot x = 25 - 21$

$\frac{2}{3} \cdot x = 4$

$x = 4 : \frac{2}{3}$

$x = 4 \cdot \frac{3}{2}$

$\mathbf{x = 6}$

Statt durch $\frac{2}{3}$ zu dividieren, kannst du mit $\frac{3}{2}$, dem Kehrwert von $\frac{2}{3}$, multiplizieren.

Probe: $x = 6$

Rechte Seite der Gleichung: 25

Linke Seite der Gleichung: $\frac{2}{3} \cdot 6 + 21 = 4 + 21 = 25$

b) $8 - \frac{4}{7} \cdot x = 5\frac{1}{2}$

$8 = 5\frac{1}{2} + \frac{4}{7} \cdot x$

$8 - 5\frac{1}{2} = \frac{4}{7} \cdot x$

$2\frac{1}{2} = \frac{4}{7} \cdot x$

$x = \frac{5}{2} : \frac{4}{7}$

$x = \frac{5}{2} \cdot \frac{7}{4}$

$x = \frac{35}{8}$

$\mathbf{x = 4\frac{3}{8}}$

$2\frac{1}{2} = \frac{5}{2}$

Statt durch $\frac{4}{7}$ zu dividieren, kannst du mit $\frac{7}{4}$, dem Kehrwert von $\frac{4}{7}$, multiplizieren.

Probe: $x = 4\frac{3}{8} = \frac{35}{8}$

Rechte Seite der Gleichung: $5\frac{1}{2}$

Linke Seite der Gleichung: $8 - \frac{4}{7} \cdot \frac{35}{8} = 8 - \frac{5}{2} = 8 - 2\frac{1}{2} = 5\frac{1}{2}$

3.4 **a)** $\frac{4}{9} \cdot x + 2 = 10$

$\frac{4}{9} \cdot x = 10 - 2$

$\frac{4}{9} \cdot x = 8$

$x = 8 : \frac{4}{9}$

$x = 8 \cdot \frac{9}{4}$

$\mathbf{x = 18}$

Statt durch $\frac{4}{9}$ zu dividieren, kannst du mit $\frac{9}{4}$, dem Kehrwert von $\frac{4}{9}$, multiplizieren.

Probe: $x = 18$

Rechte Seite der Gleichung: 10

Linke Seite der Gleichung: $\frac{4}{9} \cdot 18 + 2 = 8 + 2 = 10$

b) $11\frac{1}{4} - \frac{5}{6} \cdot x = 9$

$11\frac{1}{4} = 9 + \frac{5}{6} \cdot x$

$11\frac{1}{4} - 9 = \frac{5}{6} \cdot x$

$2\frac{1}{4} = \frac{5}{6} \cdot x$

$\frac{9}{4} = \frac{5}{6} \cdot x$

$x = \frac{9}{4} : \frac{5}{6}$

$x = \frac{9}{4} \cdot \frac{6}{5}$

$x = \frac{27}{10}$

$\mathbf{x = 2\frac{7}{10}}$

$2\frac{1}{4} = \frac{9}{4}$

Statt durch $\frac{5}{6}$ zu dividieren, kannst du mit $\frac{6}{5}$, dem Kehrwert von $\frac{5}{6}$, multiplizieren.

Probe: $x = 2\frac{7}{10} = \frac{27}{10}$

Rechte Seite der Gleichung: 9

Linke Seite der Gleichung: $11\frac{1}{4} - \frac{5}{6} \cdot \frac{27}{10} = 11\frac{1}{4} - \frac{9}{4} = 9$

3.5 **a)** $1\frac{1}{5} + \frac{3}{4} \cdot x = 3\frac{19}{20}$

$\frac{3}{4} \cdot x = 3\frac{19}{20} - 1\frac{1}{5}$

$\frac{3}{4} \cdot x = 3\frac{19}{20} - 1\frac{4}{20}$

$\frac{3}{4} \cdot x = 2\frac{15}{20}$

$x = \frac{11}{4} : \frac{3}{4}$

$x = \frac{11}{4} \cdot \frac{4}{3}$

$\mathbf{x = 3\frac{2}{3}}$

$2\frac{15}{20} = 2\frac{3}{4} = \frac{11}{4}$

Statt durch $\frac{3}{4}$ zu dividieren, kannst du mit $\frac{4}{3}$, dem Kehrwert von $\frac{3}{4}$, multiplizieren.

Probe: $x = 3\frac{2}{3} = \frac{11}{3}$

Rechte Seite der Gleichung: $3\frac{19}{20}$

Linke Seite der Gleichung: $1\frac{1}{5} + \frac{3}{4} \cdot \frac{11}{3} = \frac{6}{5} + \frac{11}{4} = \frac{24}{20} + \frac{55}{20} = \frac{79}{20} = 3\frac{19}{20}$

b) $(6 \cdot x - \frac{2}{9}) \cdot \frac{3}{5} = 1\frac{2}{3}$

$6 \cdot x - \frac{2}{9} = \frac{5}{3} \cdot \frac{5}{3}$

$6 \cdot x = \frac{25}{9} + \frac{2}{9}$

$6 \cdot x = \frac{27}{9}$

$6 \cdot x = 3$

$x = 3 : 6$

$\mathbf{x = \frac{1}{2}}$

$1\frac{2}{3} = \frac{5}{3}$

Statt durch $\frac{3}{5}$ zu dividieren, kannst du mit $\frac{5}{3}$, dem Kehrwert von $\frac{3}{5}$, multiplizieren.

Probe: $x = \frac{1}{2}$

Rechte Seite der Gleichung: $1\frac{2}{3}$

Linke Seite der Gleichung:

$(6 \cdot \frac{1}{2} - \frac{2}{9}) \cdot \frac{3}{5} = (3 - \frac{2}{9}) \cdot \frac{3}{5} = 2\frac{7}{9} \cdot \frac{3}{5} = \frac{25}{9} \cdot \frac{3}{5} = \frac{5}{3} = 1\frac{2}{3}$

3.6 **a)** $\frac{5}{8} \cdot x + 2\frac{5}{6} = 4\frac{1}{3}$

$\frac{5}{8} \cdot x = 4\frac{1}{3} - 2\frac{5}{6}$

$\frac{5}{8} \cdot x = 3\frac{8}{6} - 2\frac{5}{6}$

$\frac{5}{8} \cdot x = 1\frac{3}{6}$

$x = \frac{3}{2} : \frac{5}{8}$

$x = \frac{3}{2} \cdot \frac{8}{5}$

$\mathbf{x = \frac{12}{5} = 2\frac{2}{5}}$

$4\frac{1}{3} = 4\frac{2}{6} = 3\frac{8}{6}$

$1\frac{3}{6} = 1\frac{1}{2} = \frac{3}{2}$

Statt durch $\frac{5}{8}$ zu dividieren, kannst du mit $\frac{8}{5}$, dem Kehrwert von $\frac{5}{8}$, multiplizieren.

Probe:
Siehe nächste Seite!

Probe: $x = 2\frac{2}{5} = \frac{12}{5}$

Rechte Seite der Gleichung: $4\frac{1}{3}$

Linke Seite der Gleichung:

$\frac{5}{8} \cdot \frac{12}{5} + 2\frac{5}{6} = \frac{3}{2} + 2\frac{5}{6} = \frac{9}{6} + 2\frac{5}{6} = 2\frac{14}{6} = 4\frac{2}{6} = 4\frac{1}{3}$

$2\frac{5}{6} = \frac{17}{6}$

Statt durch $\frac{7}{8}$ zu dividieren, kannst du mit $\frac{8}{7}$, dem Kehrwert von $\frac{7}{8}$, multiplizieren.

b) $(8 \cdot x + \frac{4}{7}) \cdot \frac{7}{8} = 2\frac{5}{6}$

$8 \cdot x + \frac{4}{7} = \frac{17}{6} \cdot \frac{8}{7}$

$8 \cdot x + \frac{4}{7} = \frac{68}{21}$

$8 \cdot x = \frac{68}{21} - \frac{4}{7}$

$8 \cdot x = \frac{68}{21} - \frac{12}{21}$

$8 \cdot x = \frac{56}{21}$

$x = \frac{56}{21} : 8$

$\mathbf{x = \frac{7}{21} = \frac{1}{3}}$

Probe: $x = \frac{1}{3}$

Rechte Seite der Gleichung: $2\frac{5}{6}$

Linke Seite der Gleichung:

$(8 \cdot \frac{1}{3} + \frac{4}{7}) \cdot \frac{7}{8} = (\frac{8}{3} + \frac{4}{7}) \cdot \frac{7}{8} = (\frac{56}{21} + \frac{12}{21}) \cdot \frac{7}{8} = \frac{68}{21} \cdot \frac{7}{8} = \frac{17}{6} = 2\frac{5}{6}$

Hinweise zu den Beispielen 3.7 – 3.23

Die nachfolgenden Beispiele sind so genannte „Textaufgaben“. Bei einer Textaufgabe geht es um eine sinngemäße Übersetzung eines in Textform vorliegenden Problems in die mathematische Sprache. Das führt fast immer zu einer Gleichung. Das richtige und geschickte Umsetzen eines Textes in eine Gleichung erfordert viel Übung und Erfahrung.

Führe immer die Probe durch, aber achte darauf, ob die Lösung der von dir aufgestellten Gleichung auch tatsächlich die Lösung der Textaufgabe ist. Denn: Eine falsch aufgestellte Gleichung richtig gelöst, bedeutet noch keine richtige Lösung des Problems.

3.7 **a)** $x : 1\frac{1}{3} + 1\frac{1}{2} = 1\frac{4}{5}$

$x : \frac{4}{3} + \frac{3}{2} = \frac{9}{5}$

$x : \frac{4}{3} = \frac{9}{5} - \frac{3}{2}$

$x : \frac{4}{3} = \frac{18}{10} - \frac{15}{10}$

$x : \frac{4}{3} = \frac{3}{10}$

$x = \frac{3}{10} \cdot \frac{4}{3}$

$\mathbf{x = \frac{2}{5}}$

Probe: $x = \frac{2}{5}$

Aus dem Text geht hervor: $\frac{2}{5} : 1\frac{1}{3} + 1\frac{1}{2} = \frac{2}{5} : \frac{4}{3} + \frac{3}{2} =$

$= \frac{2}{5} \cdot \frac{3}{4} + \frac{3}{2} = \frac{3}{10} + \frac{15}{10} = \frac{18}{10} = 1\frac{8}{10} = 1\frac{4}{5}$

b)

Text	mathem. Sprache
eine Zahl	x
das 4fache der Zahl	$4 \cdot x$
um 5,3 größer als 12,5	12,5 + 5,3

$4 \cdot x = 12{,}5 + 5{,}3$
$4 \cdot x = 17{,}8$
$x = 17{,}8 : 4$
$x = 4{,}45$

Probe: $x = 4{,}45$

Aus dem Text geht hervor, dass der Unterschied zwischen dem 4fachen der Zahl und 12,5 genau 5,3 betragen soll:
$4 \cdot 4{,}45 - 12{,}5 = 17{,}8 - 12{,}5 = 5{,}3$

3.8 (Vergleiche mit dem Beispiel 3.7!)

a) $x \cdot 1\frac{1}{6} - 1\frac{1}{4} = 1\frac{3}{8}$
$x \cdot \frac{7}{6} - \frac{5}{4} = \frac{11}{8}$
$x \cdot \frac{7}{6} = \frac{11}{8} + \frac{5}{4}$
$x \cdot \frac{7}{6} = \frac{11}{8} + \frac{10}{8}$
$x \cdot \frac{7}{6} = \frac{21}{8}$
$x = \frac{21}{8} \cdot \frac{6}{7}$
$x = 2\frac{1}{4}$

$\frac{21}{8} \cdot \frac{6}{7} = \frac{9}{4} = 2\frac{1}{4}$

Probe: $x = 2\frac{1}{4} = \frac{9}{4}$

Aus dem Text geht hervor: $\frac{9}{4} \cdot 1\frac{1}{6} - 1\frac{1}{4} =$
$= \frac{9}{4} \cdot \frac{7}{6} - \frac{5}{4} = \frac{21}{8} - \frac{10}{8} = \frac{11}{8} = 1\frac{3}{8}$

b) $5 \cdot x = 24{,}9 - 8{,}7$
$5 \cdot x = 16{,}2$
$x = 16{,}2 : 5$
$x = 3{,}24$

Probe: $x = 3{,}24$

Aus dem Text geht hervor, dass der Unterschied zwischen dem 5fachen der Zahl und 24,9 genau 8,7 betragen soll:
$24{,}9 - 5 \cdot 3{,}24 = 24{,}9 - 16{,}2 = 8{,}7$

3.9 **a)**

Text	mathem. Sprache
eine Zahl	x
das Drittel der Zahl	$\frac{x}{3}$
um 14 größer als 37	37 + 14

$\frac{x}{3} = 37 + 14$
$\frac{x}{3} = 51$
$x = 51 \cdot 3$
$x = 153$

Probe:
siehe nächste Seite

Probe: $x = 153$

Aus dem Text geht hervor, dass der Unterschied zwischen dem Drittel der Zahl und 37 genau 14 betragen soll:

$\frac{153}{3} - 37 = 51 - 37 = 14$

b)

Text	mathem. Sprache
ursprünglicher Betrag	x
$\frac{1}{7}$ des urspr. Betrags	$\frac{x}{7}$
erhöhter Betrag	$x + \frac{x}{7}$

$x + \frac{x}{7} = \frac{7 \cdot x}{7} + \frac{x}{7} = \frac{8 \cdot x}{7}$

$$x + \frac{x}{7} = 16$$
$$\frac{8 \cdot x}{7} = 16$$
$$8 \cdot x = 16 \cdot 7$$
$$8 \cdot x = 112$$
$$x = 112 : 8$$
$$x = 14$$

Probe: $x = 14$

Aus dem Text geht hervor: $14 + \frac{14}{7} = 14 + 2 = 16$

Anton erhielt ursprünglich **14 €** Taschengeld.

3.10 (Vergleiche mit dem Beispiel 3.9!)

a)
$$\frac{x}{4} = 45 - 23$$
$$\frac{x}{4} = 22$$
$$x = 22 \cdot 4$$
$$\mathbf{x = 88}$$

Probe: $x = 88$

Aus dem Text geht hervor, dass der Unterschied zwischen dem Viertel der Zahl und 45 genau 23 betragen soll:

$45 - \frac{88}{4} = 45 - 22 = 23$

$x - \frac{x}{20} = \frac{20 \cdot x}{20} - \frac{x}{20} = \frac{19 \cdot x}{20}$

b)
$$x - \frac{x}{20} = 38$$
$$\frac{19 \cdot x}{20} = 38$$
$$19 \cdot x = 38 \cdot 20$$
$$19 \cdot x = 760$$
$$x = 760 : 19$$
$$x = 40$$

Probe: $x = 40$

Aus dem Text geht hervor: $40 - \frac{40}{20} = 40 - 2 = 38$

Die wöchentliche Arbeitszeit betrug **40 Stunden**.

3.11 **a)** $25° 48' + 116° 11' = 7 \cdot \alpha$

$141° 59' = 7 \cdot \alpha$

$\alpha = (141° 59') : 7$

$141° : 7 = 20° \quad 1° \text{ Rest}$
$1° = 60'$
$60' + 59' = 119'$
$119' : 7 = 17'$

$\boldsymbol{\alpha = 20° 17'}$

Probe: $\alpha = 20° 17'$

1) Die Summe der Winkel: $25° 48' + 116° 11' = 141° 59'$

2) Das Siebenfache von α: $7 \cdot 20° 17' = 140° 119' = 141° 59'$

$60' = 1°$

b)

Text	mathem. Sprache
der Winkel	β
der supplementäre Winkel	$(180° - \beta)$

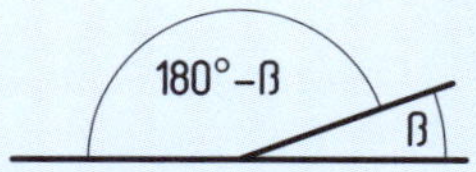

Supplementärwinkel:
Ergänzungswinkel auf 180°

$180° - \beta = 8 \cdot \beta$

$180° = 8 \cdot \beta + \beta$

$180° = 9 \cdot \beta$

$\beta = 180° : 9$

$\boldsymbol{\beta = 20°}$

Probe: $\beta = 20°$

1) Der Supplementärwinkel zu β: $180° - 20° = 160°$

2) Das Achtfache von β: $8 \cdot 20° = 160°$

3.12 (Vergleiche mit dem Beispiel 3.11!)

a) $235° 27' - 93° 35' = 4 \cdot \gamma$

$141° 52' = 4 \cdot \gamma$

$\gamma = (141° 52') : 4$

$141° : 4 = 35° \quad 1° \text{ Rest}$
$1° = 60'$
$60' + 52' = 112'$
$112' : 4 = 28'$

$235° 27' - 93° 35' =$
$= 234° 87' - 93° 35' =$
$= 141° 52'$

$\boldsymbol{\gamma = 35° 28'}$

Probe: $\gamma = 35° 28'$

1) Die Differenz der Winkel: $235° 27' - 93° 35' = 141° 52'$

2) Das Vierfache von γ: $4 \cdot 35° 28' = 140° 112' = 141° 52'$

b) $90° - \delta = 5 \cdot \delta$

$90° = 5 \cdot \delta + \delta$

$90° = 6 \cdot \delta$

$\delta = 90° : 6$

$\boldsymbol{\delta = 15°}$

Probe: $\delta = 15°$

1) Der Komplementärwinkel zu δ: $90° - 15° = 75°$

2) Das Fünffache des Winkels δ: $5 \cdot 15° = 75°$

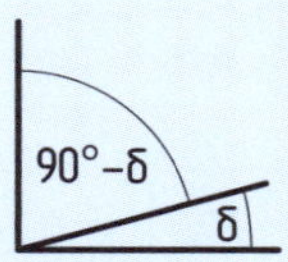

Komplementärwinkel:
Ergänzungswinkel auf 90°

In jedem Dreieck ist die Summe der (Innen-)Winkel 180°.
$\alpha + \beta + \gamma = 180°$
α, β, γ … (Innen-)Winkel

3.13 a)

Text	mathem. Sprache
β ist um 29° 34′ größer als α	$\beta = \alpha + 29° 34'$

$\alpha = 62° 17'$
$\beta = \alpha + 29° 34'$
$\beta = 62° 17' + 29° 34'$
$\boldsymbol{\beta = 91° 51'}$

Um die Größe des dritten Winkels zu erhalten, musst du wissen, dass die Summe der drei (Innen-)Winkel in einem Dreieck immer 180° beträgt.

$$\alpha + \beta + \gamma = 180°$$
$$62° 17' + 91° 51' + \gamma = 180°$$
$$154° 8' + \gamma = 180°$$
$$\gamma = 180° - 154° 8'$$
$$\gamma = 179° 60' - 154° 8'$$
$$\boldsymbol{\gamma = 25° 52'}$$

Probe: $\alpha = 62° 17'$, $\beta = 91° 51'$, $\gamma = 25° 52'$

1) Aus dem Text geht hervor, dass der Unterschied zwischen dem Winkel α und dem Winkel β 29° 34′ betragen soll:
$91° 51' - 62° 17' = 29° 34'$

2) Außerdem muss gelten: $\alpha + \beta + \gamma = 180°$
$62° 17' + 91° 51' + 25° 52' = 153° 68' + 25° 52' =$
$= 178° 120' = 180°$

b)

Text	mathem. Sprache
das 3fache von α	$3 \cdot \alpha$
fünfmal so groß wie β	$5 \cdot \beta$

$$\alpha = 34° 25'$$
$$3 \cdot \alpha = 5 \cdot \beta$$
$$3 \cdot 34° 25' = 5 \cdot \beta$$
$$102° 75' = 5 \cdot \beta$$
$$\beta = (102° 75') : 5$$

$102° : 5 = 20°$ 2° Rest
$2° = 120'$
$120' + 75' = 195'$
$195' : 5 = 39'$

$\boldsymbol{\beta = 20° 39'}$

Probe: $\alpha = 34° 25'$, $\beta = 20° 39'$

1) Das Dreifache des Winkels α:
$3 \cdot \alpha = 3 \cdot 34° 25' = 102° 75' = 103° 15'$

2) Das Fünffache des Winkels β:
$5 \cdot \beta = 5 \cdot 20° 39' = 100° 195' = 103° 15'$

3.14 (Vergleiche mit dem Beispiel 3.13!)

a) $\gamma = 124°\,39'$
$\beta = \gamma - 96°\,27'$
$\beta = 124°\,39' - 96°\,27'$
$\boldsymbol{\beta = 28°\,12'}$

$\alpha + \beta + \gamma = 180°$
$\alpha + 28°\,12' + 124°\,39' = 180°$
$\alpha + 152°\,51' = 180°$
$\alpha = 180° - 152°\,51'$
$\alpha = 179°\,60' - 152°\,51'$
$\boldsymbol{\alpha = 27°\,9'}$

Probe: $\alpha = 27°\,9'$, $\beta = 28°\,12'$, $\gamma = 124°\,39'$

1) Aus dem Text geht hervor, dass der Unterschied zwischen dem Winkel β und dem Winkel γ 96° 27′ betragen soll:
$124°\,39' - 28°\,12' = 96°\,27'$

2) Außerdem muss gelten: $\alpha + \beta + \gamma = 180°$
$27°\,9' + 28°\,12' + 124°\,39' = 55°\,21' + 124°\,39' =$
$= 179°\,60' = 180°$

b) $\beta = 37°\,18'$
$4 \cdot \beta = 3 \cdot \alpha$
$4 \cdot 37°\,18' = 3 \cdot \alpha$
$148°\,72' = 3 \cdot \alpha$
$\alpha = (148°\,72') : 3$

$148° : 3 = 49°$ 1° Rest
$1° = 60'$
$60' + 72' = 132'$
$132' : 3 = 44'$

$\boldsymbol{\alpha = 49°\,44'}$

Probe: $\alpha = 49°\,44'$, $\beta = 37°\,18'$

1) Das Vierfache des Winkels β:
$4 \cdot \beta = 4 \cdot 37°\,18' = 148°\,72' = 149°\,12'$

2) Das Dreifache des Winkels α:
$3 \cdot \alpha = 3 \cdot 49°\,44' = 147°\,132' = 149°\,12'$

3.15 **a)** Gleichseitiges Dreieck:
$u_D = a \cdot 3$
$u_D = 28{,}8$ cm

$9{,}6 \cdot 3 = 28{,}8$

Quadrat:
$u_Q = s \cdot 4$
Das Quadrat und das gleichseitige Dreieck sind umfanggleich.

$u_Q = u_D$
$s \cdot 4 = 28{,}8$
$s = 28{,}8 : 4$
$s = 7{,}2$

Probe:
Siehe nächste Seite!

Umfang eines gleichseitigen Dreiecks:
$u = a \cdot 3$
a … Seitenlänge

Umfang eines Quadrats:
$u = a \cdot 4$
a … Seitenlänge

Probe: $a = 9{,}6$ cm, $s = 7{,}2$ cm

1) $u_D = 28{,}8$ cm
2) $u_Q = 7{,}2 \text{ cm} \cdot 4 = 28{,}8$ cm

Die Länge der Quadratseite s beträgt **7,2 cm**.

Flächeninhalt eines Quadrats:
$A = a \cdot a$
a … Seitenlänge

Flächeninhalt eines Rechtecks:
$A = a \cdot b$
a, b … Seitenlänge

b) Quadrat:

$A_Q = s \cdot s$ $\quad$ $45 \cdot 45 = 2\,025$
$A_Q = 2\,025 \text{ mm}^2$

Rechteck:

$A_R = a \cdot b$
$A_R = 81 \cdot b$

Das Rechteck und das Quadrat sind flächengleich.

$$A_R = A_Q$$
$$81 \cdot b = 2\,025$$
$$b = 2\,025 : 81$$
$$b = 25$$

Probe: $s = 45$ mm, $a = 81$ mm, $b = 25$ mm

1) $A_Q = 2\,025 \text{ mm}^2$
2) $A_R = 2\,025 \text{ mm}^2$ $\quad$ $81 \cdot 25 = 2\,025$

Die Länge der Rechteckseite b beträgt **25 mm**.

3.16 (Vergleiche mit dem Beispiel 3.15!)

Umfang eines Quadrats:
$u = a \cdot 4$
a … Seitenlänge

Umfang eines Rechtecks:
$u = a \cdot 2 + b \cdot 2 =$
$= (a + b) \cdot 2$
a, b … Seitenlänge

a) Quadrat:

$u_Q = s \cdot 4$ $\quad$ $70 \cdot 4 = 280$
$u_Q = 280$ mm

Rechteck:

$u_R = a \cdot 2 + b \cdot 2$ $\quad$ $37 \cdot 2 = 74$
$u_R = a \cdot 2 + 74$

$$u_R = u_Q$$
$$a \cdot 2 + 74 = 280$$
$$a \cdot 2 = 280 - 74$$
$$a \cdot 2 = 206$$
$$a = 206 : 2$$
$$a = 103$$

Probe: $s = 70$ mm, $a = 103$ mm, $b = 37$ mm

1) $u_Q = 280$ mm
2) $u_R = 103 \text{ mm} \cdot 2 + 37 \text{ mm} \cdot 2 = 206 \text{ mm} + 74 \text{ mm} = 280$ mm

Die Länge der Rechteckseite a beträgt **103 mm**.

b) Rechtwinkliges Dreieck:

$A_D = (a \cdot b) : 2 = \frac{a \cdot b}{2}$ $(9{,}1 \cdot 3{,}6) : 2 = 9{,}1 \cdot 1{,}8 = 16{,}38$

$A_D = 16{,}38\ cm^2$

Rechteck:

$A_R = x \cdot y$

$A_R = 2{,}1 \cdot y$

Das Rechteck und das rechtwinklige Dreieck sind flächengleich.

$A_R = A_D$

$2{,}1 \cdot y = 16{,}38$

$y = 16{,}38 : 2{,}1$

$y = 7{,}8$

Probe: a = 9,1 cm, b = 3,6 cm, x = 2,1 cm, y = 7,8 cm

1) $A_D = 16{,}38\ cm^2$

2) $A_R = 16{,}38\ cm^2$ $2{,}1 \cdot 7{,}8 = 16{,}38$

Die Länge der Rechteckseite y beträgt **7,8 cm**.

3.17 (Vergleiche mit den Beispielen 3.15 und 3.16!)

a) Quadrat:

$u_Q = t \cdot 4$ $54 \cdot 4 = 216$

$u_Q = 216\ mm$

Gleichseitiges Dreieck: $u_D = a \cdot 3$

Das gleichseitige Dreieck und das Quadrat sind umfanggleich.

$u_D = u_Q$

$a \cdot 3 = 216$

$a = 216 : 3$

$a = 72$

Probe: t = 54 mm, a = 72 mm

1) $u_Q = 216\ mm$

2) $u_D = 72\ mm \cdot 3 = 216\ mm$

Die Länge der Dreieckseite a beträgt **72 mm**.

b) Rechteck:

$A_R = a \cdot b$ $8{,}7 \cdot 5{,}6 = 48{,}72$

$A_R = 48{,}72\ cm^2$

Rechtwinkliges Dreieck:

$A_D = (r \cdot s) : 2 = \frac{r \cdot s}{2} = s \cdot \frac{r}{2}$ $11{,}6 : 2 = 5{,}8$

$A_D = s \cdot 5{,}8$

Das Rechteck und das rechtwinklige Dreieck sind flächengleich.

$A_D = A_R$

$s \cdot 5{,}8 = 48{,}72$

$s = 48{,}72 : 5{,}8$

$s = 8{,}4$

Probe: a = 8,7 cm, b = 5,6 cm, r = 11,6 cm, s = 8,4 cm

1) $A_R = 48{,}72\ cm^2$

2) $A_D = 48{,}72\ cm^2$ $(11{,}6 \cdot 8{,}4) : 2 = 97{,}44 : 2 = 48{,}72$

Die Länge der Kathete s beträgt **8,4 cm**.

Katheten:
die beiden Seiten im rechtwinkligen Dreieck, die den rechten Winkel einschließen.

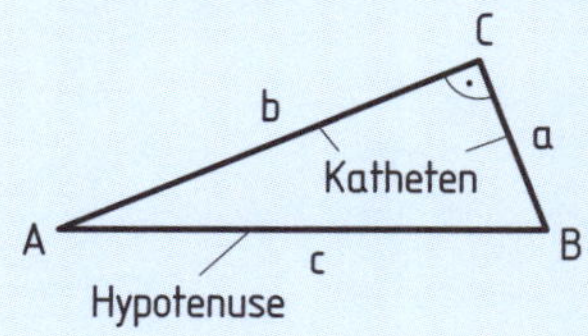

Flächeninhalt eines rechtwinkligen Dreiecks:

$A = \frac{1}{2} \cdot a \cdot b = a \cdot \frac{b}{2}$

a, b … Kathetenlängen

Flächeninhalt eines Rechtecks:

$A = a \cdot b$

a, b … Seitenlängen

Umfang eines Quadrats:

$u = a \cdot 4$

a … Seitenlänge

Umfang eines gleichseitigen Dreiecks:

$u = a \cdot 3$

a … Seitenlänge

Umfang eines Rechtecks:
$u = a \cdot 2 + b \cdot 2 =$
$= (a + b) \cdot 2$
a, b … Seitenlängen

$3\frac{3}{4} = \frac{15}{4}$
$\frac{30}{4} = 7\frac{2}{4} = 7\frac{1}{2} = 7\frac{5}{10}$
$3\frac{4}{10} = \frac{34}{10}$

3.18 **a)** $u = a \cdot 2 + b \cdot 2$

Bezeichne die $3\frac{3}{4}$ m lange Rechteckseite (z. B.) mit a!

$$3\tfrac{3}{4} \cdot 2 + b \cdot 2 = u$$
$$\tfrac{30}{4} + b \cdot 2 = 10\tfrac{9}{10}$$
$$b \cdot 2 = 10\tfrac{9}{10} - \tfrac{30}{4}$$
$$b \cdot 2 = 10\tfrac{9}{10} - 7\tfrac{5}{10}$$
$$b \cdot 2 = 3\tfrac{4}{10}$$
$$b = \tfrac{34}{10} : 2$$
$$b = \tfrac{17}{10} = 1\tfrac{7}{10}$$

Probe: $a = 3\frac{3}{4}$ m, $b = 1\frac{7}{10}$ m

Umfang u: $3\frac{3}{4} \cdot 2 + 1\frac{7}{10} \cdot 2 = 6\frac{6}{4} + 2\frac{14}{10} =$
$= 7\frac{1}{2} + 3\frac{4}{10} = 7\frac{5}{10} + 3\frac{4}{10} = 10\frac{9}{10}$

Die Länge der zweiten Rechteckseite beträgt **$1\frac{7}{10}$ m**.

Flächeninhalt eines Rechtecks:
$A = a \cdot b$
a, b … Seitenlängen

b) $A = a \cdot b$ $\quad 3\frac{3}{4} \cdot 1\frac{7}{10} = \frac{15}{4} \cdot \frac{17}{10} = \frac{51}{8} = 6\frac{3}{8}$

$A = 6\frac{3}{8}$ m²

Der Flächeninhalt des Rechtecks beträgt **$6\frac{3}{8}$ m²**.

3.19 (Vergleiche mit dem Beispiel 3.18!)

a) $u = a \cdot 2 + b \cdot 2$ Wähle (z. B.) $b = 2\frac{2}{5}$ m!

$3\frac{5}{20} = 3\frac{1}{4}$

$$a \cdot 2 + 2\tfrac{2}{5} \cdot 2 = 8\tfrac{1}{20}$$
$$a \cdot 2 + 4\tfrac{4}{5} = 8\tfrac{1}{20}$$
$$a \cdot 2 = 8\tfrac{1}{20} - 4\tfrac{4}{5}$$
$$a \cdot 2 = 7\tfrac{21}{20} - 4\tfrac{16}{20}$$
$$a \cdot 2 = 3\tfrac{5}{20}$$
$$a = 3\tfrac{1}{4} : 2$$
$$a = \tfrac{13}{4} \cdot \tfrac{1}{2}$$
$$a = \tfrac{13}{8} = 1\tfrac{5}{8}$$

Probe: $a = 1\frac{5}{8}$ m, $b = 2\frac{2}{5}$ m

Umfang u: $1\frac{5}{8} \cdot 2 + 2\frac{2}{5} \cdot 2 = 2\frac{10}{8} + 4\frac{4}{5} =$
$= 2\frac{5}{4} + 4\frac{4}{5} = 2\frac{25}{20} + 4\frac{16}{20} = 6\frac{41}{20} = 8\frac{1}{20}$

Die Länge der zweiten Rechteckseite beträgt **$1\frac{5}{8}$ m**.

b) $A = a \cdot b$ $\quad 1\frac{5}{8} \cdot 2\frac{2}{5} = \frac{13}{8} \cdot \frac{12}{5} = \frac{39}{10} = 3\frac{9}{10}$

$A = 3\frac{9}{10}$ m²

Der Flächeninhalt des Rechtecks beträgt **$3\frac{9}{10}$ m²**.

3.20 **a)** $A = a \cdot b$ Wähle (z. B.) $b = 2\frac{1}{6}$ m!

Bezeichne die $2\frac{1}{6}$ m lange Rechteckseite (z. B.) mit b!

$a \cdot 2\frac{1}{6} = 6\frac{2}{3}$

$a = 6\frac{2}{3} : 2\frac{1}{6}$

$a = \frac{20}{3} : \frac{13}{6}$

$a = \frac{20}{3} \cdot \frac{6}{13}$

$a = \frac{40}{13} = 3\frac{1}{13}$

Probe: $a = 3\frac{1}{13}$ m, $b = 2\frac{1}{6}$ m

$A = 6\frac{2}{3}$ m^2 $\quad 3\frac{1}{13} \cdot 2\frac{1}{6} = \frac{40}{13} \cdot \frac{13}{6} = \frac{40}{6} = 6\frac{4}{6} = 6\frac{2}{3}$

Die Länge der zweiten Rechteckseite beträgt **$3\frac{1}{13}$ m ≈ 3 m**.

Flächeninhalt eines Rechtecks:
$A = a \cdot b$
a, b … Seitenlängen

$3\frac{1}{13} = 3{,}07\ldots \approx 3$

b) $u = a \cdot 2 + b \cdot 2 = (a + b) \cdot 2$ $\quad (3\frac{1}{13} + 2\frac{1}{6}) \cdot 2 = (3\frac{6}{78} + 2\frac{13}{78}) \cdot 2 =$
$= 5\frac{19}{78} \cdot 2 = 10\frac{19}{39}$

$u = 10\frac{19}{39}$ m ≈ $10\frac{1}{2}$ m

Der Umfang des Rechtecks beträgt rund **$10\frac{1}{2}$ m**.

Umfang eines Rechtecks:
$u = a \cdot 2 + b \cdot 2 =$
$= (a + b) \cdot 2$
a, b … Seitenlängen

$10\frac{19}{39} = 10{,}48\ldots \approx 10\frac{1}{2}$

3.21 (Vergleiche mit dem Beispiel 3.20!)

a) $A = a \cdot b$

Bezeichne die $1\frac{5}{9}$ m lange Rechteckseite (z. B.) mit a!

$1\frac{5}{9} \cdot b = 8\frac{2}{3}$

$b = 8\frac{2}{3} : 1\frac{5}{9}$

$b = \frac{26}{3} : \frac{14}{9}$

$b = \frac{26}{3} \cdot \frac{9}{14}$

$b = \frac{39}{7} = 5\frac{4}{7}$

Probe: $a = 1\frac{5}{9}$ m, $b = 5\frac{4}{7}$ m

$A = 8\frac{2}{3}$ m^2 $\quad 1\frac{5}{9} \cdot 5\frac{4}{7} = \frac{14}{9} \cdot \frac{39}{7} = \frac{26}{3} = 8\frac{2}{3}$

Die Länge der zweiten Rechteckseite beträgt **$5\frac{4}{7}$ m ≈ $5\frac{1}{2}$ m**.

$5\frac{4}{7} = 5{,}57\ldots \approx 5\frac{1}{2}$

b) $u = a \cdot 2 + b \cdot 2 = (a + b) \cdot 2$ $\quad (1\frac{5}{9} + 5\frac{4}{7}) \cdot 2 = (1\frac{35}{63} + 5\frac{36}{63}) \cdot 2 =$
$= 6\frac{71}{63} \cdot 2 = 7\frac{8}{63} \cdot 2 = 14\frac{16}{63}$

$u = 14\frac{16}{63}$ m ≈ $14\frac{1}{4}$ m

Der Umfang des Rechtecks beträgt rund **$14\frac{1}{4}$ m**.

$14\frac{16}{63} = 14{,}25\ldots \approx 14\frac{1}{4}$

Rauminhalt eines Quaders:
$V = a \cdot b \cdot c$
a, b, c … Kantenlängen

3.22 **a)** $V = a \cdot b \cdot c$ Bezeichne die $6\frac{3}{5}$ m lange Kante (z. B.) mit a und die $7\frac{1}{2}$ m lange Kante (z. B.) mit b!

$$6\tfrac{3}{5} \cdot 7\tfrac{1}{2} \cdot c = 88$$
$$\tfrac{33}{5} \cdot \tfrac{15}{2} \cdot c = 88$$
$$\tfrac{99}{2} \cdot c = 88$$
$$c = 88 \cdot \tfrac{2}{99} = \tfrac{16}{9} = 1\tfrac{7}{9}$$

Probe: $a = 6\frac{3}{5}$ m, $b = 7\frac{1}{2}$ m, $c = 1\frac{7}{9}$ m

$V = 88\ m^3$ $6\frac{3}{5} \cdot 7\frac{1}{2} \cdot 1\frac{7}{9} = \frac{33}{5} \cdot \frac{15}{2} \cdot \frac{16}{9} = 88$

$1\frac{7}{9} = 1{,}\dot{7} \approx 1{,}8 = 1\frac{4}{5}$

Die Länge der dritten Quaderkante beträgt $\mathbf{1\frac{7}{9}}$ **m** ≈ $\mathbf{1\frac{4}{5}}$ **m**.

Oberfläche eines Quaders:
$O = (a \cdot b + a \cdot c + b \cdot c) \cdot 2$
a, b, c … Seitenlängen

b) $O = (a \cdot b + a \cdot c + b \cdot c) \cdot 2$

kgV(2, 3, 15) = 30

$$\left(6\tfrac{3}{5} \cdot 7\tfrac{1}{2} + 6\tfrac{3}{5} \cdot 1\tfrac{7}{9} + 7\tfrac{1}{2} \cdot 1\tfrac{7}{9}\right) \cdot 2 =$$
$$= \left(\tfrac{33}{5} \cdot \tfrac{15}{2} + \tfrac{33}{5} \cdot \tfrac{16}{9} + \tfrac{15}{2} \cdot \tfrac{16}{9}\right) \cdot 2 =$$
$$= \left(\tfrac{33 \cdot 3}{2} + \tfrac{11 \cdot 16}{15} + \tfrac{5 \cdot 8}{3}\right) \cdot 2 =$$
$$= \left(\tfrac{99 \cdot 15}{30} + \tfrac{176 \cdot 2}{30} + \tfrac{40 \cdot 10}{30}\right) \cdot 2 =$$
$$= \tfrac{1\,485 + 352 + 400}{30} \cdot 2 = \tfrac{2\,237}{30} \cdot 2 =$$
$$= \tfrac{2\,237}{15} = 149\tfrac{2}{15}$$

$149\frac{2}{15} = 149{,}1\dot{3} \approx 149$

$O = 149\frac{2}{15}\ m^2 \approx 149\ m^2$

Die Oberfläche des Quaders beträgt rund **$149\ m^2$**.

3.23 (Vergleiche mit dem Beispiel 3.22!)

a) $V = a \cdot b \cdot c$ Bezeichne die $6\frac{2}{3}$ m lange Kante (z. B.) mit b und die $3\frac{1}{5}$ m lange Kante (z. B.) mit c!

$$a \cdot 6\tfrac{2}{3} \cdot 3\tfrac{1}{5} = 56$$
$$a \cdot \tfrac{20}{3} \cdot \tfrac{16}{5} = 56$$
$$a \cdot \tfrac{64}{3} = 56$$
$$a = 56 \cdot \tfrac{3}{64} = \tfrac{21}{8} = 2\tfrac{5}{8}$$

$56 : \frac{64}{3} = 56 \cdot \frac{3}{64}$

Probe: $a = 2\frac{5}{8}$ m, $b = 6\frac{2}{3}$ m, $c = 3\frac{1}{5}$ m

$V = 56\ m^3$ $2\frac{5}{8} \cdot 6\frac{2}{3} \cdot 3\frac{1}{5} = \frac{21}{8} \cdot \frac{20}{3} \cdot \frac{16}{5} = 56$

Die Länge der dritten Quaderkante beträgt $\mathbf{2\frac{5}{8}}$ **m**.

b) $O = (a \cdot b + a \cdot c + b \cdot c) \cdot 2$

$$\left(2\tfrac{5}{8} \cdot 6\tfrac{2}{3} + 2\tfrac{5}{8} \cdot 3\tfrac{1}{5} + 6\tfrac{2}{3} \cdot 3\tfrac{1}{5}\right) \cdot 2 =$$
$$= \left(\tfrac{21}{8} \cdot \tfrac{20}{3} + \tfrac{21}{8} \cdot \tfrac{16}{5} + \tfrac{20}{3} \cdot \tfrac{16}{5}\right) \cdot 2 =$$
$$= \left(\tfrac{21}{2} \cdot \tfrac{5}{3} + \tfrac{21}{1} \cdot \tfrac{2}{5} + \tfrac{4}{3} \cdot \tfrac{16}{1}\right) \cdot 2 =$$
$$= \left(\tfrac{105}{6} + \tfrac{42}{5} + \tfrac{64}{3}\right) \cdot 2 =$$
$$= \left(\tfrac{525}{30} + \tfrac{252}{30} + \tfrac{640}{30}\right) \cdot 2 =$$
$$= \tfrac{525 + 252 + 640}{30} \cdot 2 =$$
$$= \tfrac{1\,417}{15} = 94\tfrac{7}{15}$$

kgV(3, 5, 6) = 30

$O = 94\frac{7}{15}\ m^2 \approx 94\frac{1}{2}\ m^2$

$94\frac{7}{15} = 94{,}4\dot{6} \approx 94{,}5 = 94\frac{1}{2}$

Die Oberfläche des Quaders beträgt rund **$94\frac{1}{2}\ m^2$**.

3.24 Unter der Aufgabe, in einer Formel (Gleichung) „eine Variable durch andere Variable auszudrücken“ sei Folgendes verstanden: Die Variable, die durch die anderen ausgedrückt wird, soll alleine und auf der linken Seite der Formel (Gleichung) stehen, die anderen Variablen sollen auf der rechten Seite der Formel (Gleichung) stehen. (Natürlich ist die umgekehrte Anschreibung ebenfalls möglich, ist aber vielleicht nicht so komfortabel zu lesen.)

a) $x + y = z$

$\mathbf{x = z - y}$

$\mathbf{y = z - x}$

b) $x - y = z$

$\mathbf{x = z + y}$

$z + y = x$

$\mathbf{y = x - z}$

c) $x \cdot y = z$

$\mathbf{x = z : y = \frac{z}{y}}$

$\mathbf{y = z : x = \frac{z}{x}}$

d) $\frac{x}{y} = z$

$\mathbf{x = z \cdot y}$

$z \cdot y = x$

$\mathbf{y = x : z = \frac{x}{z}}$

Zu b): Um die Variable y durch die Variablen x und z auszudrücken, kannst du z. B. von der Gleichung $x = z + y$ ausgehen und diese mit „vertauschten“ Seiten d. h. in der Form $z + y = x$ anschreiben. Indem du mit dieser Gleichung und nicht mit der in der Angabe zu findenden Form (weiter)rechnest, löst du das „Problem“ mit dem Minuszeichen vor dem y auf einfache Weise.

Zu d): Um die Variable y durch die Variablen x und z auszudrücken, kannst du z. B. von der Gleichung $x = z \cdot y$ ausgehen und diese mit „vertauschten“ Seiten d. h. in der Form $z \cdot y = x$ anschreiben.

3.25 Vergleiche mit dem Beispiel 3.24!

a) $a + b = c + d$

$\mathbf{a = c + d - b}$

$\mathbf{b = c + d - a}$

Schreibe die gegebene Gleichung mit „vertauschten“ Seiten an!

$c + d = a + b$

$\mathbf{c = a + b - d}$

$\mathbf{d = a + b - c}$

Vier Zahlen, für die die Formel (Gleichung) eine wahre Aussage ergibt:
Wähle z. B. a = **3**, b = **2**, c = **1**!
Wegen $d = a + b - c$ folgt $d = 3 + 2 - 1 = \mathbf{4}$.

b) $a - b = \frac{c}{d}$

$\mathbf{a = \frac{c}{d} + b}$

$\frac{c}{d} + b = b + \frac{c}{d}$

$b + \frac{c}{d} = a$

$\mathbf{b = a - \frac{c}{d}}$

Schreibe die gegebene Gleichung mit „vertauschten“ Seiten an!

$\frac{c}{d} = a - b$

$\mathbf{c = (a - b) \cdot d}$

Schreibe die zuletzt verwendete Gleichung mit „vertauschten“ Seiten an!

$(a - b) \cdot d = d \cdot (a - b)$

$d \cdot (a - b) = c$

$\mathbf{d = c : (a - b) = \frac{c}{a - b}}$

Vier Zahlen, für die die Formel (Gleichung) eine wahre Aussage ergibt:
Wähle z. B. a = **5**, b = **3**, c = **4**! Wegen $d = \frac{c}{a - b}$ folgt $d = \frac{4}{5 - 3} = \mathbf{2}$.

Zu c): Um die Variable d durch die übrigen Variablen auszudrücken, ist keine Umformung der Gleichung (Formel) notwendig; höchstens eine Anschreibung mit „vertauschten" Seiten.

c) $a - b \cdot c = d$

$\mathbf{a = d + b \cdot c}$

Schreibe die zuletzt verwendete Gleichung mit „vertauschten" Seiten an!

$d + b \cdot c = a$

$b \cdot c = a - d$

$\mathbf{b = (a - d) : c = \frac{a - d}{c}}$

$\mathbf{c = (a - d) : b = \frac{a - d}{b}}$

$\mathbf{d = a - b \cdot c}$

Vier Zahlen, für die die Formel (Gleichung) eine wahre Aussage ergibt:
Wähle z. B. a = **9**, b = **4**, c = **2**!
Wegen $d = a - b \cdot c$ folgt $d = 9 - 4 \cdot 2 =$ **1**.

3.26 Vergleiche mit den Beispielen 3.24 und 3.25!

a) $a + b = c - d$

$\mathbf{a = c - d - b}$

$\mathbf{b = c - d - a}$

$c - d = a + b$

$\mathbf{c = a + b + d}$

$a + b + d = c$

$\mathbf{d = c - a - b}$

Vier Zahlen, für die die Formel (Gleichung) eine wahre Aussage ergibt:
Wähle z. B. a = **3**, b = **4**, d = **5**!
Wegen $c = a + b + d$ folgt $c = 3 + 4 + 5 =$ **12**.

b) $\frac{a}{b} = c + d$

$\mathbf{a = (c + d) \cdot b}$

$(c + d) \cdot b = b \cdot (c + d)$

$b \cdot (c + d) = a$

$\mathbf{b = a : (c + d) = \frac{a}{c + d}}$

$c + d = \frac{a}{b}$

$\mathbf{c = \frac{a}{b} - d}$

$\mathbf{d = \frac{a}{b} - c}$

Vier Zahlen, für die die Formel (Gleichung) eine wahre Aussage ergibt:
Wähle z. B. b = **2**, c = **3**, d = **4**!
Wegen $a = (c + d) \cdot b$ folgt $a = (3 + 4) \cdot 2 =$ **14**.

c) $a - b = c \cdot d$

$\mathbf{a = c \cdot d + b}$

$b + c \cdot d = a$

$c \cdot d + b = b + c \cdot d$

$\mathbf{b = a - c \cdot d}$

$c \cdot d = a - b$

$\mathbf{c = (a - b) : d = \frac{a - b}{d}}$

$\mathbf{d = (a - b) : c = \frac{a - b}{c}}$

Vier Zahlen, für die die Formel (Gleichung) eine wahre Aussage ergibt:
Wähle z. B. b = **7**, c = **6**, d = **5**!
Wegen $a = c \cdot d + b$ folgt $a = 6 \cdot 5 + 7 =$ **37**.

3.27 Vergleiche mit den Beispielen 3.24 – 3.26!

a) $a \cdot b = \frac{c}{d}$

$\mathbf{a = \frac{c}{d} : b = \frac{c}{d} \cdot \frac{1}{b} = \frac{c}{b \cdot d}}$

$\mathbf{b = \frac{c}{d} : a = \frac{c}{d} \cdot \frac{1}{a} = \frac{c}{a \cdot b}}$

Statt durch b bzw. durch a zu dividieren, kannst du mit $\frac{1}{b}$ bzw. mit $\frac{1}{a}$, dem Kehrwert von b bzw. von a multiplizieren.

$\frac{c}{d} = a \cdot b$

$\mathbf{c = a \cdot b \cdot d}$

$a \cdot b \cdot d = c$

$\mathbf{d = c : (a \cdot b) = \frac{c}{a \cdot b}}$

Vier Zahlen, für die die Formel (Gleichung) eine wahre Aussage ergibt:
Wähle z. B. a = **3**, b = **4**, d = **5**!
Wegen $c = a \cdot b \cdot d$ folgt $c = 3 \cdot 4 \cdot 5 =$ **60**.

Statt durch $(a \cdot b)$ zu dividieren, kannst du mit $\frac{1}{a \cdot b}$, dem Kehrwert von $a \cdot b$ multiplizieren.

b) $a \cdot b - c = d$

$a \cdot b = d + c$

$\mathbf{a = (d + c) : b = \frac{d + c}{b}}$

$\mathbf{b = (d + c) : a = \frac{d + c}{a}}$

$d + c = a \cdot b$

$\mathbf{c = a \cdot b - d}$

$\mathbf{d = a \cdot b - c}$

Zu b): Um die Variable d durch die übrigen Variablen auszudrücken, ist keine Umformung der Gleichung (Formel) notwendig; höchstens eine Anschreibung mit „vertauschten" Seiten.

Vier Zahlen, für die die Formel (Gleichung) eine wahre Aussage ergibt:
Wähle z. B. a = **7**, b = **2**, c = **6**!
Wegen $d = a \cdot b - c$ folgt $d = 7 \cdot 2 - 6 =$ **8**.

3.28 Vergleiche mit den Beispielen 3.24 – 3.27!

a) $\frac{a}{b} = \frac{c}{d}$

$\mathbf{a = \frac{c}{d} \cdot b = \frac{c \cdot b}{d}}$

$\frac{c \cdot b}{d} = a$

$c \cdot b = a \cdot d$

$\mathbf{b = (a \cdot d) : c = \frac{a \cdot d}{c}}$

$c \cdot b = a \cdot d$

$\mathbf{c = (a \cdot d) : b = \frac{a \cdot d}{b}}$

$a \cdot d = c \cdot b$

$\mathbf{d = (c \cdot b) : a = \frac{c \cdot b}{a}}$

Vier Zahlen, für die die Formel (Gleichung) eine wahre Aussage ergibt:
Wähle z. B. c = **5**, b = **6**, d = **3**!
Wegen $a = \frac{c \cdot b}{d}$ folgt $a = \frac{5 \cdot 6}{3} = \mathbf{10}$.

Zu b): Um die Variable d durch die übrigen Variablen auszudrücken, ist keine Umformung der Gleichung (Formel) notwendig; höchstens eine Anschreibung mit „vertauschten" Seiten.

b) $a + \frac{b}{c} = d$

$\mathbf{a = d - \frac{b}{c}}$

$\frac{b}{c} = d - a$

$\mathbf{b = (d - a) \cdot c}$

$(d - a) \cdot c = b$

$\mathbf{c = b : (d - a) = \frac{b}{d - a}}$

$\mathbf{d = a + \frac{b}{c}}$

Vier Zahlen, für die die Formel (Gleichung) eine wahre Aussage ergibt:
Wähle z. B. d = **10**, a = **7**, c = **5**!
Wegen $b = (d - a) \cdot c$ folgt $b = (10 - 7) \cdot 5 = \mathbf{15}$.

3.29 **a)** Wahl der Variablen:
(z. B.) Gesamtpreis … G, Stückpreis … s, Anzahl der Stück … n
Der Gesamtpreis (G) ergibt sich aus dem Stückpreis (s) mal der Anzahl der Stück (n).

Formel: $\mathbf{G = s \cdot n}$

b) $G = s \cdot n$ oder $s \cdot n = G$

$\mathbf{s = G : n = \frac{G}{n}}$ $\mathbf{n = G : s = \frac{G}{s}}$

c) $G = s \cdot n$ Wähle z. B. s = 15 €/Stück und n = 20 Stück!
G = 15 €/Stück · 20 Stück = 300 €

$s = G : n$ Wähle z. B. G = 500 € und n = 20 Stück!
500 : 20 = 25
s = 25 €/Stück

$n = G : s$ Wähle z. B. G = 300 € und s = 60 €/Stück!
300 : 60 = 5
n = 5 Stück

3.30 Vergleiche mit dem Beispiel 3.29!

a) Wahl der Variablen: (z. B.) jährliche Kosten … K, fixe Kosten … F, Preis je m^3 Wasser … p, Anzahl der m^3 … n

Die Gesamtkosten (K) ergeben sich aus den fixen Kosten (F) plus der Wasserbezugsgebühr [= Preis je m^3 Wasser (p) mal der Anzahl der bezogenen m^3 (n)]

Formel: $\mathbf{K = F + p \cdot n}$

b) $F + p \cdot n = K$

$\mathbf{F = K - p \cdot n}$

$p \cdot n = K - F$

$\mathbf{n = (K - F) : p = \frac{K - F}{p}}$

c) $K = F + p \cdot n$ $\quad 11{,}80 + 1{,}10 \cdot 135 = 148{,}50$

Die jährliche Wasserrechnung beträgt **148,50 €**.

3.31 **a)** Rauminhalt (Volumen):

Wie du aus der nebenstehenden Abbildung entnehmen kannst, erhältst du den Rauminhalt des Körpers, indem du vom Rauminhalt eines Würfels mit der Kantenlänge a den Rauminhalt eines Quaders mit den Kantenlängen b, b und c abziehst.

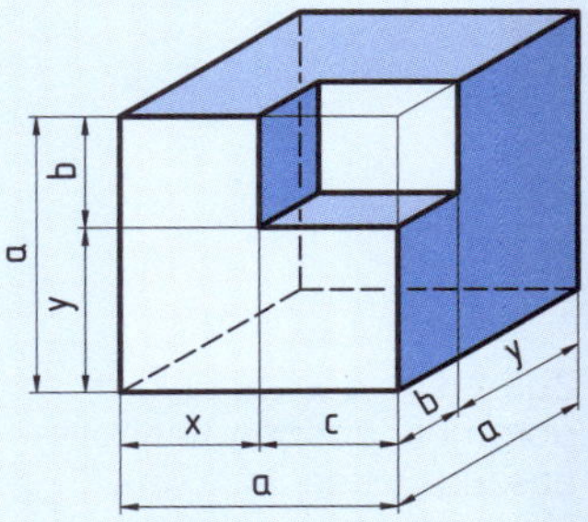

Rauminhalt eines Würfels:
$V = a \cdot a \cdot a$
a … Kantenlänge

Rauminhalt eines Quaders:
$V = a \cdot b \cdot c$
a, b, c … Kantenlängen

$\mathbf{V = a \cdot a \cdot a - b \cdot b \cdot c}$

Oberfläche:

Verschieb in Gedanken die zwei Rechtecke „b · c“ und das Quadrat „b · b“ jeweils parallel bis zu den großen Seitenflächen des Körpers! Es entsteht ein Würfel. Daraus folgt, dass die Oberfläche des in der Angabe dargestellten Körpers genauso groß ist wie die eines Würfels mit der Kantenlänge a.

$\mathbf{O = 6 \cdot a \cdot a}$

Summe der Kantenlängen:

Von den 21 Kanten des Körpers sind drei nicht bezeichnet. Zwei dieser Kanten sind gleich lang. Benenne sie jeweils (z. B.) mit y! Bezeichne die dritte Kante (z. B.) mit x!

$x = a - c \quad y = a - b$

$k = 9 \cdot a + x + y + y + b + b + b + b + b + b + c + c + c$

Durch Ersetzen der Platzhalter x und y erhältst du:

$k = 9 \cdot a + a - c + a - b + a - b + b + b + b + b + b + b + c + c + c$

$\mathbf{k = 12 \cdot a + 4 \cdot b + 2 \cdot c}$

Variante:

Mit etwas mehr Denkarbeit, dafür aber weniger Rechenaufwand erhältst du das Ergebnis rascher. Und zwar: Der Körper zeigt eine große Ähnlichkeit mit einem Würfel. Die Summe der Längen der Seitenkanten des Körpers ist sicherlich größer als die des zugehörigen Würfels.

$k = 12 \cdot a +$ „die zusätzlichen Kantenlängen“

Im Vergleich zum Würfel treten folgende Kanten zusätzlich auf: 4-mal die Kante b und 2-mal die Kante c.

Folglich gilt: $k = 12 \cdot a + 4 \cdot b + 2 \cdot c$

b) Mit den in a) aufgestellten Formeln kannst du sofort weiterarbeiten, wenn du anstelle der Platzhalter die Zahlenwerte setzt.

$a = 8$ cm $b = \frac{a}{4}$ $c = \frac{a}{2}$

$b = 2$ cm $c = 4$ cm

Rauminhalt (Volumen):

$V = a \cdot a \cdot a - b \cdot b \cdot c$ $8 \cdot 8 \cdot 8 - 2 \cdot 2 \cdot 4 = 64 \cdot 8 - 16 =$
$= 512 - 16 = 496$

$V = 496\ cm^3$

Der Rauminhalt des Körpers beträgt **$496\ cm^3$**.

Oberfläche:

$O = 6 \cdot a \cdot a$ $6 \cdot 8 \cdot 8 = 48 \cdot 8 = 384$

$O = 384\ cm^2$

Die Oberfläche des Körpers beträgt **$384\ cm^2$**.

Summe der Kantenlängen:

$k = 12 \cdot a + 4 \cdot b + 2 \cdot c$ $12 \cdot 8 + 4 \cdot 2 + 2 \cdot 4 =$
$= 96 + 8 + 8 = 112$

$k = 112$ cm

Die Summe der Kantenlängen beträgt **112 cm**.

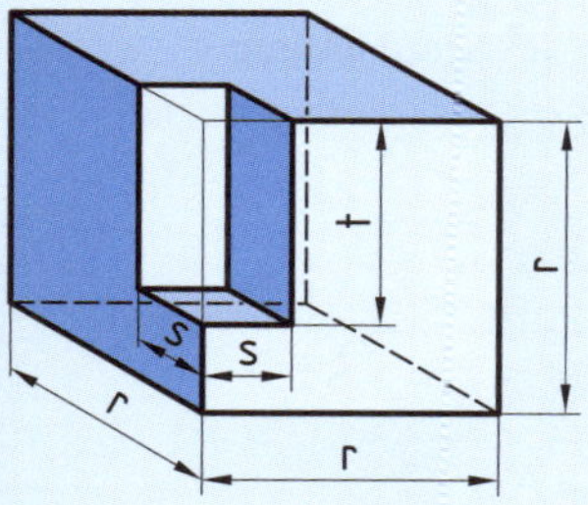

3.32 (Vergleiche mit dem Beispiel 3.31!)

a) Rauminhalt (Volumen):

$V = r \cdot r \cdot r - s \cdot s \cdot t$

Oberfläche:

$O = 6 \cdot r \cdot r$

Summe der Kantenlängen:

$k = 12 \cdot r + 4 \cdot s + 2 \cdot t$

b) $r = 12$ cm $s = \frac{r}{3}$ $t = \frac{r}{2}$

$s = 4$ cm $t = 6$ cm

Rauminhalt (Volumen):

$V = r \cdot r \cdot r - s \cdot s \cdot t$ $12 \cdot 12 \cdot 12 - 4 \cdot 4 \cdot 6 =$
$= 144 \cdot 12 - 16 \cdot 6 =$
$= 1\,728 - 96 = 1\,632$

$V = 1\,632\ cm^3$

Der Rauminhalt des Körpers beträgt **$1\,632\ cm^3$**.

Oberfläche:

$O = 6 \cdot r \cdot r$ $6 \cdot 12 \cdot 12 = 6 \cdot 144 = 864$

$O = 864\ cm^2$

Die Oberfläche des Körpers beträgt **$864\ cm^2$**.

Summe der Kantenlängen:

$k = 12 \cdot r + 4 \cdot s + 2 \cdot t$ $12 \cdot 12 + 4 \cdot 4 + 2 \cdot 6 =$
$= 144 + 16 + 12 = 172$

$k = 172$ cm

Die Summe der Kantenlängen beträgt **172 cm**.

4 Prozentrechnungen

Hinweise zu den nachfolgenden Beispielen

Die Grundbegriffe der Prozentrechnung sind:

Grundwert G: das Ganze, $\frac{100}{100} = 100\,\%$

Prozentsatz: ein Teil des Ganzen, angegeben in Hundertstel ($\frac{p}{100}$) oder in Prozenten (p %)

(Prozent-)Anteil A: der Teil des Ganzen, den die p % ausmachen

Sind der Grundwert G und der Prozentsatz bekannt, so erhältst du den (Prozent-)Anteil A nach folgender Formel:

$A = G \cdot \frac{p}{100}$ (Prozent-)Anteil = Grundwert · Prozentsatz

Sind der Grundwert G und der (Prozent-)Anteil A bekannt, so erhältst du den Prozentsatz nach folgender Formel:

$p\,\% = \frac{p}{100} = A : G$ Prozentsatz = (Prozent-)Anteil : Grundwert

Sind der (Prozent-)Anteil A und der Prozentsatz bekannt, so erhältst du den Grundwert G nach folgender Formel:

$G = A : \frac{p}{100}$ Grundwert = (Prozent-)Anteil : Prozentsatz

Während man beim Rechnen mit Prozenten die Zahl 100 als Vergleichszahl heranzieht, wählt man beim Rechnen mit Promillen die Vergleichszahl 1 000. Dementsprechend ist dann $\frac{p}{1\,000}$ bzw. p ‰ der Promillesatz und A der (Promille-)Anteil und es gilt:

$A = G \cdot \frac{p}{1\,000}$ (Promille-)Anteil = Grundwert · Promillesatz

$p\,‰ = \frac{p}{1\,000} = A : G$ Promillesatz = (Promille-)Anteil : Grundwert

$G = A : \frac{p}{1\,000}$ Grundwert = (Promille-)Anteil : Promillesatz

Beim Rechnen mit Prozenten wählt man die Zahl 100 als Vergleichszahl.

$A = G \cdot \frac{p}{100}$

$p\,\% = \frac{p}{100} = A : G$

$G = A : \frac{p}{100}$

G … Grundwert
A … (Prozent-)Anteil
$p\,\% = \frac{p}{100}$ … Prozentsatz

$A = G \cdot \frac{p}{1\,000}$

$p\,‰ = \frac{p}{1\,000} = A : G$

$G = A : \frac{p}{1\,000}$

G … Grundwert
A … (Promille-)Anteil
$p\,‰ = \frac{p}{1\,000}$ … Promillesatz

4.1 $A = G \cdot \frac{p}{100}$ $3\,470 \cdot \frac{9}{100} = 3\,470 \cdot 0{,}09 = 312{,}30$

$p\,\% = \frac{p}{100} = A : G$ $26{,}1 : 145 = 0{,}18 = \frac{18}{100} = 18\,\%$

$G = A : \frac{p}{100}$ $364 : \frac{45{,}5}{100} = 364 \cdot \frac{100}{45{,}5} = 36\,400 : 45{,}5 = 800$

Grundwert G	3 470 €	145 l	**800 m**
Prozentsatz p %	9 %	**18 %**	45,5 %
(Prozent-)Anteil A	**312,30 €**	26,1 l	364 m

Variante:
$364 : \frac{45{,}5}{100} = 364 : 0{,}455 =$
$= 364\,000 : 455 = 800$

4.2 $A = G \cdot \frac{p}{100}$ $428 \cdot \frac{12{,}5}{100} = 428 \cdot 0{,}125 = 53{,}5$

$p\,\% = \frac{p}{100} = A : G$ $19{,}2 : 128 = 0{,}15 = \frac{15}{100} = 15\,\%$

$G = A : \frac{p}{100}$ $1\,344 : \frac{32}{100} = 1\,344 \cdot \frac{100}{32} =$
$= 134\,400 : 32 = 4\,200$

Grundwert G	428 m^2	128 kg	**4 200 €**
Prozentsatz p %	12,5 %	**15 %**	32 %
(Prozent-)Anteil A	**53,5 m^2**	19,2 kg	1 344 €

Variante:
$1\,344 : \frac{32}{100} = 1\,344 : 0{,}32 =$
$= 13\,400 : 32 = 4\,200$

4.3

$A = G \cdot \frac{p}{1\,000}$ $\quad 6 \cdot \frac{0,8}{1\,000} = 6 \cdot 0,000\,8 = 0,004\,8$

$0,004\,8$ l = **4,8 ml**

$p ‰ = \frac{p}{1\,000} = A : G$ $\quad 4\,800 : 4\,000\,000 = 0,001\,2 =$

$= \frac{1,2}{1\,000} =$ **1,2 ‰**

$G = A : \frac{p}{1\,000}$ $\quad 0,09 : \frac{6}{1\,000} = 0,09 \cdot \frac{1\,000}{6} = 90 : 6 = 15$

Variante:
$0,09 : \frac{6}{1\,000} = 0,09 : 0,006 =$
$= 90 : 6 = 15$

Grundwert G	6 l	4 000 000 €	**15 mm**
Promillesatz p ‰	0,8 ‰	**1,2 ‰**	6 ‰
(Promille-)Anteil A	**4,8 ml**	4 800 €	0,09 mm

4.4

$A = G \cdot \frac{p}{1\,000}$ $\quad 450 \cdot \frac{2,4}{1\,000} = 450 \cdot 0,002\,4 = 1,08$

$p ‰ = \frac{p}{1\,000} = A : G$ $\quad 7\,500 : 5\,000\,000 = 0,001\,5 =$

$= \frac{1,5}{1\,000} = 1,5$ ‰

$G = A : \frac{p}{1\,000}$ $\quad 1,9 : \frac{0,5}{1\,000} = 1,9 \cdot \frac{1\,000}{0,5} = 1\,900 \cdot \frac{1}{0,5} =$

$= 1\,900 \cdot 2 = 3\,800$

3 800 ml = 3,8 l

Variante:
$1,9 : \frac{0,5}{1\,000} = 1,9 : 0,000\,5 =$
$= 19\,000 : 5 = 3\,800$

Grundwert G	450 m	5 000 000 €	**3,8 l**
Promillesatz p ‰	2,4 ‰	**1,5 ‰**	0,5 ‰
(Promille-)Anteil A	**1,08 m**	7 500 €	1,9 ml

4.5

a) Ein Rückgang des Absatzes um 8 % bedeutet, dass nur mehr 100 % – 8 % = 92 % der ursprünglichen Menge verkauft wurden.

Grundwert G . . . . 16 950 l
Prozentsatz p % . . . . 92 %

$A = G \cdot \frac{p}{100}$ $\quad 16\,950 \cdot \frac{92}{100} = 16\,950 \cdot 0,92 = 15\,594$

A = 15 594 l

Es wurden **15 594 l** Benzin verkauft.

b) Setze den Warenpreis (ohne MWSt.), das ist der Grundpreis, mit 100 % an!

Dem Preis der Ware mit 20 % MWSt. entsprechen dann 120 %.

(Prozent-)Anteil A . . . 570 €
Prozentsatz p % . . . . 120 %

$G = A : \frac{p}{100}$ $\quad 570 : \frac{120}{100} = 570 \cdot \frac{100}{120} = 57\,000 : 120 = 475$

G = 475 €

Der Warenpreis (ohne MWSt.) beträgt **475 €**.

Variante:
$570 : \frac{120}{100} = 570 : 1,2 =$
$= 5\,700 : 12 = 475$

c) Grundwert G . . . . 2 637 km
(Prozent-)Anteil A . . . 784 km

$p \% = \frac{p}{100} = A : G$ $\quad 784 : 2\,637 = 0,297... \approx 0,30 = \frac{30}{100} = 30 \%$

p % ≈ 30 %

Rund **30 %** der österreichischen Staatsgrenze verlaufen gemeinsam mit Deutschland.

4.6 (Vergleiche mit dem Beispiel 4.5!)

a) Ein Anstieg der Einwohnerzahl um 5 % bedeutet, dass die Einwohnerzahl dann 100 % + 5 % = 105 % des ursprünglichen Werts betrug.

Grundwert G . . . . . 3 240 Einwohner
Prozentsatz p % . . . . 105 %

$A = G \cdot \frac{p}{100}$ $\qquad 3\,240 \cdot \frac{105}{100} = 3\,240 \cdot 1{,}05 = 3\,402$

A = 3 402 Einwohner

Die Ortschaft hatte dann **3 402 Einwohner**.

b) Setze den Preis für das Auto, das ist der Grundpreis, mit 100 % an! Dem Preis nach dem 8 %igen Nachlass entsprechen dann 92 %.

(Prozent-)Anteil A . . . . 23 184 €
Prozentsatz p % . . . . 92 %

$G = A : \frac{p}{100}$ $\qquad 23\,184 : \frac{92}{100} = 23\,184 \cdot \frac{100}{92} =$
$= 2\,318\,400 : 92 = 25\,200$

Variante:
$23\,184 : \frac{92}{100} = 23\,184 : 0{,}92 =$
$= 2\,318\,400 : 92 = 25\,200$

G = 25 200 €

Ursprünglich kostete das Auto **25 200 €**.

c) Grundwert G . . . . 2 850 km
(Prozent-)Anteil A . . . . 350 km

$p\,\% = \frac{p}{100} = A : G$ $\qquad 350 : 2\,850 = 0{,}122\ldots \approx 0{,}12 =$
$= \frac{12}{100} = 12\,\%$

p % ≈ 12 %

Rund **12 %** der Gesamtlänge des Donaustroms liegen auf österreichischem Staatsgebiet.

4.7 **a)** (Promille-)Anteil A . . . . 3 640 €
Promillesatz p ‰ . . . . 7 ‰

$G = A : \frac{p}{1\,000}$ $\qquad 3\,600 : \frac{7}{1\,000} = 3\,640 \cdot \frac{1\,000}{7} =$
$= 3\,640\,000 : 7 = 520\,000$

Variante:
$3\,600 : \frac{7}{1\,000} = 3\,600 : 0{,}007 =$
$= 3\,600\,000 : 7 = 520\,000$

G = 520 000 €

Die Versicherungssumme beträgt **520 000 €**.

b) Die Steigung (das Gefälle) in Promille ist zahlenmäßig gleich dem in Metern ausgedrückten Höhenunterschied auf 1 000 m waagrechter Entfernung.

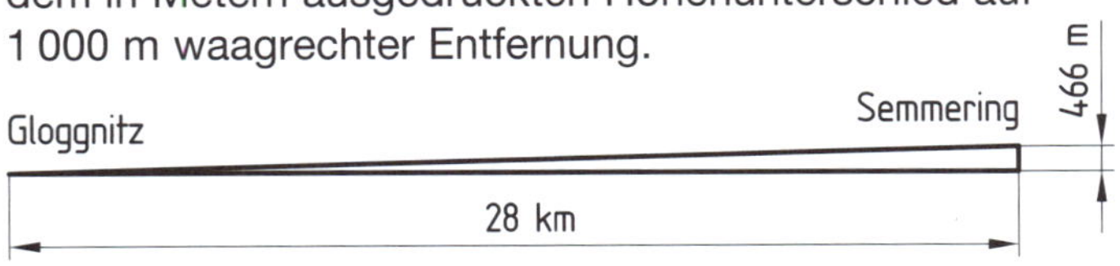

Eine Strecke hat eine Steigung (bzw. ein Gefälle) von 1 ‰, wenn auf einer waagrechten Entfernung von 1 000 m der Höhenunterschied 1 m beträgt.

Die Skizze ist nicht maßstabsgetreu. Der Anstieg ist überhöht dargestellt.

waagrechte Entfernung	Höhenunterschied
28 km = 28 000 m	894 m – 428 m = 466 m
1 000 m	466 m : 28 = 16,64… m ≈ ≈ 16,6 m ≙ 16,6 ‰

Die (durchschnittliche) Steigung beträgt rund **16,6 ‰**.

4.8 (Vergleiche mit dem Beispiel 4.7!)

a) Grundwert G . . . . 5 l = 5 000 ml
Promillesatz p ‰ . . . . 1,2 ‰

$A = G \cdot \frac{p}{1000}$ $\qquad$ $5000 \cdot \frac{1{,}2}{1000} = 5 \cdot 1{,}2 = 6$

A = 6 ml

Dem angegebenen Wert entsprechen **6 ml** (reiner) Alkohol.

b)

waagrechte Entfernung	Höhenunterschied
350 km = 350 000 m	287 m – 133 m = 154 m
1 000 m	154 m : 350 = 0,44 m ≈ ≈ 0,4 m ≙ 0,4 ‰

Das (durchschnittliche) Gefälle beträgt rund **0,4 ‰.**

Flächeninhalt eines rechtwinkligen Dreiecks:
$A = \frac{1}{2} \cdot a \cdot b = \frac{a \cdot b}{2}$
a, b … Kathetenlängen

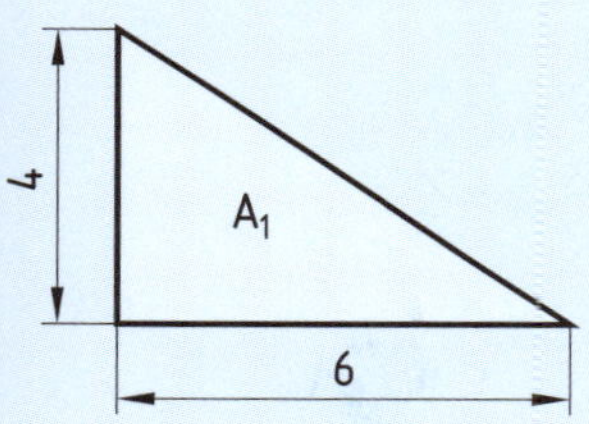

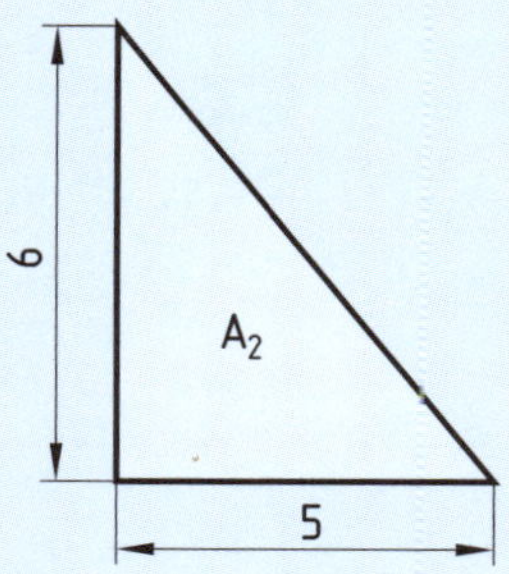

(Maße in cm)

4.9 **a)** Zur Unterscheidung der beiden Dreiecke ist es vorteilhaft, wenn du die Platzhalter mit tiefgestellten Ziffern kennzeichnest (Indexschreibweise).

$a_1 = 6$ cm, $b_1 = 4$ cm

$A_1 = \frac{a_1 \cdot b_1}{2}$ $\qquad$ $\frac{6 \cdot 4}{2} = \frac{24}{2} = 12$

$A_1 = 12$ cm^2

$a_2 = 6$ cm – 1 cm = 5 cm, $b_2 = 4$ cm + 2 cm = 6 cm

$A_2 = \frac{a_2 \cdot b_2}{2}$ $\qquad$ $\frac{5 \cdot 6}{2} = \frac{30}{2} = 15$

$A_2 = 15$ cm^2

Grundwert G . . . . 12 cm^2
(Prozent-)Anteil A . . . . 15 cm^2

$p\,\% = \frac{p}{100} = A : G$ $\qquad$ $15 : 12 = 1{,}25 = \frac{125}{100} = 125\,\%$

$p\,\% = 125\,\%$

125 % des Grundwerts: Das sind 25 % mehr als der Grundwert.

Der Flächeninhalt nimmt um **25 %** zu.

b) Grundwert G . . . . 250 m
Promillesatz p ‰ . . . . . 1,7 ‰

$A = G \cdot \frac{p}{1000}$ $\qquad$ $250 \cdot \frac{1{,}7}{1000} = 1{,}7 : 4 = 0{,}425$

0,425 m = 42,5 cm

A = 42,5 cm

Die Längenänderung beträgt **42,5 cm**.

4.10 (Vergleiche mit dem Beispiel 4.9!)

a) $x_1 = 5$ cm, $y_1 = 7$ cm

$A_1 = \frac{x_1 \cdot y_1}{2}$ $\qquad$ $\frac{5 \cdot 7}{2} = \frac{35}{2} = 17{,}5$

$A_1 = 17{,}5$ cm^2

$x_2 = 5$ cm + 2 cm = 7 cm, $y_2 = 7$ cm – 3 cm = 4 cm

$A_2 = \frac{x_2 \cdot y_2}{2}$ $\qquad$ $\frac{7 \cdot 4}{2} = \frac{28}{2} = 14$

$A_2 = 14$ cm^2

Grundwert G . . . . . . 17,5 cm^2
(Prozent-)Anteil A . . . . 14 cm^2

$p\,\% = \frac{p}{100} = A : G$ $\quad$ $14 : 17{,}5 = 0{,}80 = \frac{80}{100} = 80\,\%$

$p = 80\,\%$

80 % des Grundwerts: Das sind 20 % weniger als der Grundwert.

Der Flächeninhalt nimmt um **20 %** ab.

b) Grundwert G . . . . . 11 m = 11 000 mm
Promillesatz p ‰ . . . . 0,6 ‰

$A = G \cdot \frac{p}{1\,000}$ $\quad$ $11\,000 \cdot \frac{0{,}6}{1\,000} = 11 \cdot 0{,}6 = 6{,}6$

A = 6,6 mm ≈ 7 mm

Die Längenänderung beträgt rund **7 mm**.

4.11 Zur Unterscheidung der beiden Rechtecke ist es vorteilhaft, wenn du die Platzhalter mit tiefgestellten Ziffern kennzeichnest (Indexschreibweise).

$a_1 = 4$ m, $\quad b_1 = 5$ m

$a_2 = 4$ m + 4 m = 8 m, $\quad b_2 = 5$ m − 3 m = 2 m

Umfang:

$u_1 = (a_1 + b_1) \cdot 2$ $\quad$ $(4 + 5) \cdot 2 = 9 \cdot 2 = 18$

$u_1 = 18$ m

$u_2 = (a_2 + b_2) \cdot 2$ $\quad$ $(8 + 2) \cdot 2 = 10 \cdot 2 = 20$

$u_2 = 20$ m

Umfang eines Rechtecks:
$u = a \cdot 2 + b \cdot 2 =$
$= (a + b) \cdot 2$
a, b … Seitenlängen

Grundwert G . . . . 18 m
(Prozent-)Anteil A . . . . 20 m

$p\,\% = \frac{p}{100} = A : G$ $\quad$ $20 : 18 = 1{,}\dot{1} \approx 1{,}11 = \frac{111}{100} = 111\,\%$

$p\,\% \approx 111\,\%$

111 % des Grundwerts: Das sind 11 % mehr als der Grundwert.

Der Umfang wächst um rund **11 %**.

Flächeninhalt:

$A_1 = a_1 \cdot b_1$ $\quad$ $4 \cdot 5 = 20$

$A_1 = 20\ m^2$

$A_2 = a_2 \cdot b_2$ $\quad$ $8 \cdot 2 = 16$

$A_2 = 16\ m^2$

Flächeninhalt eines Rechtecks:
$A = a \cdot b$
a, b … Seitenlängen

Grundwert G . . . . 20 m^2
(Prozent-)Anteil A . . . . 16 m^2

$p\,\% = \frac{p}{100} = A : G$ $\quad$ $16 : 20 = 0{,}80 = \frac{80}{100} = 80\,\%$

$p\,\% = 80\,\%$

80 % des Grundwerts: Das sind 20 % weniger als der Grundwert.

Der Flächeninhalt nimmt um **20 %** ab.

4.12 (Vergleiche mit dem Beispiel 4.11!)

$a_1 = 4$ cm, $b_1 = 2$ cm, $c_1 = 10$ cm

$a_2 = 4$ cm + 1 cm = 5 cm

$b_2 = 2$ cm + 1 cm = 3 cm

$c_2 = 10$ cm – 3 cm = 7 cm

Oberfläche eines Quaders:
$O = (a \cdot b + a \cdot c + b \cdot c) \cdot 2$
a, b, c ... Kantenlängen

Oberfläche:

$O_1 = (a_1 \cdot b_1 + a_1 \cdot c_1 + b_1 \cdot c_1) \cdot 2$

$4 \cdot 2 = 8$
$4 \cdot 10 = 40$
$2 \cdot 10 = 20$
$8 + 40 + 20 = 68$
$68 \cdot 2 = 136$

$O_1 = 136 \text{ cm}^2$

$O_2 = (a_2 \cdot b_2 + a_2 \cdot c_2 + b_2 \cdot c_2) \cdot 2$

$5 \cdot 3 = 15$
$5 \cdot 7 = 35$
$3 \cdot 7 = 21$
$15 + 35 + 21 = 71$
$71 \cdot 2 = 142$

$O_2 = 142 \text{ cm}^2$

Grundwert G . . . . 136 cm²
(Prozent-)Anteil A . . . . . 142 cm²

$p\,\% = \frac{p}{100} = A : G$

$142 : 136 = 1{,}044\ldots \approx 1{,}04 = \frac{104}{100} = 104\,\%$

$p\,\% \approx 104\,\%$

104 % des Grundwerts: Das sind 4 % mehr als der Grundwert.

Die Oberfläche nimmt um rund **4 %** zu.

Rauminhalt eines Quaders:
$V = a \cdot b \cdot c$
a, b, c ... Kantenlängen

Rauminhalt (Volumen):

$V = a_1 \cdot b_1 \cdot c_1$

$4 \cdot 2 \cdot 10 = 80$

$V_1 = 80 \text{ cm}^3$

$V = a_2 \cdot b_2 \cdot c_2$

$5 \cdot 3 \cdot 7 = 105$

$V_2 = 105 \text{ cm}^3$

Grundwert G . . . . 80 cm³
(Prozent-)Anteil A . . . . . 105 cm³

$p\,\% = \frac{p}{100} = A : G$

$105 : 80 = 1{,}312\ldots \approx 1{,}31 = \frac{131}{100} = 131\,\%$

$p\,\% \approx 131\,\%$

131 % des Grundwerts: Das sind 31 % mehr als der Grundwert.

Der Rauminhalt nimmt um rund **31 %** zu.

4.13 **a)** Flächeninhalt der Platte:

$A = a \cdot b$ $150 \cdot 90 = 13\,500$

$A = 13\,500\ cm^2$

Flächeninhalt der 286 Scheiben: $30{,}2 \cdot 286 = 8\,637{,}2$

$A = 8\,637{,}2\ cm^2$

Grundwert G . . . . 13 500 cm^2
(Prozent-)Anteil A . . . . . 8 637,2 cm^2

$p\,\% = \frac{p}{100} = A : G$ $8\,673{,}2 : 13\,500 =$

$= 0{,}639\ldots \approx 0{,}64 = \frac{64}{100} = 64\,\%$

$p\,\% \approx 64\,\%$ $100\,\% - 64\,\% =$ **36 %**

Rund **36 %** der Platte werden zu Abfall.

b) Berechne zuerst, wie viel Prozent der gültigen Stimmen auf die kleineren Gruppierungen entfielen!

33,6 % + 36,2 % + 25 % = 94,8 %
100 % – 94,8 % = 5,2 %

Auf kleinere Gruppierungen entfielen 5,2 % der gültigen Stimmen.

5,2 % ≙ 122 408 Stimmen
1 % ≙ 122 408 Stimmen : 5,2 122 408 : 5,2 = 23 540
1 % ≙ 23 540 Stimmen

Die einzelnen Stimmenzahlen erhältst du durch Multiplikation.

A: 23 540 · 33,6 = 790 944
B: 23 540 · 36,2 = 852 148
C: 23 540 · 25 = 588 500

Partei	Anzahl der Stimmen	Prozentsatz
A	**790 944**	33,6 %
B	**852 148**	36,2 %
C	**588 500**	25,0 %
Andere	122 408	5,2 %
Gesamt	**2 354 000**	100,0 %

4.14 **a)** (Vergleiche mit dem Beispiel 4.13!)

Flächeninhalt der Stoffbahn:

$A = a \cdot b$ $1{,}2 \cdot 10 = 12$

$A = 12\ m^2 = 1\,200\ dm^2$

$1\ m^2 = 100\ dm^2$

Flächeninhalt der 206 Stoffflecke: $4{,}2 \cdot 206 = 865{,}2$

$A = 865{,}2\ dm^2$

Grundwert G . . . . 1 200 dm^2
(Prozent-)Anteil A . . . . . . 865,2 dm^2

$p\,\% = \frac{p}{100} = A : G$ $865{,}2 : 1\,200 =$

$= 0{,}721 \approx 0{,}72 = \frac{72}{100} = 72\,\%$

$p\,\% \approx 72\,\%$ $100\,\% - 72\,\% =$ **28 %**

Rund **28 %** des Stoffs werden zu Abfall.

b) 50,3 % + 27,8 % + 18,5 % = 96,6 %
100 % – 96,6 % = 3,4 %

Auf kleinere Gruppierungen entfielen 3,4 % der gültigen Stimmen.

3,4 % ≙ 96 798 Stimmen
1 % ≙ 96 798 Stimmen : 3,4 96 798 : 3,4 = 28 470
1 % ≙ 28 470 Stimmen

A: 28 470 · 50,3 = 1 432 041
B: 28 470 · 27,8 = 791 466
C: 28 470 · 18,5 = 526 695

Partei	Anzahl der Stimmen	Prozentsatz
X	**1 432 041**	50,3 %
Y	**791 466**	27,8 %
Z	**526 695**	18,5 %
Andere	96 798	3,4 %
Gesamt	**2 847 000**	100,0 %

4.15 **a)** Berechne zuerst, wie viel Prozent der Gesamtausgaben auf den Posten Autozubehör und Sonstiges – er betrug 760 € – entfielen!

36 % + 24 % + 17 % + 15 % = 92 %
100 % – 92 % = 8 %

8 % der Gesamtausgaben entfielen auf den Posten Autozubehör und Sonstiges.

8 % ≙ 760 €
1 % ≙ 760 € : 8 = 95 €
100 % ≙ 95 € · 100 = **9 500 €**

Die Gesamtausgaben betrugen **9 500 €**.

95 € · 24 = **2 280 €**

Für Betriebsmittel wurden **2 280 €** ausgegeben.

95 € · 17 = **1 615 €**

Für die Kfz-Versicherung wurden **1 615 €** ausgegeben.

b) Die (mittleren) Kosten pro gefahrenem Kilometer erhältst du, indem du die Gesamtkosten durch die Anzahl der gefahrenen Kilometer dividierst.

9 500 : 17 000 = 0,558… ≈ 0,56

0,56 € = 56 c

Die Kosten pro gefahrenem Kilometer betrugen rund **0,56 € = 56 c.**

Hinweise zu den Beispielen 4.16 – 4.20

Prozentangaben können z. B. mit Hilfe eines Prozentkreises oder mit Hilfe eines Prozentstreifens grafisch veranschaulicht werden.

Bei einem Prozentkreis wird der Grundwert (100 %) durch die volle Kreisfläche (360°) dargestellt. Die Prozentanteile werden durch entsprechende Kreissektorflächen dargestellt.

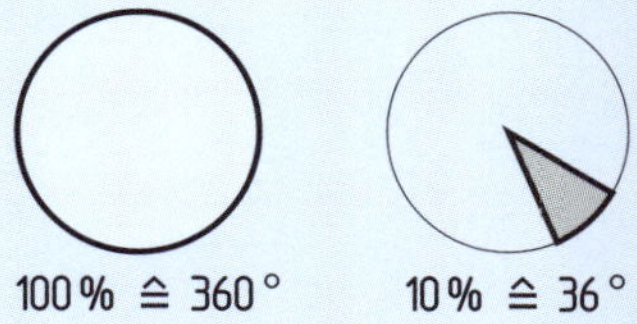

100 % ≙ volle Kreisfläche d. h. 360°
  1 % ≙ Kreissektorfläche mit dem Zentriwinkel $\frac{360°}{100}$ = 3,6°

Auf diese Weise bleibt die (Ein-)Teilung der Kreisfläche unabhängig von der Wahl des Radius.

Bei einem Prozentstreifen wird der Grundwert (100 %) durch die volle Streifenlänge l dargestellt. Die Prozentanteile werden durch entsprechende Streifenabschnitte dargestellt.

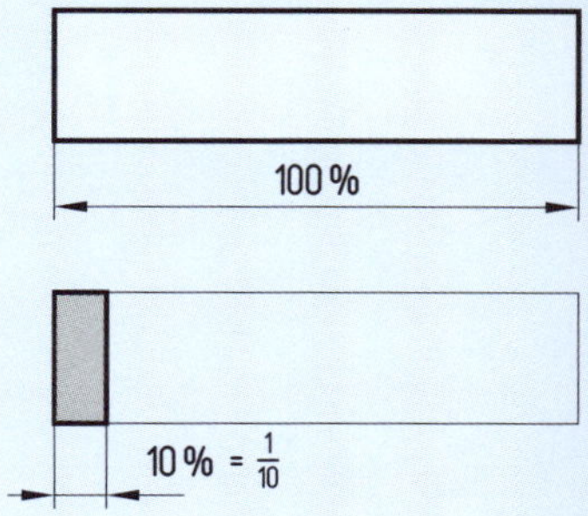

100 % ≙ volle Streifenlänge l
  1 % ≙ Streifenabschnitt mit der Länge $\frac{l}{100}$

4.16 Berechne zuerst die Größe des gesamten Grundbesitzes!

10 ha + 20 ha + 37,5 ha + 7,5 ha = 75 ha

Die Gesamtfläche beträgt 75 ha.

Führe die nachfolgenden Berechnungen in Form von Schlussrechnungen durch, um dir oftmaliges Dividieren zu ersparen!

Prozentsätze: Bei der Berechnung der Prozentsätze musst du geschickt runden. (Natürlich besteht auch die Möglichkeit, die Prozentsätze einzeln nach der Formel p % = $\frac{p}{100}$ = A : G zu berechnen.)

75 ha ≙ 100 %
  1 ha ≙ $\frac{100}{75}$ % = $\frac{4}{3}$ % = $1{,}\dot{3}$ %
10 ha ≙ $1{,}\dot{3}$ % · 10 = 1,333… % · 10 = 13,33… % ≈ **13,3 %**
20 ha ≙ $1{,}\dot{3}$ % · 20 = 1,333… % · 20 = 26,66… % ≈ **26,7 %**
37,5 ha ≙ **50 %**
7,5 ha ≙ **10 %**

(Zentri-)Winkel der einzelnen Kreissektoren:

75 ha ≙ 360°
  1 ha ≙ 360° : 75 = 4,8°
10 ha ≙ 4,8° · 10 = 48°
20 ha ≙ 4,8° · 20 = 96°
37,5 ha (die Hälfte von 75 ha) ≙ 360° : 2 = 180°
7,5 ha (ein Zehntel von 75 ha) ≙ 360° : 10 = 36°

Grundbesitz	Fläche	Prozentsatz	Winkel
Ackerland	10,0 ha	**13,3 %**	48°
Wiesen	20,0 ha	**26,7 %**	96°
Wald	37,5 ha	**50,0 %**	180°
Rest	7,5 ha	**10,0 %**	36°
Gesamt	75,0 ha	100,0 %	360°

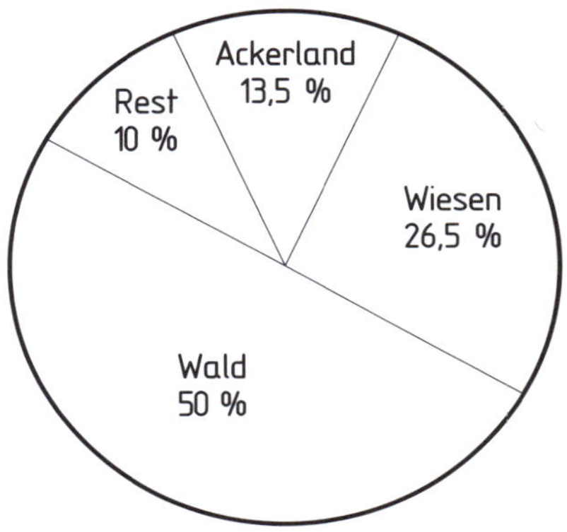

4.17 (Vergleiche mit dem Beispiel 4.16!)

Der Rest: 4 kg + 21 kg + 8,5 kg + 9 kg = 42,5 kg
50 kg – 42,5 kg = 7,5 kg

Der Rest hat eine Masse von 7,5 kg.

Prozentsätze:
50 kg ≙ 100 %
1 kg ≙ $\frac{100}{50}$ % = 2 %

4 kg ≙ 2 % · 4 = **8 %**
21 kg ≙ 2 % · 21 = **42 %**
8,5 kg ≙ 2 % · 8,5 = **17 %**
9 kg ≙ 2 % · 9 = **18 %**
7,5 kg ≙ 2 % · 7,5 = **15 %**

(Zentri-)Winkel der einzelnen Kreissektoren:
50 kg ≙ 360°
1 kg ≙ 360° : 50 = 7,2°
4 kg ≙ 7,2° · 4 = 28,8° ≈ 29°
21 kg ≙ 7,2° · 21 = 151,2° ≈ 151°
8,5 kg ≙ 7,2° · 8,5 = 61,2° ≈ 61°
9 kg ≙ 7,2° · 9 = 64,8° ≈ 65°
7,5 kg ≙ 7,2° · 7,5 = 54°

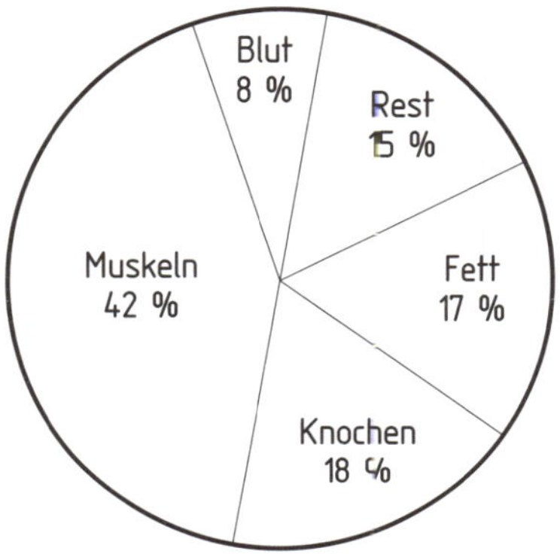

Bestandteil	Masse	Prozentsatz	Winkel
Blut	4,0 kg	**8 %**	29°
Fett	8,5 kg	**17 %**	61°
Knochen	9,0 kg	**18 %**	65°
Muskeln	21,0 kg	**42 %**	151°
Rest	7,5 kg	**15 %**	54°
Gesamt	50,0 kg	100 %	360°

4.18 Gesamtfläche:
30 Mio. km^2 + 10 Mio. km^2 + 42 Mio. km^2 + 17 Mio. km^2 +
+ 24 Mio. km^2 + 18 Mio. km^2 + 9 Mio. km^2 = 150 Mio. km^2

Die Gesamtfläche beträgt 150 Mio. km^2.

Prozentsätze:
150 Mio. km^2 ≙ 100 %
1 Mio. km^2 ≙ $\frac{100}{150}$ % = $\frac{2}{3}$ % = $0{,}\dot{6}$ %
30 Mio. km^2 ≙ $\frac{2}{3}$ % · 30 = **20 %**
10 Mio. km^2 ≙ $\frac{2}{3}$ % · 10 = $\frac{20}{3}$ % = $6{,}\dot{6}$ % ≈ **7 %**
42 Mio. km^2 ≙ $\frac{2}{3}$ % · 42 = **28 %**
17 Mio. km^2 ≙ $\frac{2}{3}$ % · 17 = $\frac{34}{3}$ % = $11{,}\dot{3}$ % ≈ **11 %**
24 Mio. km^2 ≙ $\frac{2}{3}$ % · 24 = **16 %**
18 Mio. km^2 ≙ $\frac{2}{3}$ % · 18 = **12 %**
9 Mio. km^2 ≙ $\frac{2}{3}$ % · 9 = **6 %**

Länge der Streifenabschnitte:

150 Mio. km^2 ≙ 15 cm = 150 mm
1 Mio. km^2 ≙ 1 mm

Die einzelnen Streifenabschnitte sind genauso viele Millimeter lang wie die Flächengröße in Millionen Quadratkilometer angibt.

Landfläche	Fläche	Prozentsatz	Streifenlänge
Australien	9 Mio. km²	**6 %**	9 mm
Europa	10 Mio. km²	**7 %**	10 mm
Arktis + Antarktis	17 Mio. km²	**11 %**	17 mm
Süd-Amerika	18 Mio. km²	**12 %**	18 mm
Nord-Amerika	24 Mio. km²	**16 %**	24 mm
Afrika	30 Mio. km²	**20 %**	30 mm
Asien	42 Mio. km²	**28 %**	42 mm
Gesamt	150 Mio. km²	100 %	150 mm

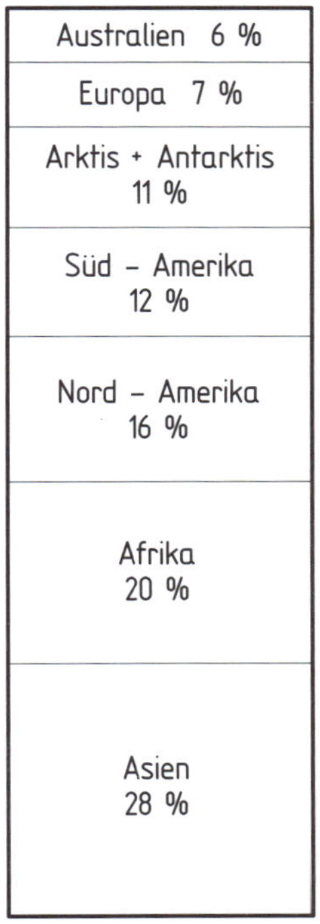

4.19 (Vergleiche mit dem Beispiel 4.18!)

a) Gesamtfläche:
106 Mio. km² + 180 Mio. km² + 75 Mio. km² = 361 Mio. km²
Die Gesamtfläche beträgt 361 Mio. km².

Prozentsätze:
361 Mio. km² ≙ 100 %
1 Mio. km² ≙ $\frac{100}{361}$ % = 0,277... %

Mit dieser Dezimalzahl weiterzurechnen wäre sehr mühsam. Sie zu runden würde unter Umständen zu großen Fehlern führen. Daher ist es in diesem Fall das Beste, die Prozentsätze jeweils durch Division zu ermitteln.

106 Mio. km² ≙ $\frac{106}{361}$ · 100 % = (106 : 361) · 100 % =
= 0,293... · 100 % ≈ **29 %**

180 Mio. km² ≙ $\frac{180}{361}$ · 100 % = (180 : 361) · 100 % =
= 0,498... · 100 % ≈ **50 %**

75 Mio. km² ≙ $\frac{75}{361}$ · 100 % = (75 : 361) · 100 % =
= 0,207... · 100 % ≈ **21 %**

Länge der Streifenabschnitte:
Die gesamte Streifenlänge soll 10 cm = 100 mm betragen.
100 mm ≙ 100 %. Daher sind die einzelnen Streifenabschnitte genauso viel Millimeter lang wie der jeweilige Prozentsatz angibt.

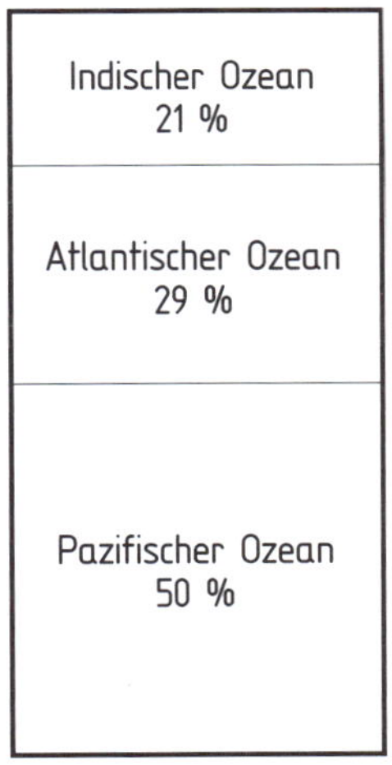

Meer	Fläche	Prozentsatz	Streifenlänge
Indischer Ozean	75 Mio. km²	**21 %**	21 mm
Atlantischer Ozean	106 Mio. km²	**29 %**	29 mm
Pazifischer Ozean	180 Mio. km²	**50 %**	50 mm
Gesamt	361 Mio. km²	100 %	100 mm

b) 2,5 Mio. km² ≙ $\frac{2,5}{361}$ · 100 % = (2,5 : 361) · 100 % =
= 0,006 9... % · 100 % ≈ **0,7 %**

Das Mittelmeer hat an der Gesamtfläche der Weltmeere einen Anteil von rund **0,7 %**.

5 Statistik

Absolute Häufigkeit:
Zahl die angibt, wie oft ein Wert vorkommt.

relative Häufigkeit:
Zahl (zwischen 0 und 1), die den Anteil an der Gesamtheit (= 1) bezeichnet.
relat. Häufigkeit = $\frac{\text{abs. Häufigkeit}}{\text{Gesamtanzahl}}$

Prozentuelle Häufigkeit:
relative Häufigkeit, ausgedrückt in Prozenten.

5.1 a)

„Gewichts-" klasse	„Gewicht" m Zahlenwert in kg	abs.	relat. Häufigkeit	proz.
K_1	$m \leqslant 25{,}0$	**1**	$\frac{1}{20} = 0{,}05$	**5 %**
K_2	$25{,}1 \leqslant m \leqslant 35{,}0$	**4**	$\frac{4}{20} = 0{,}20$	**20 %**
K_3	$35{,}1 \leqslant m \leqslant 45{,}0$	**8**	$\frac{8}{20} = 0{,}40$	**40 %**
K_4	$45{,}1 \leqslant m \leqslant 55{,}0$	**5**	$\frac{5}{20} = 0{,}25$	**25 %**
K_5	$55{,}1 \leqslant m$	**2**	$\frac{2}{20} = 0{,}10$	**10 %**
Gesamt		20	$\frac{20}{20} = 1{,}00$	100 %

b)

10% ≙ 2 cm
5% ≙ 1 cm
20% ≙ 4 cm
40% ≙ 8 cm
25% ≙ 5 cm

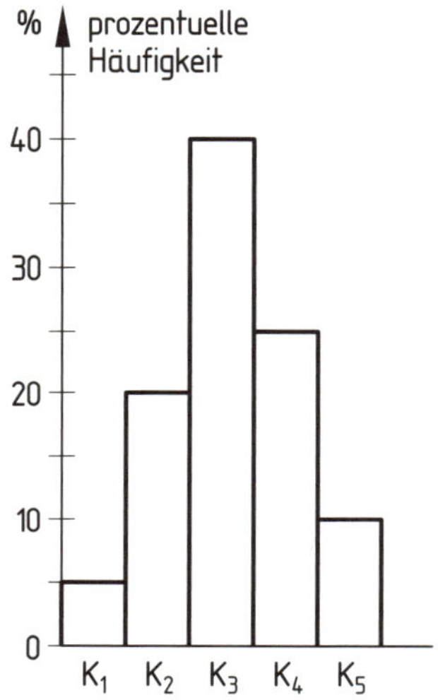

5.2 (Vergleiche mit dem Beispiel 5.1!)

a)

Größen klasse	Größe G Zahlenwerte in cm	abs.	relat. Häufigkeit	proz.
K_1	$G \leqslant 135$	**1**	$\frac{1}{20} = 0{,}05$	**5 %**
K_2	$136 \leqslant G \leqslant 145$	**4**	$\frac{4}{20} = 0{,}20$	**20 %**
K_3	$146 \leqslant G \leqslant 155$	**7**	$\frac{7}{20} = 0{,}35$	**35 %**
K_4	$156 \leqslant G \leqslant 165$	**5**	$\frac{5}{20} = 0{,}25$	**25 %**
K_5	$166 \leqslant G$	**3**	$\frac{3}{20} = 0{,}15$	**15 %**
Gesamt		20	$\frac{20}{20} = 1{,}00$	100 %

b)

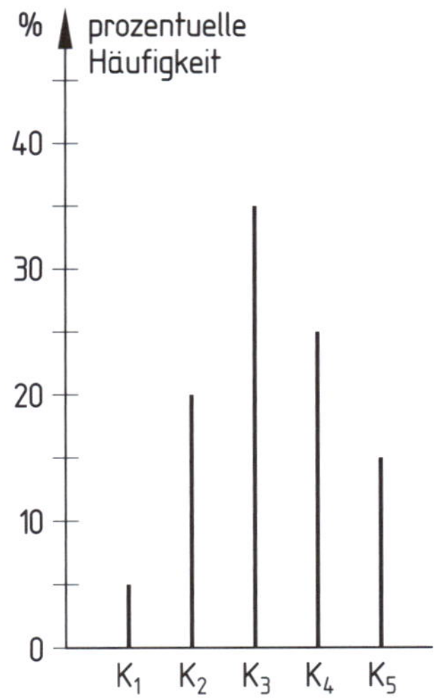

10% ≙ 2 cm
5% ≙ 1 cm
20% ≙ 4 cm
35% ≙ 7 cm
25% ≙ 5 cm
15% ≙ 3 cm

5.3 **a)**

Beurteilungs-stufen	Punkteanzahl P	abs.	relat. Häufigkeit	proz.
Sehr gut	23 ⩽ P ⩽ 24	**2**	$\frac{2}{20}$ **= 0,10**	**10 %**
Gut	20 ⩽ P ⩽ 22	**3**	$\frac{3}{20}$ **= 0,15**	**15 %**
Befriedigend	16 ⩽ P ⩽ 19	**5**	$\frac{5}{20}$ **= 0,25**	**25 %**
Genügend	12 ⩽ P ⩽ 15	**6**	$\frac{6}{20}$ **= 0,30**	**30 %**
Nicht genügend	0 ⩽ P ⩽ 11	**4**	$\frac{4}{20}$ **= 0,20**	**20 %**
Gesamt		20	$\frac{20}{20}$ = 1,00	100 %

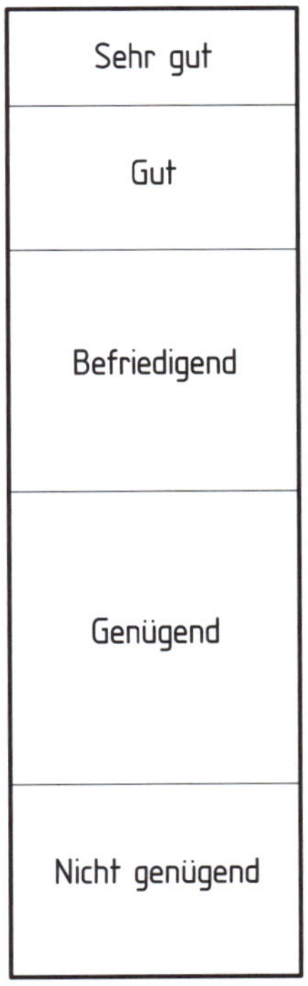

b) Länge des Prozentstreifens: 15 cm = 150 mm
Streifenlänge für die einzelnen Beurteilungsstufen:
100 % ≙ 150 mm
1 % ≙ 1,5 mm

Sehr gut: 10 % ≙ 15 mm
Gut: 15 % ≙ 22,5 mm
Befriedigend: 25 % ≙ 37,5 mm
Genügend: 30 % ≙ 45 mm
Nicht genügend: 20 % ≙ 30 mm

Beachte: Wenn du eine Strecke zeichnen sollst, deren Länge auf einen halben Millimeter genau gegeben ist, dann kannst du diesen halben Millimeter auf der Maßeinteilung (Skala) deines Lineals nur mehr schätzen.

5.4 a) Rechne die Grenzwerte der Leistungsklassen in Ankunftszeiten um und stelle dann die absoluten Häufigkeiten fest!

Leistungsklasse	Laufzeit t	Ankunftszeit T	abs. Häufigkeit	relat. Häufigkeit	proz. Häufigkeit
K_1	40 min ≤ t ≤ 49 min	$14^{30} \leq T \leq 14^{39}$	**2**	$\frac{2}{30}$	**7 %**
K_2	50 min ≤ t ≤ 59 min	$14^{40} \leq T \leq 14^{49}$	**5**	$\frac{5}{30}$	**17 %**
K_3	1 h ≤ t ≤ 1 h 9 min	$14^{50} \leq T \leq 14^{59}$	**9**	$\frac{9}{30}$	**30 %**
K_4	1 h 10 min ≤ t ≤ 1 h 19 min	$15^{00} \leq T \leq 15^{09}$	**14**	$\frac{14}{30}$	**47 %**
Gesamt			30	$\frac{30}{30} = 1$	101 %

$\frac{2}{30} = 0{,}0\dot{6} \approx 0{,}07$

$\frac{5}{30} = 0{,}1\dot{6} \approx 0{,}17$

$\frac{9}{30} = 0{,}30$

$\frac{14}{30} = 0{,}4\dot{6} \approx 0{,}47$

Beachte: Wegen des Rundens ist die Summe der prozentuellen Häufigkeiten etwas größer als 100 %.

b) (Vergleiche mit den Beispielen 4.16 und 4.17!)
(Zentri-)Winkel der einzelnen Kreissektoren im Prozentkreis:
30 Teilnehmer ≙ 360°
1 Teilnehmer ≙ 360° : 30 = 12°

K_1: 2 Teilnehmer ≙ 24° K_2: 5 Teilnehmer ≙ 60°
K_3: 9 Teilnehmer ≙ 108° K_4: 14 Teilnehmer ≙ 168°

12° · 2 = 24°
12° · 5 = 60°
12° · 9 = 108°
12° · 14 = 168°

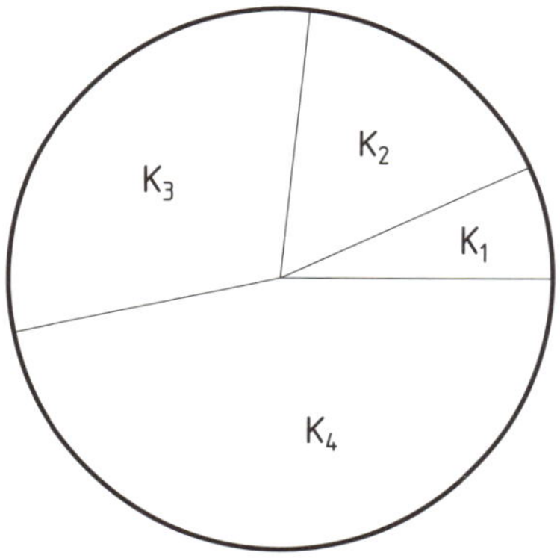

5.5 (Vergleiche mit dem Beispiel 5.4!)

a) Rechne die Grenzwerte der Altersklassen in Geburtsjahre um und stelle dann die absoluten Häufigkeiten fest!

Altersklasse	Alter a	Geburtsjahr A	abs. Häufigkeit	relat. Häufigkeit	proz. Häufigkeit
K_1	18 ≤ a ≤ 27	1974 ≤ A ≤ 1983	**12**	$\frac{12}{32}$	**38 %**
K_2	28 ≤ a ≤ 37	1964 ≤ A ≤ 1973	**14**	$\frac{14}{32}$	**44 %**
K_3	38 ≤ a ≤ 47	1954 ≤ A ≤ 1963	**4**	$\frac{4}{32}$	**13 %**
K_4	48 ≤ a ≤ 57	1944 ≤ A ≤ 1953	**2**	$\frac{2}{32}$	**6 %**
Gesamt			32	$\frac{32}{32}$	101 %

$\frac{12}{32} = 0{,}375 \approx 0{,}38$

$\frac{14}{32} = 0{,}4375 \approx 0{,}44$

$\frac{4}{32} = 0{,}125 \approx 0{,}13$

$\frac{2}{32} = 0{,}0625 \approx 0{,}06$

Beachte: Wegen des Rundens ist die Summe der prozentuellen Häufigkeiten etwas größer als 100 %.

b) (Zentri-)Winkel der einzelnen Kreissektoren im Prozentkreis:
32 Befragte ≙ 360°
1 Befragter ≙ 360° : 32 = 11,25°

K_1: 12 Befragte ≙ 135° — 11,25° · 12 = 135°
K_2: 14 Befragte ≙ 157,5° — 11,25° · 14 = 157,5°
K_3: 4 Befragte ≙ 45° — 11,25° · 4 = 45°
K_4: 2 Befragte ≙ 22,5° — 11,25° · 2 = 22,5°

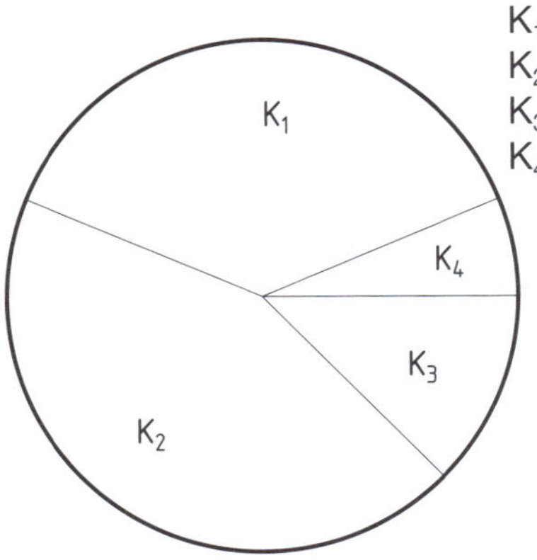

6 Schlussrechnungen
(Direkte und indirekte Proportionalität)

6.1 **a)** (In) 12,5 min . . . . 2 000 l
(In) 1 min . . . . 2 000 l : 12,5 = 160 l
(In) 1 h = 60 min . . . . . . 160 l · 60 = 9 600 l
(In) 5 h . . . . 9 600 l · 5 = **48 000 l**
In 5 Stunden können **48 000 Liter** Wasser durch die Röhre fließen.

b) 15,2 m³ = 15 200 l — 1 m³ = 1 000 l
(Für) 2 000 l . . . . 12,5 min
(Für) 100 l . . . . 12,5 min : 20 = 0,625 min
(Für) 15 200 l . . . . 0,625 min · 152 = 95 min = **1 h 35 min** — 60 min = 1 h
Das Füllen des Behälters dauert **1 h 35 min**.

6.2 **a)** Nach 272 km Fahrt sind noch 40 l im Tank.
D. h.: Es wurden 74 l – 40 l = 34 l Treibstoff verbraucht.
(Für) 272 km . . . . 34 l
(Für) 1 km . . . . 34 l : 272 = 0,125 l
(Für) 100 km . . . . **12,5 l**
Der (mittlere) Treibstoffverbrauch auf 100 km beträgt **12,5 l**.

b) Es sind noch 40 l im Tank.
(Mit) 12,5 l . . . . 100 km
(Mit) 1 l . . . . 100 km : 12,5 = 8 km
(Mit) 40 l . . . . 8 km · 40 = **320 km**
Es kann voraussichtlich noch **320 km** weit gefahren werden.

1 l = 1 dm³
1 dm³ = 0,001 m³

c) 74 l = 74 dm³
Die Dichte des Treibstoffs ϱ = 750 kg/m³ = 0,75 kg/dm³.
Das bedeutet, dass 1 dm³ Treibstoff eine Masse von 0,75 kg hat.

1 dm³ . . . . 0,75 kg
74 dm³ . . . . 0,75 kg · 74 = **55,5 kg**

74 l Treibstoff haben eine Masse von **55,5 kg**.

Geschwindigkeit:
Maß für den in einer bestimmten Zeit zurückgelegten Weg.
Einheit für die Geschwindigkeit:
1 Meter pro Sekunde … 1 m/s
1 Kilometer pro Stunde … 1 km/h

Mathematisch formulierter Zusammenhang zwischen Weg (s), Zeit (t) und Geschwindigkeit (v):
$v = \frac{s}{t}$, $s = v \cdot t$ oder $t = \frac{s}{v}$

6.3 Die Geschwindigkeit gibt die Länge jener Strecke an, die in einer bestimmten Zeit zurückgelegt wird. Als Einheiten für die Geschwindigkeit verwendet man (z. B.) Meter pro Sekunde (m/s) oder Kilometer pro Stunde (km/h).

a) 1 h 20 min = 80 min

(In) 80 min . . . . 100 km
(In) 10 min . . . . 100 km : 8 = 12,5 km
(In) 60 min . . . . 12,5 km · 6 = **75 km**

Die (mittlere) Geschwindigkeit des Fahrzeugs beträgt **75 km/h**.

b) 3,5 km = 3 500 m

(Für) 4 m . . . . 1 s
(Für) 1 m . . . . 1 s : 4 = 0,25 s
(Für) 3 500 m . . . . 0,25 s · 3 500 = 875 s
875 : 60 = 14   35 Rest
875 s = **14 min 35 s**

Der Tropfen braucht **14 min 35 s**, um zum Erdboden zu gelangen.

Variante: Der Regentropfen legt eine Strecke von 4 m Länge in einer Sekunde zurück. Er legt dann die 3 500 m lange Strecke in so vielen Sekunden zurück, wie 4 (m) in 3 500 (m) enthalten ist (sind).

3 500 : 4 = 875
875 s = **14 min 35 s**

Nährungsweise gilt:
(Geschwindigkeit in m/s) · 4 = = (Geschwindigkeit in km/h)
(Geschwindigkeit in km/h) : 4 = = (Geschwindigkeit in m/s)

c) 1) Für die Umrechnung der Maßeinheit m/s in km/h gilt:

$$1\text{ m/s} = \frac{1\text{ m}}{1\text{ s}} = \frac{3\,600\text{ m}}{3\,600\text{ s}} = \frac{3{,}6\text{ km}}{1\text{ h}} = 3{,}6\text{ km/h } (\approx 4\text{ km/h})$$

$343 \cdot 3{,}6 = 1\,234{,}8 \approx 1\,235$

$v_{Schall} = 343\text{ m/s} \approx 1\,235\text{ km/h}$

2) Das Schallsignal legt die doppelte Entfernung, die der Rufende von der Felswand hat, in 2,5 Sekunden zurück.

(In) 1 s . . . . 343 m
(In) 2,5 s . . . . 343 m · 2,5 = 857,5 m
857,5 m : 2 = 428,75 m ≈ **430 m**

Der Rufende ist rund **430 m** von der Felswand entfernt.

6.4 (Vergleiche mit dem Beispiel 6.3!)

a) 1) 300 000 km = 300 000 000 m = 300 Mio. m

c = 300 000 000 m/s = 300 Mio. m/s

2) (In) 1 s . . . . 300 000 km

(In) 1 h = 3 600 s . . . . . . 300 000 km · 3 600 =

= 1 080 000 000 km = 1,08 Mrd. km

c = 1 080 000 000 km/h = 1,08 Mrd. km/s

b) 1) (Für) 300 000 km . . . . . . 1 s

(Für) 10 000 km . . . . . . 1 s : 30 = $\frac{1}{30}$ s

(Für) 40 000 km . . . . . . $\frac{1}{30}$ s · 4 = $\frac{4}{30}$ s = 4 s : 30 =

= 0,1$\dot{3}$ s = 0,133… s ≈ **0,13 s**

Das Lichtsignal würde rund **0,13 s** brauchen.

2) Das Licht legt in 1 Sekunde (rund) 300 000 km zurück. Es kann in 1 Sekunde eine 40 000 km lange Strecke so oft zurücklegen, wie 40 000 (km) in 300 000 (km) enthalten ist (sind).

300 000 : 40 000 = **7,5**

Das Lichtsignal könnte **7$\frac{1}{2}$-mal** um den Erdball laufen.

1 km = 1 000 m

1 h = 3 600 s

Für die Geschwindigkeit wählt man meist das Symbol v. Für die Lichtgeschwindigkeit jedoch wird meist das Symbol c verwendet.

Eine Division x : y bedeutet nicht nur „x in y gleich große Teile teilen", sondern auch: „Wie oft ist y in x enthalten?"

6.5 (Vergleiche mit den Beispielen 6.3 und 6.4!)

a) 1 min 30 s = 1,5 min

(In) 1,5 min . . . . 3 km

(In) 1 min . . . . 3 km : 1,5 = 2 km

(In) 1 h = 60 min . . . . . . 2 km · 60 = 120 km

Die (mittlere) Geschwindigkeit des Fahrzeugs beträgt **120 km/h**.

b) (Für) 48 km . . . . 1 h = 60 min

(Für) 1 km . . . . 60 min : 48 = 1,25 min

(Für) 80 km . . . . 1,25 min · 80 = 100 min = **1 h 40 min**

Die Fahrtdauer des Zuges beträgt **1 h 40 min**.

c) 1) (In) 1 s . . . . 1,5 mm

(In) 10 min = 600 s . . . . 1,5 mm · 600 = 900 mm =

= **90 cm = 0,9 m**

Die Schnecke legt in 10 min **90 cm = 0,9 m** zurück.

2) (Für) 1,5 mm . . . . 1 s

(Für) 1 mm . . . . 1 s : 1,5 = 1 s : $\frac{3}{2}$ = $\frac{2}{3}$ s

(Für) 1 m = 1 000 mm . . $\frac{2}{3}$ s · 1 000 = $\frac{2\,000}{3}$ s = 666,$\dot{6}$ s =

= 11 min 6,$\dot{6}$ s ≈ 11 min

Die Schnecke braucht für eine 1 m lange Strecke rund **11 min**.

Geschwindigkeit:
Maß für den in einer bestimmten Zeit zurückgelegten Weg.

Einheiten für die Geschwindigkeit:

1 Meter pro Sekunde … 1 m/s

1 Kilometer pro Stunde … 1 km/h

Mathematisch formulierter Zusammenhang zwischen Weg (s), Zeit (t) und Geschwindigkeit (v):
$v = \frac{s}{t}$, $s = v \cdot t$ oder $t = \frac{s}{v}$

1 min = 60 s
10 min = 600 s

1 m = 1 000 mm

60 s = 1 min
666,$\dot{6}$ s = 660 s + 6,$\dot{6}$ s
660 s = 11 min

Um den Rechenaufwand in vernünftigen Grenzen zu halten, sei es erlaubt, mit dem gerundeten Wert (6,97… m ≈ 7 m) weiterzurechnen.

6.6 (Vergleiche mit den Beispielen 6.3 – 6.5!)

a) (In) 8,6 s . . . . 60 m

(In) 1 s . . . . 60 m : 8,6 = 6,97… m ≈ 7 m

(In) 1 h = 3 600 s . . . . . . 7 m · 3 600 = 25 200 m ≈ ≈ 25 000 m = 25 km

Marias (mittlere) Geschwindigkeit betrug rund **7 m/s ≈ 25 km/h**.

b) (Für) 90 km . . . . 1 h = 60 min = 3 600 s

(Für) 1 km = 1 000 m . . 3 600 s : 90 = 40 s

(Für) 1 m . . . . 40 s : 1 000 = 0,040 s

(Für) 11 m . . . . 0,04 · 11 = 0,44 s ≈ **0,4 s**

Es dauert rund **0,4 s** bis der Ball die Torlinie erreicht.

c) (In) 1 h = 3 600 s . . . . . . 2 850 km

(In) 1 s . . . . 2 850 km : 3 600 = 0,79… km

(In) 0,1 s . . . . 0,79… km : 10 = 0,079… km ≈ ≈ 0,080 km = **80 m**

Das Geschoss legt in einer Zehntelsekunde rund **80 m** zurück.

Bei sogenannten Bewegungsaufgaben kann es sehr nützlich sein, das Problem durch eine geometrische Darstellung, die nicht maßstabsgetreu sein muss, zu veranschaulichen.

Zurückgelegter Weg = = (Weg pro Stunde) mal (Anzahl der Stunden)

Mathematisch formulierter Zusammenhang zwischen Weg (s), Zeit (t) und Geschwindigkeit (v): $v = \frac{s}{t}$, $s = v \cdot t$ oder $t = \frac{s}{v}$

6.7 **a)** Geometrische Veranschaulichung (nicht unbedingt erforderlich):

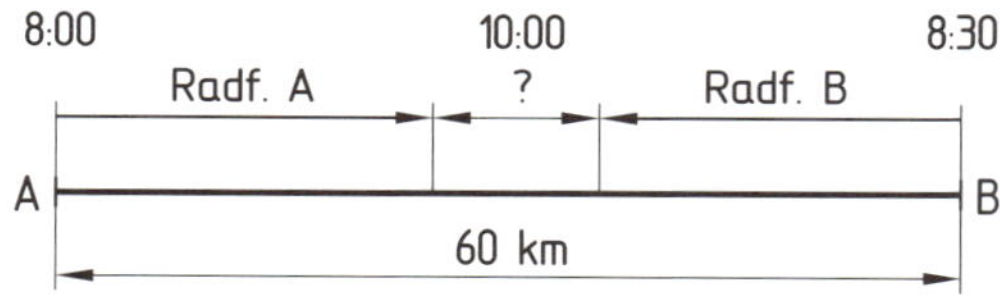

Radfahrer A:	12,5 km/h	Radfahrer B:	16 km/h
Fahrzeit:	2 h	Fahrzeit:	1,5 h
Weg:	$s = v \cdot t$	Weg:	$s = v \cdot t$
	$12{,}5 \cdot 2 = 25$		$16 \cdot 1{,}5 = 24$

Vom Radfahrer A zurückgelegter Weg: 25 km
Vom Radfahrer B zurückgelegter Weg: 24 km
Entfernung der beiden Radfahrer von einander:
60 km – 25 km – 24 km = 60 km – 49 km = **11 km**

Die beiden Radfahrer sind **11 km** voneinander entfernt.

b) Berechne zuerst, wie lang der 16 km/h schnelle Radfahrer für die 60 km lange Strecke braucht!

(Für) 16 km . . . . 60 min

(Für) 1 km . . . . 60 min : 16 = 3,75 min

(Für) 60 km . . . . 3,75 min · 60 = 225 min = 3 h 45 min

1 h = 60 min
3 h = 180 min
225 min = 180 min + 45 min = = 3 h 45 min

Variante:
Zeit: $t = s : v$ 60 : 16 = 3,75

$3{,}75 \text{ h} = 3\frac{3}{4} \text{ h} = 3 \text{ h } 45 \text{ min}$

8 h 30 min + 3 h 45 min = 11 h 75 min = 12 h 15 min

Der Radfahrer erreicht den Ort A um **12:15 Uhr**.

6.8 (Vergleiche mit dem Beispiel 6.7!)

a) Geometrische Veranschaulichung (nicht unbedingt erforderlich):

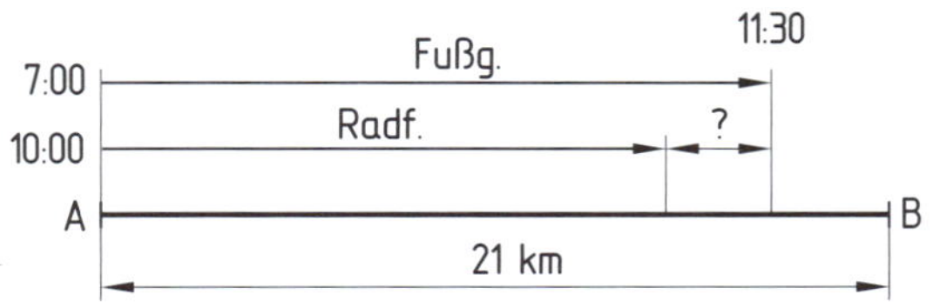

Fußgänger:	4 km/h	Radfahrer:	10 km/h
Gehzeit:	4,5 h	Fahrzeit:	1,5 h
Weg:	$s = v \cdot t$	Weg:	$s = v \cdot t$
	$4 \cdot 4{,}5 = 18$		$10 \cdot 1{,}5 = 15$

Vom Fußgänger zurückgelegter Weg: 18 km
Vom Radfahrer zurückgelegter Weg: 15 km
Entfernung des Radfahrers vom Fußgänger:
18 km – 15 km = **3 km**

Der Radfahrer befindet sich **3 km** hinter dem Fußgänger.

Mathematisch formulierter Zusammenhang zwischen Weg (s), Zeit (t) und Geschwindigkeit (v):
$v = \frac{s}{t}$, $s = v \cdot t$ oder $t = \frac{s}{v}$

b) Berechne zuerst, wie lange der 4 km/h schnelle Fußgänger für die 21 km lange Strecke braucht!

(Für) 4 km . . . . 60 min
(Für) 1 km . . . . 60 min : 4 = 15 min
(Für) 21 km . . . . 15 min · 21 = 315 min = 5 h 15 min

Variante:
Zeit: $t = s : v$ — $21 : 4 = 5{,}25$
$5{,}25 \text{ h} = 5\frac{1}{4} \text{ h} = 5 \text{ h } 15 \text{ min}$

7 h + 5 h 15 min = 12 h 15 min

Der Fußgänger kommt um **12:15 Uhr** im Ort B an.

1 h = 60 min
5 h = 300 min
315 min = 300 min + 15 min =
= 5 h 15 min

6.9 **a)** 4 Bagger . . . . 420 h
5 Bagger . . . . x h

4 Bagger . . . . 420 h
1 Bagger . . . . 420 h · 4

Begründung: Mit weniger Maschinen braucht man für dieselbe Arbeit mehr Zeit.

5 Bagger . . . . (420 h · 4) : 5 = **336 h**

Begründung: Mit mehr Maschinen braucht man für dieselbe Arbeit weniger Zeit.

Mit 5 Baggern braucht man **336 h**.

Bei gegebenem Arbeitsvolumen sind die Anzahl der Maschinen und die Anzahl der Stunden, die diese Maschinen im Einsatz stehen, indirekt proportional; sie stehen in indirektem Verhältnis.

$(420 \cdot 4) : 5 = (420 : 5) \cdot 4 =$
$= 84 \cdot 4 = 336$

b) 420 h . . . . 4 Bagger
280 h . . . . x Bagger

420 h . . . . 4 Bagger
10 h . . . . 4 Bagger · 42

Begründung: Um dieselbe Arbeit in weniger Zeit durchzuführen, muss man mehr Maschinen einsetzen.

Fortsetzung auf der nächsten Seite

(4 · 42) : 28 = (1 · 42) : 7 = = 42 : 7 = 6

280 h .... (4 Bagger · 42) : 28 = **6 Bagger**

Begründung: Hat man für dieselbe Arbeit mehr Zeit zur Verfügung, so werden nicht so viele Maschinen benötigt.

Es müssen **6 Bagger** eingesetzt werden.

6.10 **a)** 34 km/h .... 18 min

54 km/h .... x min

---

34 km/h .... 18 min

1 km/h .... 18 min · 34

Bei gegebener Streckenlänge sind Geschwindigkeit und Zeit indirekt proportional; sie stehen in indirektem Verhältnis.

Begründung: Wird die gegebene (Tunnel-)Strecke mit geringerer Geschwindigkeit durchfahren, so dauert das Durchfahren länger.

54 km/h .... (18 min · 34) : 54 = (1 min · 34) : 3 =

= 34 min : 3 = $11\frac{1}{3}$ min = **11 min 20 s**

Begründung: Wird die gegebene Strecke mit höherer Geschwindigkeit durchfahren, so dauert das Durchfahren weniger lang.

Der Zug braucht **11 min 20 s**.

b) 18 min .... 34 km/h

20 min .... x km/h

---

18 min .... 34 km/h

2 min .... 34 km/h · 9

Begründung: Soll die gegebene Strecke in weniger Zeit durchfahren werden, so muss dies mit höherer Geschwindigkeit geschehen.

(34 · 9) : 10 = 306 : 10 = 30,6

20 min .... (34 km/h · 9) : 10 = **30,6 km/h**

Begründung: Steht für das Durchfahren der Strecke mehr Zeit zur Verfügung, so kann die Geschwindigkeit niedriger gewählt werden.

Der Zug muss mit **30,6 km/h** unterwegs sein.

6.11 **a)** 24 Arbeiter .... 29 Tage

An den ersten 8 Tagen wird „normal" gearbeitet. Zu diesem Zeitpunkt müssten die 24 Arbeiter noch weitere 21 Tage arbeiten.

24 Arbeiter .... 21 Tage

Doch ab dem 9. Tag stehen 4 Arbeiter mehr, also insgesamt 28 Arbeiter im Einsatz.

24 Arbeiter .... 21 Tage

28 Arbeiter .... x Tage

---

24 Arbeiter .... 21 Tage

4 Arbeiter .... 21 Tage · 6

Bei gegebenem Arbeitsvolumen sind die Anzahl der Arbeiter und die Anzahl der Arbeitstage indirekt proportional; sie stehen in indirektem Verhältnis.

Begründung: Weniger Arbeiter brauchen für dieselbe Arbeit mehr Zeit.

(21 · 6) : 7 = 3 · 6 = 18

28 Arbeiter .... (21 Tage · 6) : 7 = 18 Tage

Begründung: Mehr Arbeiter brauchen für dieselbe Arbeit weniger Zeit.

Die 28 Arbeiter brauchen für die Fertigstellung der Arbeit noch 18 Tage. Sie sind demnach 21 Tage – 18 Tage = **3 Tage** früher mit der Arbeit fertig.

Die Bauzeit wird um **3 Tage** verkürzt.

b) 24 Arbeiter .... 29 Tage

An den ersten 6 Tagen wird „normal" gearbeitet. Zu diesem Zeitpunkt müssten die 24 Arbeiter noch 23 Tage arbeiten.

24 Arbeiter .... 23 Tage

Doch ab dem 7. Tag steht ein Arbeiter weniger im Einsatz. Also stehen jetzt insgesamt 23 Arbeiter im Einsatz.

24 Arbeiter .... 23 Tage
23 Arbeiter .... x Tage

---

24 Arbeiter .... 23 Tage
1 Arbeiter .... 23 Tage · 24
23 Arbeiter .... (23 Tage · 24) : 23 = 24 Tage

Die 23 Arbeiter brauchen für die Fertigstellung der Arbeit noch 24 Tage. Sie sind demnach 24 Tage – 23 Tage = **1 Tag** später mit der Arbeit fertig.
Der Bauabschluss verzögert sich um **einen Tag**.

6.12 **a)** Der Radfahrer ist 12 Tage unterwegs und legt jeden Tag 65 km zurück.

65 km · 12 = **780 km**

Die Radwanderung erstreckt sich über **780 km**.

b) Wenn sich der Radfahrer 1 Tag länger Zeit lässt, dann braucht er für seine Reise 12 Tage + 1 Tag = 13 Tage.
Er muss dann jeden Tag $\frac{1}{13}$ der Gesamtstrecke zurücklegen.

780 km : 13 = **60 km**

Der Radfahrer muss im Mittel pro Tag **60 km** zurücklegen.

Bei gegebener Streckenlänge sind Geschwindigkeit und Zeit indirekt proportional; sie stehen in indirektem Verhältnis.

c) 65 km/Tag .... 12 Tage
75 km/Tag .... x Tage

---

65 km/Tag .... 12 Tage
1 km/Tag .... 12 Tage · 65

Begründung: Legt der Radfahrer pro Tag weniger Kilometer zurück, so braucht er für seine Reise mehr Tage.

75 km/Tag .... (12 Tage · 65) : 75 =
= 10,4 Tage ≈ 10,5 Tage = **$10\frac{1}{2}$ Tage**

(12 · 65) : 75 = (12 · 13) : 15 =
= (4 · 13) : 5 = (4 : 5) · 13 =
= 0,8 · 13 = 10,4

Begründung: Legt der Radfahrer pro Tag mehr Kilometer zurück, so braucht er für seine Reise weniger Tage.
Variante: Legt der Radfahrer pro Tag 75 km zurück, so braucht er für eine 780 km lange Strecke so viele Tage, wie 75 (km) in 780 (km) enthalten ist (sind).

780 : 75 = 10,4 ≈ 10,5

Eine Division x : y bedeutet nicht nur „x in y gleich große Teile teilen", sondern auch: „Wie oft ist y in x enthalten?"

Der Radfahrer braucht rund **$10\frac{1}{2}$ Tage**.

6.13 **a)** 140 kg/Tag . . . . 35 Tage

An den ersten 15 Tagen wird „normal“ geheizt. Am Ende des 15. Tages würde der Vorrat (bei gleich bleibendem Verbrauch) für weitere 20 Tage reichen.

140 kg/Tag . . . . 20 Tage

Doch vom 16. Tag an liegt der tägliche Verbrauch um 20 kg höher. Er liegt sodann bei 160 kg/Tag.

140 kg/Tag . . . . 20 Tage
160 kg/Tag . . . . x Tage

140 kg/Tag . . . . 20 Tage
10 kg/Tag . . . . 20 Tage · 14

Begründung: Bei einem geringeren Tagesverbrauch reicht der Vorrat länger.

Bei einem bestimmten (begrenzten) Vorrat sind der tägliche Verbrauch und die Anzahl der Tage indirekt proportional; sie stehen in indirektem Verhältnis.

160 kg/Tag . . . . (20 Tage · 14) : 16 = = 17,5 Tage = $17\frac{1}{2}$ Tage

(20 · 14) : 16 = (5 · 14) : 4 = = (5 · 7) : 2 = 35 : 2 = 17,5

Begründung: Bei einem höheren Tagesverbrauch reicht der Vorrat weniger lang.

Bei einem täglichen Verbrauch von 160 kg reicht der Vorrat nur für $17\frac{1}{2}$ Tage. Er ist also 20 Tage – $17\frac{1}{2}$ Tage = **$2\frac{1}{2}$ Tage** früher aufgebraucht.

Der Vorrat ist **$2\frac{1}{2}$ Tage** früher aufgebraucht.

b) Der Vorrat muss für 35 Tage + 14 Tage = 49 Tage reichen.

35 Tage . . . . 140 kg/Tag
49 Tage . . . . x kg/Tag

35 Tage . . . . 140 kg/Tag
1 Tag . . . . 140 kg/Tag · 35

Begründung: Wird der Vorrat auf weniger Tage aufgeteilt, so kann der tägliche Verbrauch steigen.

49 Tage . . . . (140 kg/Tag · 35) : 49 = 100 kg/Tag

(140 · 35) : 49 = (140 · 5) : 7 = = (140 : 7) · 5 = 20 · 5 = 100

Begründung: Wird der Vorrat auf mehr Tage aufgeteilt, so muss pro Tag weniger verbraucht werden.

Bei einem täglichen Verbrauch von 100 kg reicht der Vorrat um 14 Tage länger. Der Verbrauch muss demnach um 140 kg/Tag – 100 kg/Tag = **40 kg/Tag** abnehmen.

Es müssen täglich **40 kg** Kohle weniger verbraucht werden.

6.14 **a)** Für die Tabelle soll der zurückgelegte Weg in Zeitabständen von jeweils einer halben Stunde berechnet werden. Berechne daher zuerst, welchen Weg das Flugzeug in $\frac{1}{2}$ h = 30 min zurücklegt!

Bei gegebener Geschwindigkeit sind die Zeit und der zurückgelegte Weg direkt proportional; sie stehen in direktem Verhältnis.

20 min . . . . 240 km
10 min . . . . 240 km : 2 = 120 km
30 min . . . . 120 km · 3 = 360 km

Zeit (in h)	Weg (in km)
$\frac{1}{2}$	360
1	360 · 2 = 720
$1\frac{1}{2}$	360 · 3 = 1 080
2	360 · 4 = 1 440
$2\frac{1}{2}$	360 · 5 = 1 800
3	360 · 6 = 2 160

b)

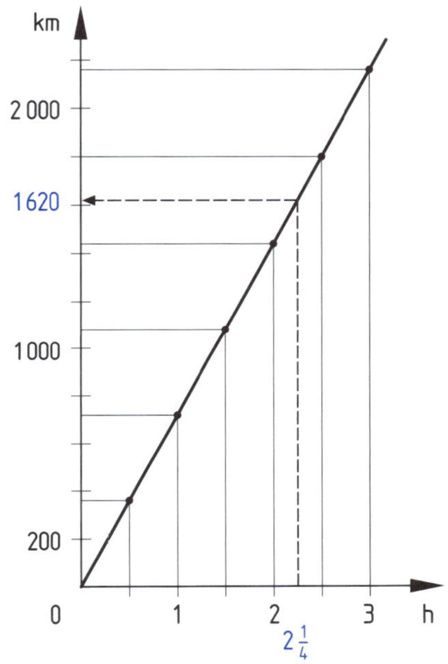

x-Achse:
1 h ≙ 2 cm
$\frac{1}{2}$ h ≙ 1 cm

y-Achse:
200 km ≙ 1 cm = 10 mm
20 km ≙ 1 mm
360 km ≙ 18 mm
720 km ≙ 36 mm
1 080 km ≙ 54 mm
1 440 km ≙ 72 mm
1 800 km ≙ 90 mm
2 160 km ≙ 108 mm

c) Um den einem bestimmten Zeitpunkt zugeordneten Weg aus dem (Zeit-Weg-)Diagramm herauslesen zu können, musst du die Punkte des Punktdiagramms miteinander verbinden. Du erhältst einen Strahl, der im Ursprung des Koordinatensystems beginnt.

Die grafische Darstellung eines direkten Verhältnisses ist ein Strahl.

Die zu der Flugzeit von $2\frac{1}{4}$ Stunden gehörende Wegstrecke findest du, indem du von der x-Achse aus, vom Punkt $2\frac{1}{4}$ h ≙ 4,5 cm normal zur x-Achse eine Gerade ziehst, die den „Weg-Strahl" schneidet. Von diesem Schnittpunkt aus zieh eine Normale zur y-Achse und schneide diese! Jetzt kannst du (mit Hilfe eines Lineals) den gesuchten Weg auf der y-Achse des Diagramms entnehmen.

Ergebnis der Messung:
s (im Diagramm) = 81 mm   1 mm ≙ 20 km
81 mm ≙ 20 km · 81 = 1 620 km
s (in der Wirklichkeit) = **1 620 km**

Rechnung:
1 h . . . . 720 km
$2\frac{1}{4}$ h = 2,25 h . . . . 720 km · 2,25 = **1 620 km**

Das Flugzeug hat nach $2\frac{1}{4}$ h Flugzeit **1 620 km** zurückgelegt.

6.15. (Vergleiche mit dem Beispiel 6.10!)

a) 3 h . . . . 2 250 l
1 h . . . . 2 250 l : 3 = 750 l

Die Anzahl der Stunden und die Fördermenge sind direkt proportional; sie stehen in direktem Verhältnis.

Betriebsdauer (in h)	Fördermenge (in l)
1	750
2	750 · 2 = 1 500
3	750 · 3 = 2 250
4	750 · 4 = 3 000
5	750 · 5 = 3 750

b)

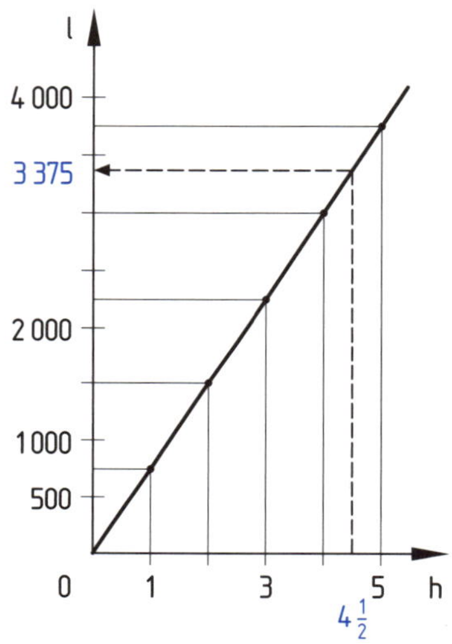

x-Achse:
1 h ≙ 1 cm = 10 mm

y-Achse:
1 000 l ≙ 20 mm
10 l ≙ 0,2 mm
50 l ≙ 1 mm
750 l ≙ 15 mm
1 500 l ≙ 30 mm
2 250 l ≙ 45 mm
3 000 l ≙ 60 mm
3 750 l ≙ 75 mm

c) Ergebnis der Messung:
V (im Diagramm) = 67,5 mm

1 mm ≙ 50 l
67,5 mm ≙ 50 l · 67,5 = **3 375 l**

V (in der Wirklichkeit) = **3 375 l**

Beachte: Der halbe Millimeter im „Mess"-ergebnis 67,5 mm entstammt (natürlich) einer Schätzung.

Rechnung:
1 h . . . . 720 l
4,5 h . . . . 750 l · 4,5 = **3 375 l**

Nach $4\frac{1}{2}$ Stunden hat die Pumpe **3 375 l** Wasser gefördert.

Flächeninhalt eines Rechtecks:
A = a · b
a, b … Seitenlängen

6.16 **a)** Aus der Formel für den Flächeninhalt eines Rechtecks erhältst du durch Umformen eine Formel, die die Länge der Seite b in Abhängigkeit von der Länge der Seite a ausdrückt.

A = a · b

b = A : a
b = 840 : a

Mit dieser Formel kannst du die Tabellenwerte berechnen.

Länge der Seite a (in m)	Länge der Seite b (in m)
10	840 : 10 = 84
20	840 : 20 = 42
30	840 : 30 = 28
40	840 : 40 = 21
50	840 : 50 = 16,8
60	840 : 60 = 14
70	840 : 70 = 12
80	840 : 80 = 10,5

Bei gegebenem Flächeninhalt sind die Seitenlängen eines Rechtecks indirekt proportional; sie stehen in indirektem Verhältnis.

b)

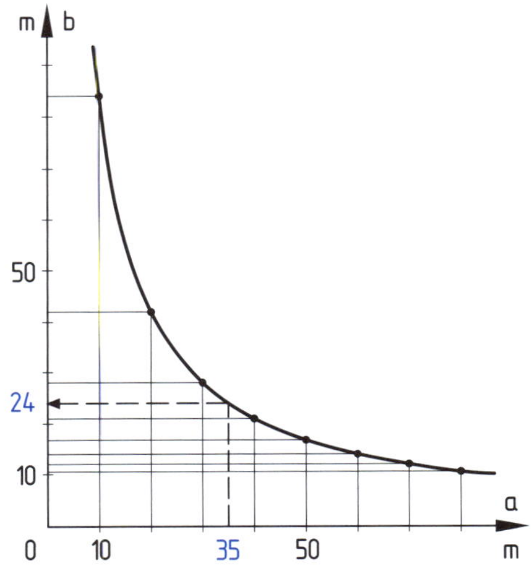

x-Achse:
10 m ≙ 1 cm = 10 mm

y-Achse:
10 m ≙ 1 cm = 10 mm
84 m ≙ 84 mm
42 m ≙ 42 mm
28 m ≙ 28 mm

21 m ≙ 21 mm
16,8 m ≙ 16,8 mm ≈ 17 mm
14 m ≙ 14 mm
12 m ≙ 12 mm
10,5 m ≙ 10,5 mm

c) Um die einer bestimmten Seitenlänge a zugeordnete Seitenlänge b aus dem Diagramm herauslesen zu können, musst du die Punkte des Punktdiagramms miteinander verbinden. Du erhältst eine Kurve.

Die zu der Seitenlänge a = 35 m gehörende Seitenlänge b findest du, indem du von der x-Achse aus vom Punkt 35 m ≙ 3,5 cm normal zur x-Achse eine Gerade ziehst, die die Kurve schneidet. Von diesem Schnittpunkt aus zieh eine Normale zur y-Achse und schneide diese! Jetzt kannst du (mit Hilfe eines Lineals) die gesuchte Seitenlänge b auf der y-Achse des Diagramms entnehmen.

Die grafische Darstellung eines indirekten Verhältnisses ist eine Kurve.

Ergebnis der Messung:

b (im Diagramm) = 24 mm   10 mm ≙ 10 m
24 mm ≙ 24 m

b (in der Wirklichkeit) = **24 m**

Rechnung:
a = 35 m
b = A : a   840 : 35 = 24

b = 24 m

Die zugehörige Rechteckseite b ist **24 m** lang.

Mathematisch formulierter Zusammenhang zwischen Weg (s), Zeit (t) und Geschwindigkeit (v):
$v = \frac{s}{t}$, $s = v \cdot t$ oder $t = \frac{s}{v}$

Bei gegebener Streckenlänge sind Geschwindigkeit und Zeit indirekt proportional; sie stehen in indirektem Verhältnis.

0,1 h = 6 min
2,4 h = 2 h 24 min

x-Achse:
5 km/h ≙ 10 mm
1 km/h ≙ 2 mm
12 km/h ≙ 24 mm

y-Achse:
1 h ≙ 5 mm
12 h ≙ 60 mm
6 h ≙ 30 mm
4 h ≙ 20 mm
3 h ≙ 15 mm
2,4 h ≙ 12 mm
2 h ≙ 10 mm

6.17 (Vergleiche mit dem Beispiel 6.17!)

a) Der mathematische Zusammenhang zwischen dem zurückgelegten Weg, der Geschwindigkeit und der Zeit lautet:

$s = v \cdot t$ (zurückgel.) Weg = Geschwindigkeit · Zeit

Durch Umformen erhältst du eine Formel, die die (Fahr-)Zeit t in Abhängigkeit von der Geschwindigkeit v ausdrückt.

$t = \frac{s}{v} = s : v$ (Fahr-)Zeit = (zurückgel.) Weg : Geschwindigkeit

$t = 60 : v$

Mit dieser Formel kannst du die Tabellenwerte berechnen.

Geschwindigkeit (in km/h)	Zeit (in h)
5	60 : 5 = 12
10	60 : 10 = 6
15	60 : 15 = 4
20	60 : 20 = 3
25	60 : 25 = 2,4
30	60 : 30 = 2

b)

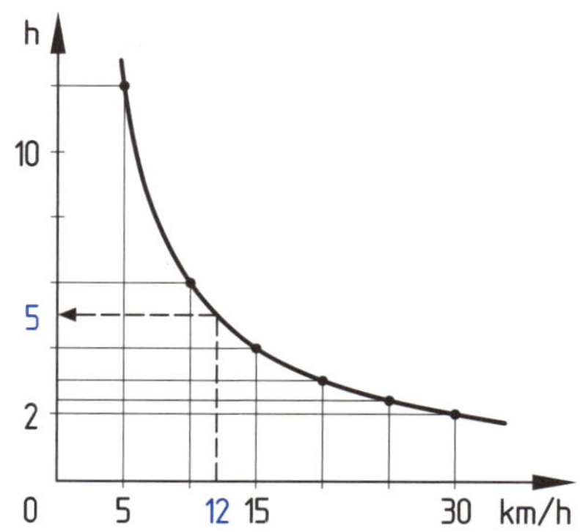

c) Ergebnis der Messung:

t (im Diagramm) ≙ 25 mm   5 mm ≙ 1 h
25 mm ≙ 5 h

t (in der Wirklichkeit) = **5 h**

Rechnung:
v = 12 km/h
s = 60 km   60 : 12 = 5
t = 5 h

Die Fahrzeit beträgt **5 Stunden**.

7 Der Winkel

7.1 **a)** Der Minutenzeiger einer Uhr dreht sich in 1 h = 60 min um 360°. Daher dreht er sich in 1 min um 360° : 60 = 6° und in 1 s um 6° : 60 = 0,1°.

1 h = 60 min
1 min = 60 s

Der Minutenzeiger dreht sich

1) in 7 min um 6° · 7 = **42°**,

2) in 45 min um 6° · 45 = **270°**,

3) in 10 s um 0,1° · 10 = **1°**.

Beachte:
45 Minuten sind eine Dreiviertelstunde.
(360° : 4) · 3 = 90° · 3 = 270°

b) Der Stundenzeiger einer Uhr dreht sich in 1 h = 60 min um 360° : 12 = 30°. Daher dreht er sich in 20 Minuten = $\frac{1}{3}$ h um **10°**.

Der Stundenzeiger einer Uhr dreht sich in 20 Minuten um **10°**.

c) Der Minutenzeiger einer Uhr braucht für eine volle Umdrehung (360°) 1 h = 60 min. Für eine Drehung von 1° braucht er dann

60 min : 360 = $\frac{60}{360}$ min = $\frac{1}{6}$ min.

Für 48° braucht er $\frac{1}{6}$ min · 48 = $\frac{48}{6}$ min = **8 min**.

Der Minutenzeiger dreht sich in **8 Minuten** um 48°.

d) Der Stundenzeiger einer Uhr braucht für eine Drehung von 10° – gemäß b) – 20 min.
Für 50° braucht er daher 20 min · 5 = 100 min = **1 h 40 min**.

Der Stundenzeiger dreht sich in **1 Stunde 40 Minuten** um 50°.

7.2 (Vergleiche mit dem Beispiel 7.1!)

a) Der Minutenzeiger einer Uhr dreht sich in 1 h = 60 min um 360°. Daher dreht er sich in 1 min um 360° : 60 = 6° und in 1 s um 6° : 60 = 0,1°.

Der Minutenzeiger dreht sich

1) in 15 min um 6° · 15 = **90°**,

2) in 50 min um 6° · 50 = **300°**,

3) in einer halben Minute = 30 s um 0,1° · 30 = **3°**.

Beachte:
15 Minuten sind eine Viertelstunde.
360° : 4 = 90°

b) (In) 60 min . . . . 360° : 12 = 30°
(In) 20 min . . . . 30° : 3 = 10°
(In) 40 min . . . . 10° · 2 = **20°**
Der Stundenzeiger dreht sich in 40 Minuten um **20°**.

c) (Für) 360° . . . . 60 min
(Für) 1° . . . . 60 min : 360 = $\frac{60}{360}$ min = $\frac{1}{6}$ min
(Für) 42° . . . . $\frac{1}{6}$ min · 42 = $\frac{42}{6}$ min = **7 min**
Der Minutenzeiger dreht sich in **7 Minuten** um 42°.

d) (Für) 30° . . . . 60 min
(Für) 10° . . . . 60 min : 3 = 20 min
(Für) 70° . . . . 20 min · 70 = 140 min = **2 h 20 min**
Der Stundenzeiger dreht sich in **2 Stunden 20 Minuten** um 70°.

7.3 a) 274° – (159° 48′ + 63° 17′) = 274° – 222° 65′ =
= 273° 60′ – 223° 5′ = **50° 55′**

60′ = 1°

b) 46° 39′ · 7 =

46° · 7 = 322°
39′ · 7 = 273′

= 322° 273′ = **326° 33′**

273′ = 240′ + 33′ = 4° 33′

c) 114° 27′ : 9 =

114° : 9 = 12° 6° Rest
6° = 360′
360′ + 27′ = 387′
387′ : 9 = 43′

= **12° 43′**

7.4 a) 325° – (117° 54′ + 65° 23′) = 325° – 182° 77′ =
= 324° 60′ – 183° 17′ = **141° 43′**

b) 38° 54′ · 9 =

38° · 9 = 342°
54′ · 9 = 486′

= 342° 486′ = **350° 6′**

486′ = 480′ + 6′ = 8° 6′

c) 97° 11′ : 7 =

97° : 7 = 13° 6° Rest
6° = 360′
360′ + 11′ = 371′
371′ : 7 = 53′

= **13° 53′**

7.5 a) 211° – 14° 45′ – 21° 18′ =

Du kannst auf zwei Arten rechnen. Entweder subtrahierst du einzeln oder du bildest, so wie anschließend vorgezeigt, zuerst die Summe der Subtrahenden und subtrahierst dann.

= 211° – (14° 45′ + 21° 18′) = 211° – 35° 63′ =
= 209° 120′ – 35° 63′ = **174° 57′**

60′ = 1°

b) 39° 24′ · 8 =

39° · 8 = 312°
24′ · 8 = 192′

= 312° 192′ = **315° 12′**

192′ = 180′ + 12′ = 3° 12′

c) 136° 58′ : 14 =

136° : 14 = 9° 10° Rest
10° = 600′
600′ + 58′ = 658′
658′ : 14 = 47′

= **9° 47′**

7.6 **a)** $306° - 12° 17' - 32° 52' = 306° - (12° 17' + 32° 52') =$
$= 306° - 44° 69' = 304° 120' - 44° 69' = $ **$260° 51'$**

b) $43° 28' \cdot 6 =$

$43° \cdot 6 = 258°$
$28' \cdot 6 = 168'$

$= 258° 168' =$ **$260° 48'$**

$168' = 120' + 48' = 2° 48'$

c) $263° 13' : 17 =$

$263° : 17 = 15°$ $8°$ Rest
$8° = 480'$
$480' + 13' = 493'$
$493' : 17 = 29'$

$=$ **$15° 29'$**

7.7 **a)** $37° 27' = 37° + \frac{27}{60}° =$
$= 37° + 0{,}45° =$ **$37{,}45°$**

$\frac{27}{60}° = \frac{9}{20}° = 9° : 20 = 0{,}45°$

$60' = 1°$
$1' = \frac{1}{60}°$

b) $19{,}35° = 19° + 0{,}35° =$
$=$ **$19° 21'$**

$0{,}6' \cdot 35 = 21'$

c) $12° 53' =$
$=$ **$773'$**

$60' \cdot 12 = 720'$
$720' + 53' = 773'$

$1° = 60'$
$0{,}01° = 0{,}6'$

d) $500' =$ **$8° 20'$**

$500 : 60 = 8$ 20 Rest

7.8 **a)** $49° 21' = 49° + \frac{21}{60}° =$
$= 49° + 0{,}35° =$ **$49{,}35°$**

$\frac{21}{60}° = \frac{7}{20}° = 7° : 20 = 0{,}35°$

b) $23{,}45° = 23° + 0{,}45° =$
$=$ **$23° 27'$**

$0{,}6' \cdot 45 = 27'$

c) $13° 47' =$
$=$ **$827'$**

$60' \cdot 13 = 780'$
$780' + 47' = 827'$

d) $400' =$ **$6° 40'$**

$400 : 60 = 6$ 40 Rest

Hinweise zu den Beispielen 7.9 – 7.12

Bei den nachfolgenden Beispielen sollst du Winkel zeichnerisch addieren und subtrahieren.

Konstruktionsgang (Vorschlag):

1) Zeichne zuerst die gegebenen Winkel!
2) Nimm für die Lösungskonstruktion einen Winkelschenkel beliebig an und zeichne in den gegebenen Winkeln und in der Lösungskonstruktion Kreisbogen mit **demselben** Radius ein! Wähle dabei den Radius nicht zu klein, sonst wird deine Konstruktion ungenau!
3) Entnimm aus den Winkeln die Sehnenlängen mit Hilfe deines Zirkels und übertrag sie – wie bei einer Streckenaddition – auf den Kreisbogen in der Lösungskonstruktion!

Winkel:
Geometr. Gebilde, das aus zwei Strahlen besteht, die von einem gemeinsamen Punkt, dem Scheitel des Winkels, ausgehen. Die beiden Strahlen heißen Schenkel des Winkels.

$1° = 60'$

$1' = 60''$

$1° = 60' \cdot 60 = 3\,600''$

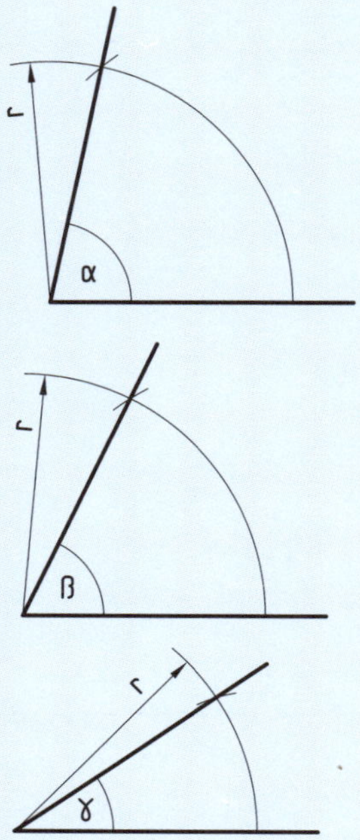

7.9 a) Lösungskonstruktion:

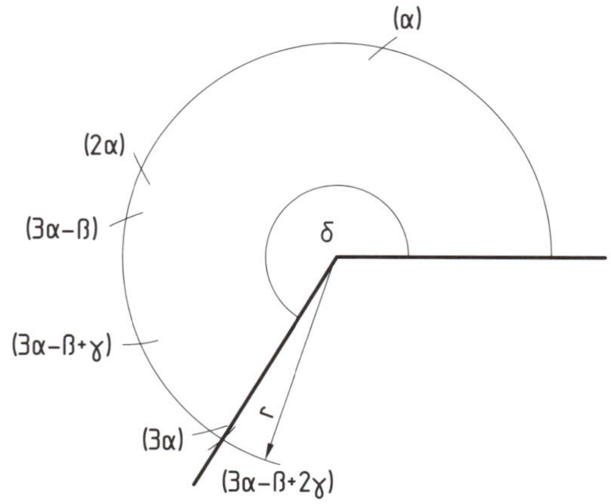

b) Ergebnis der Messung der Größe des Winkels δ: **$\delta = 239°$**

Rechnung:

$\delta = 3 \cdot \alpha - \beta + 2 \cdot \gamma$

$3 \cdot 78° - 63° + 2 \cdot 34° =$
$= 234° - 63° + 68° =$
$= 171° + 68° = 239°$

$\delta = 239°$

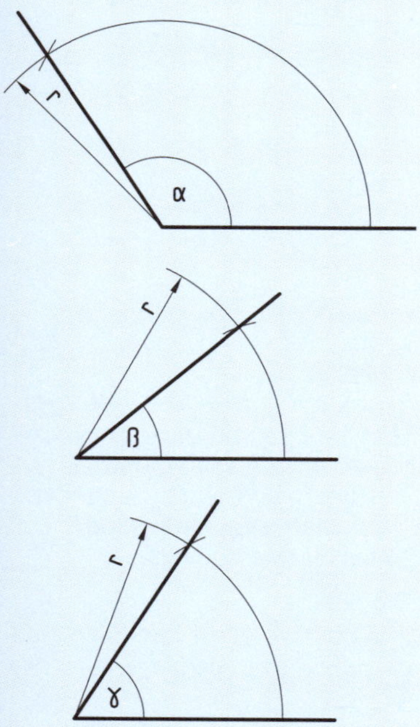

7.10 (Vergleiche mit dem Beispiel 7.9!)

a) Lösungskonstruktion:

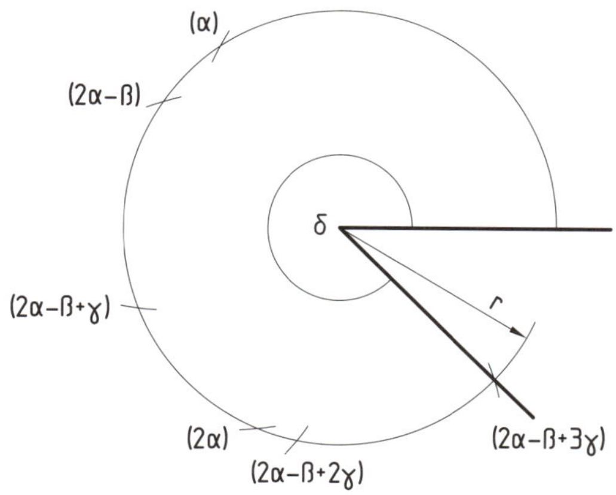

b) Ergebnis der Messung der Größe des Winkels δ: **$\delta = 316°$**

Rechnung:

$\delta = 2 \cdot \alpha - \beta + 3 \cdot \gamma$

$2 \cdot 124° - 103° + 3 \cdot 57° =$
$= 248° - 103° + 171° =$
$= 145° + 171° = 316°$

$\delta = 316°$

7.11 **a)** Du kannst einen Winkel geometrisch (d. h. mit Zirkel und Lineal) halbieren, indem du die Winkelsymmetrale konstruierst. Geh dabei wie folgt vor! (Beachte die nebenstehende Abbildung!)

1) Zeichne um S einen Kreisbogen mit beliebigem Radius und schneide diesen Kreisbogen mit den Winkelschenkeln a und b!
2) Zeichne um beide Schnittpunkte A und B Kreisbogen mit dem gleichen Radius r!
3) Die Winkelsymmetrale w_α verläuft durch den Schnittpunkt dieser beiden Kreisbogen und durch den Winkelscheitel S.

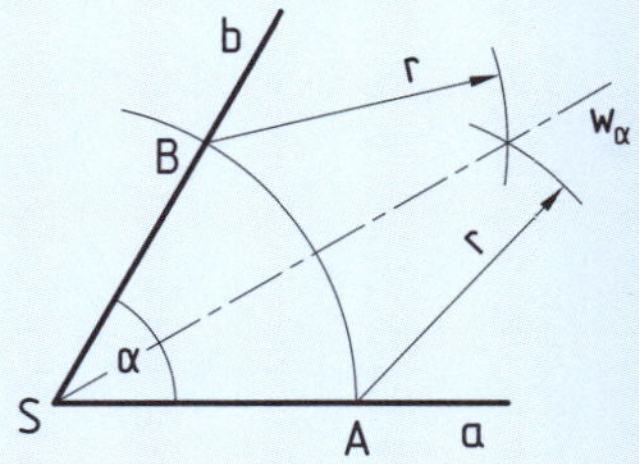

Lösungskonstruktion:

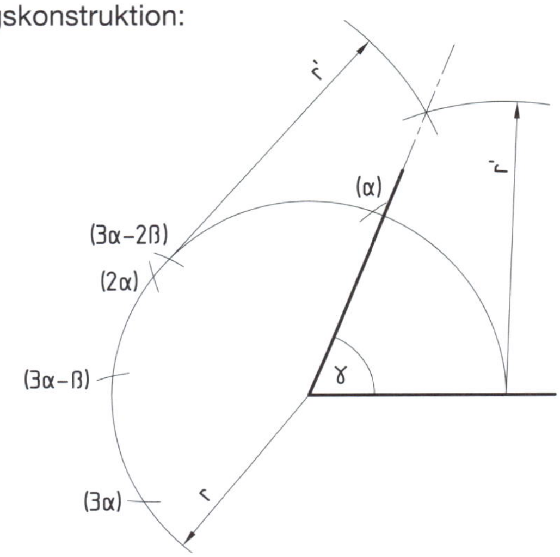

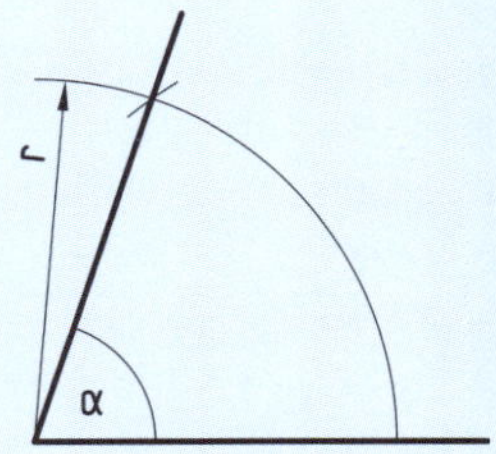

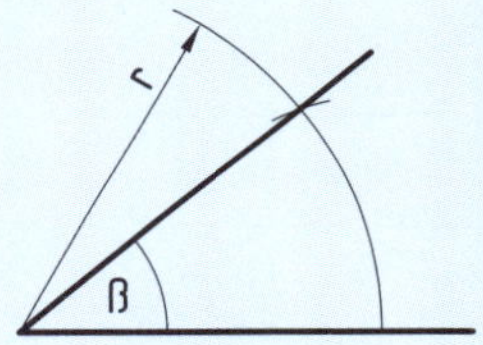

b) Ergebnis der Messung der Größe des Winkels γ: **$\gamma = 67\frac{1}{2}°$**

Hinweis:
Die Gradeinteilung deines Winkelmessers lässt es zu, Winkel auf 1° genau abzulesen. Ein halbes Grad kannst du nur mehr schätzen.

Rechnung:

$\gamma = (3 \cdot \alpha - 2 \cdot \beta) : 2$

$(3 \cdot 71° - 2 \cdot 39°) : 2 =$
$= (213° - 78°) : 2 =$
$= 135° : 2 = 67\frac{1}{2}°$

$\gamma = 67\frac{1}{2}°$

7.12 (Vergleiche mit dem Beispiel 7.11!)

a) Lösungskonstruktion:

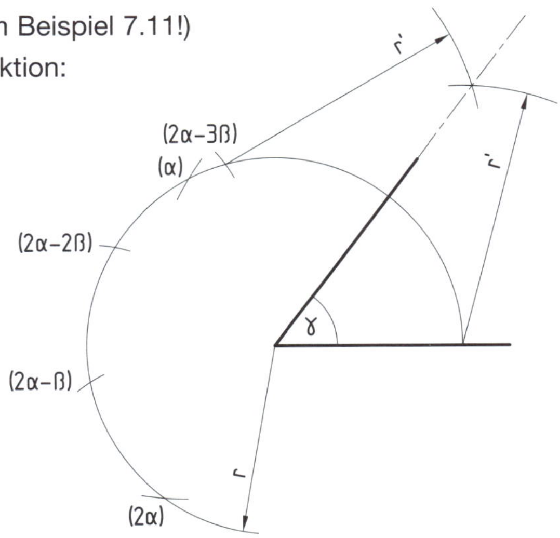

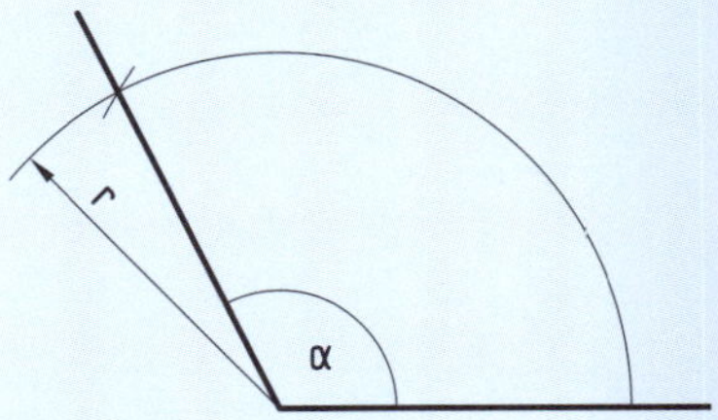

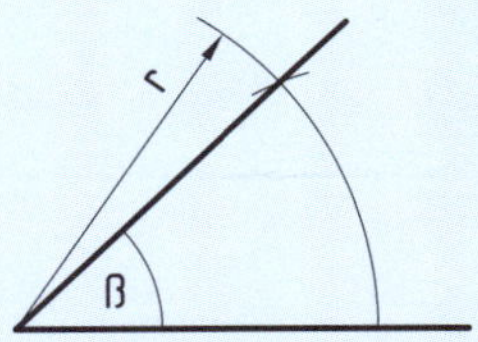

b) Ergebnis der Messung der Größe des Winkels γ: $\gamma = 52\frac{1}{2}°$

Rechnung:

$\gamma = (2 \cdot \alpha - 3 \cdot \beta) : 2$

$(2 \cdot 117° - 3 \cdot 43°) : 2 =$
$= (234° - 129°) : 2 =$
$= 105° : 2 = 52\frac{1}{2}°$

$\gamma = 52\frac{1}{2}°$

Beispiele für konstruierbare Winkel:

$120° = 60° \cdot 2$
$30° = 60° : 2$
$15° = 60° : 4$
$45° = 90° : 2$
$22\frac{1}{2}° = 90° : 4$

Hinweise zu den Beispielen 7.13 – 7.16

Nicht alle Winkel sind mit Hilfe von Zirkel und Lineal konstruierbar. Ausgehend vom 60°-Winkel und vom rechten Winkel (90°) kannst du jedoch viele Winkel durch geschickte Addition bzw. Subtraktion von Teilen oder Vielfachen dieser beiden Winkel konstruieren.

7.13 $\alpha = 15°$ $15° = 60° : 4$

Du erhältst das Viertel eines Winkel durch Konstruktion, indem du den Winkel halbierst und den so erhaltenen Winkel nochmals halbierst.

Konstruktion eines 60°-Winkels:

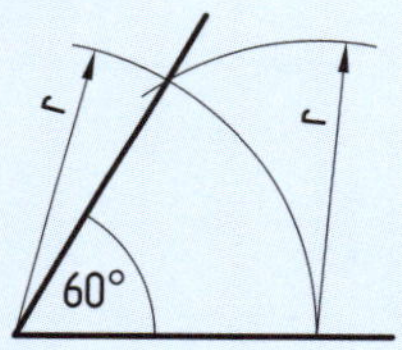

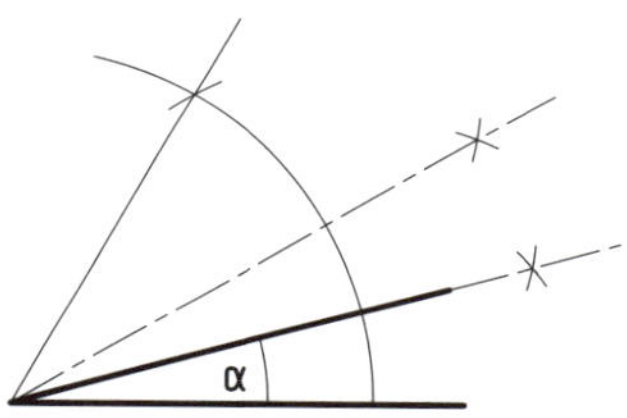

Spitzer Winkel:
$0° < \alpha < 90°$

α ist ein **spitzer Winkel**.

$\beta = 202\frac{1}{2}°$

$202\frac{1}{2}° = 180° + 22\frac{1}{2}°$
$22\frac{1}{2}° = 90° : 4$

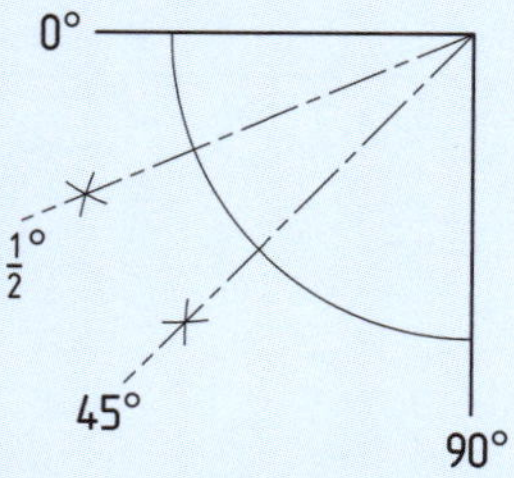

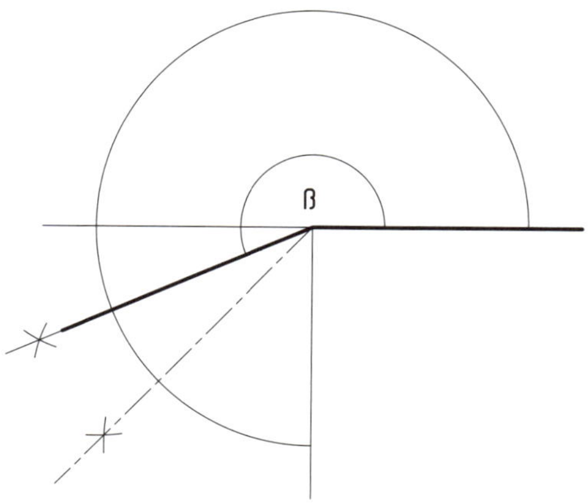

Erhabener Winkel:
$180° < \beta < 360°$

β ist ein **erhabener Winkel**.

7.14 (Vergleiche mit dem Beispiel 7.13!)

$\gamma = 75°$ $\qquad$ $75° = 60° + 15°$

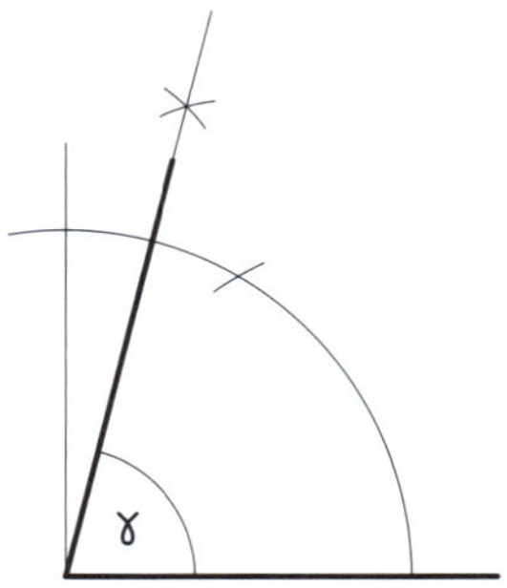

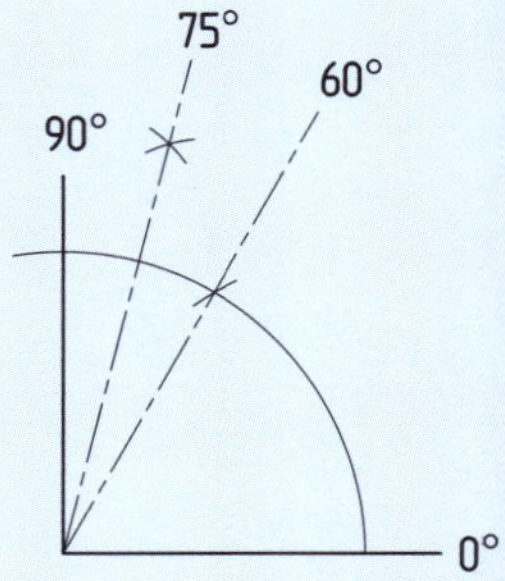

γ ist ein **spitzer Winkel**.

$\delta = 292\frac{1}{2}°$ $\qquad$ $292\frac{1}{2}° = 270° + 22\frac{1}{2}°$

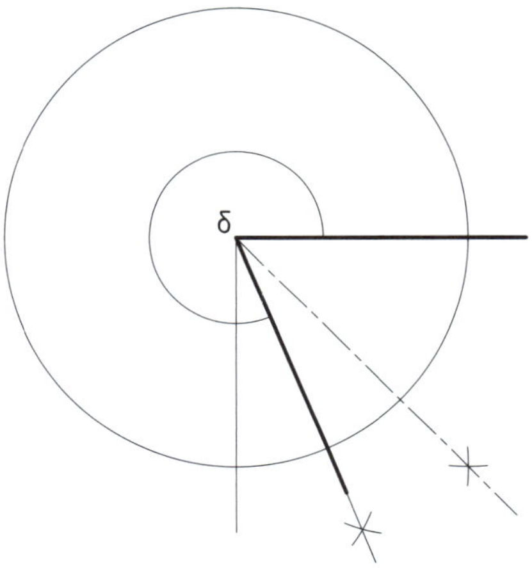

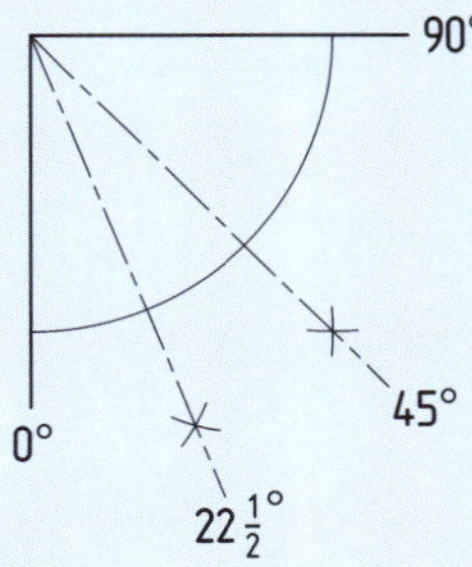

δ ist ein **erhabener Winkel**.

7.15 (Vergleiche mit den Beispielen 7.13 und 7.14!)

$\alpha = 105°$ $\qquad$ $105° = 90° + 15°$
$15° = 60° : 4$

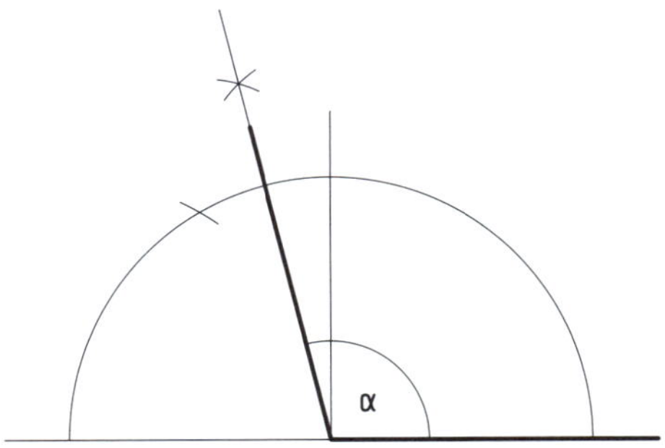

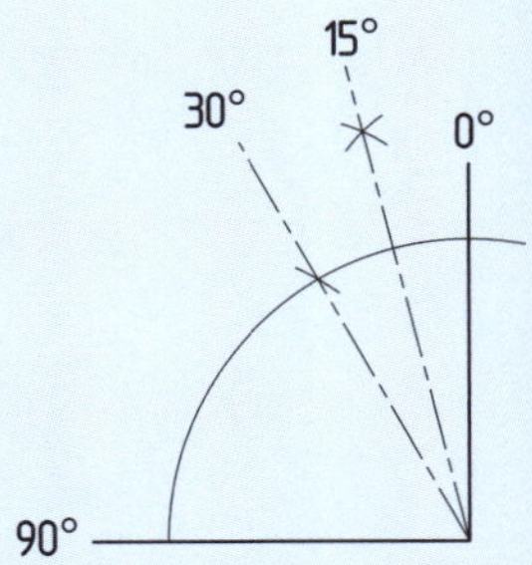

Stumpfer Winkel:
$90° < \alpha < 180°$

α ist ein **stumpfer Winkel**.

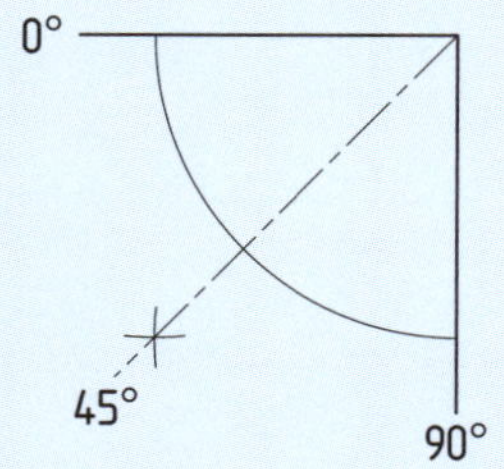

β = 225°

225° = 180° + 45°
45° = 90° : 2

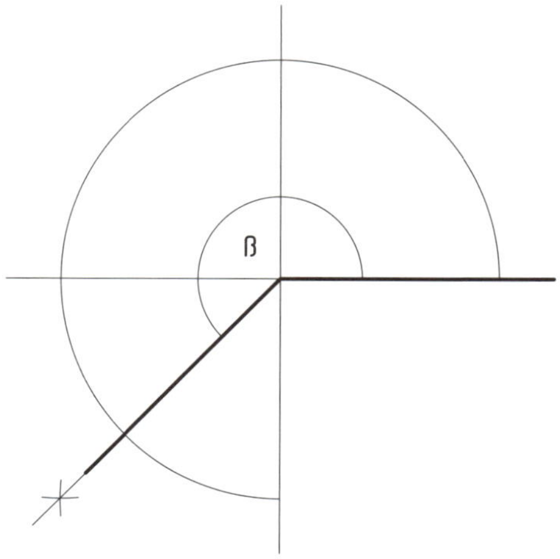

β ist ein **erhabener Winkel**.

7.16 (Vergleiche mit den Beispielen 7.13–7.15!)

γ = 135°

135° = 90° + 45°

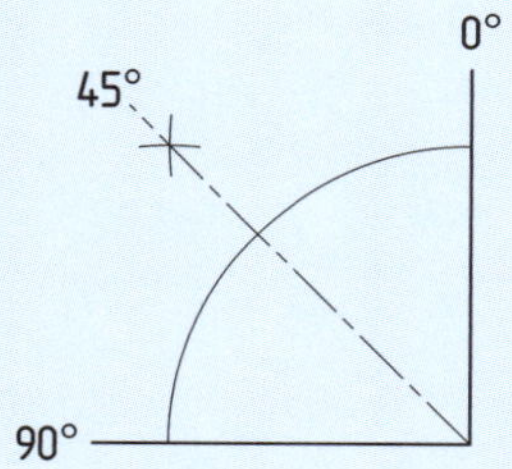

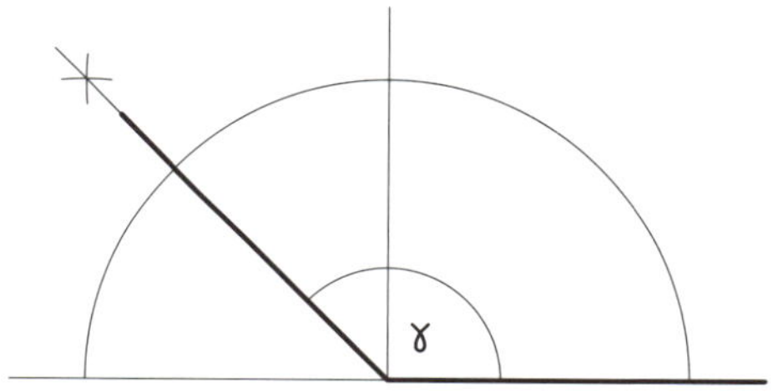

γ ist ein **stumpfer Winkel**.

δ = 285°

285° = 270° + 15°

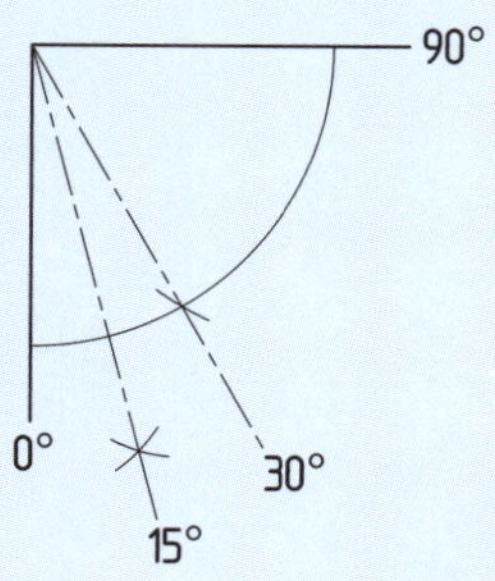

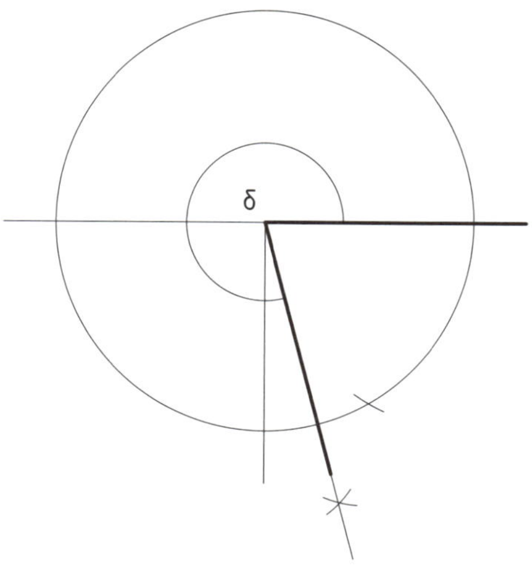

δ ist ein **erhabener Winkel**.

7.17 **a)** $\alpha = 23° 17'$

Bezeichne mit α_1 den komplementären Winkel zu α!

$\alpha + \alpha_1 = 90°$
$\alpha_1 = 90° - \alpha$
$\alpha_1 = 90° - 23° 17'$ $\qquad 90° - 23° 17' =$
$= 89° 60' - 23° 17' = 66° 43'$

$\alpha = 66° 43'$

Das Dreifache des komplementären Winkels zu α:

$3 \cdot \alpha_1 = 66° 43' \cdot 3$ $\qquad 66° 43' \cdot 3 = 198° 129' = 200° 9'$

$\mathbf{3 \cdot \alpha_1 = 200° 9'}$

b) $\beta = 61° 25'$

Bezeichne mit β_1 den supplementären Winkel zu β!

$\beta + \beta_1 = 180°$

$\beta_1 = 180° - \beta$ $\qquad 180° - 61° 25' =$
$= 179° 60' - 61° 25' = 118° 35'$

$\beta_1 = 118° 35'$

Ein Fünftel des supplementären Winkels zu β:

$\beta_1 : 5 = 118° 35' : 5$ $\qquad 118° : 5 = 23° \quad 3°$ Rest
$3° = 180'$
$180' + 35' = 215'$
$215' : 5 = 43'$

$\mathbf{\beta_1 : 5 = 23° 43'}$

Komplementäre Winkel: Winkel, die einander auf 90° ergänzen.

Supplementäre Winkel: Winkel, die einander auf 180° ergänzen.

7.18 (Vergleiche mit dem Beispiel 7.17!)

a) $\gamma = 14° 3'$

$\gamma + \gamma_1 = 90°$
$\gamma_1 = 90° - \gamma$ $\qquad 90° - 14° 3' =$
$= 89° 60' - 14° 3' = 75° 57'$

$\gamma_1 = 75° 57'$

$\gamma_1 : 7 = 75° 57' : 7$ $\qquad 75° : 7 = 10° \quad 5°$ Rest
$5° = 300'$
$300' + 57' = 357'$
$357' : 7 = 51'$

$\mathbf{\gamma_1 : 7 = 10° 51'}$

b) $\delta = 164° 31'$

$\delta + \delta_1 = 180°$
$\delta_1 = 180° - \delta$ $\qquad 180° - 164° 31' =$
$= 179° 60' - 164° 31' = 15° 29'$

$\delta_1 = 15° 29'$

$4 \cdot \delta_1 = 15° 29' \cdot 4$ $\qquad 15° 29' \cdot 4 = 60° 116' = 61° 56'$

$\mathbf{4 \cdot \delta_1 = 61° 56'}$

Supplementäre Winkel:
Winkel, die einander auf 180° ergänzen.

7.19 **a)** $\alpha_1 = 72°\,56'$

$\alpha + \alpha_1 = 180°$
$\alpha = 180° - \alpha_1$ $\quad 180° - 72°\,56' =$
$= 179°\,60' - 72°\,56' = 107°\,4'$

$\boldsymbol{\alpha = 107°\,4'}$

Komplementäre Winkel:
Winkel, die einander auf 90° ergänzen.

b) $\beta_1 = 24°\,39'$
$\beta + \beta_1 = 90°$
$\beta = 90° - \beta_1$ $\quad 90° - 24°\,39' =$
$= 89°\,60' - 24°\,39' = 65°\,21'$

$\boldsymbol{\beta = 65°\,21'}$

7.20 (Vergleiche mit dem Beispiel 7.19!)

a) $\gamma_1 = 36°\,27'$

$\gamma + \gamma_1 = 90°$
$\gamma = 90° - \gamma_1$ $\quad 90° - 36°\,27' =$
$= 89°\,60' - 36°\,27' = 53°\,33'$

$\boldsymbol{\gamma = 53°\,33'}$

b) $\delta = 154°\,58'$

$\delta + \delta_1 = 180°$
$\delta = 180° - \delta_1$ $\quad 180° - 154°\,58' =$
$= 179°\,60' - 154°\,58' = 25°\,2'$

$\boldsymbol{\delta = 25°\,2'}$

Parallelwinkel:
Winkel, deren Schenkel paarweise parallel sind.
Parallelwinkel sind entweder gleich groß oder supplementär.

7.21 Es gibt (im Punkt S_1) ein Paar von Parallelwinkeln (α_1, α_2), von denen jeder genauso groß ist wie der Winkel α und ein Paar von Parallelwinkeln (α_3, α_4), von denen jeder supplementär zum Winkel α ist.

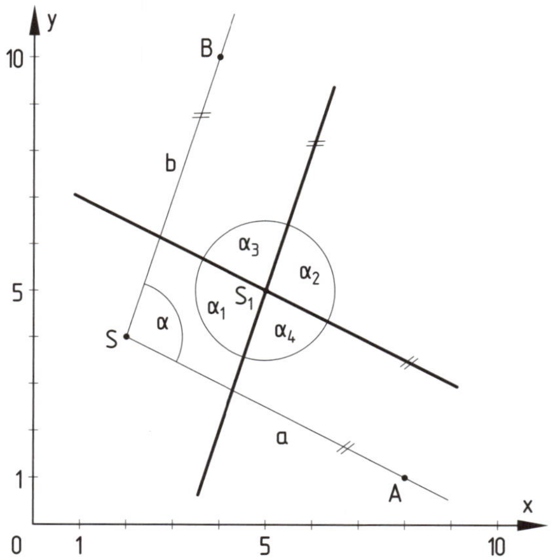

Ergebnis der Messung der Größe der Winkel:
$\boldsymbol{\alpha = \alpha_1 = \alpha_2 = 98°}$

$\boldsymbol{\alpha_3 = \alpha_4 = 82°}$ Kontrolle: $98° + 82° = 180°$

7.22 (Vergleiche mit dem Beispiel 7.21!)

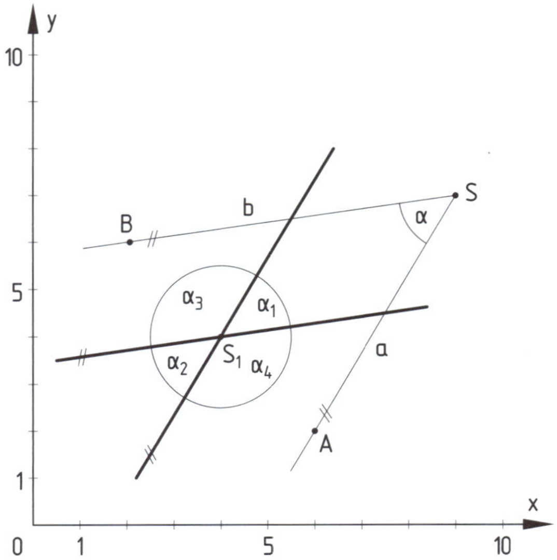

Ergebnis der Messung der Größe der Winkel:

$\boldsymbol{\alpha = \alpha_1 = \alpha_2 = 51°}$

$\boldsymbol{\alpha_3 = \alpha_4 = 129°}$ Kontrolle: 51° + 129° = 180°

7.23 Es gibt (im Punkt S_1) ein Paar von Normalwinkeln (α_1, α_2), von denen jeder genauso groß ist wie der Winkel α und ein Paar von Normalwinkeln (α_3, α_4), von denen jeder supplementär zum Winkel α ist.

Normalwinkel:
Winkel, deren Schenkel paarweise aufeinander normal stehen. Normalwinkel sind entweder gleich groß oder supplementär.

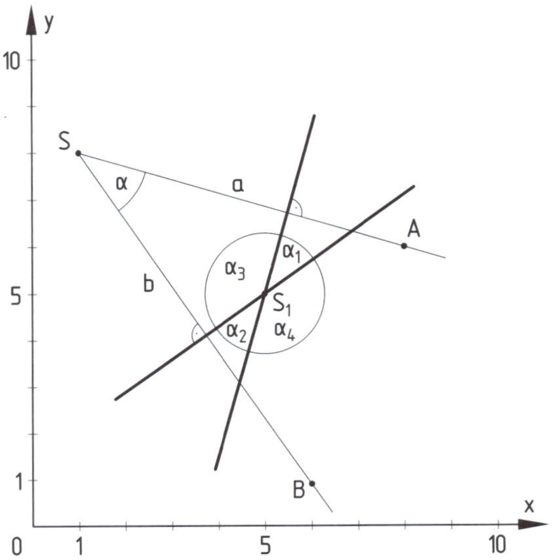

Ergebnis der Messung der Größe der Winkel:

$\boldsymbol{\alpha = \alpha_1 = \alpha_2 = 38{,}5°}$

$\boldsymbol{\alpha_3 = \alpha_4 = 141{,}5°}$ Kontrolle: 38,5° + 141,5° = 180°

Beachte: Das halbe Grad im „Mess“-ergebnis 38,5° und 141,5° entstammt (natürlich) einer Schätzung.

7.24 (Vergleiche mit dem Beispiel 7.23!)

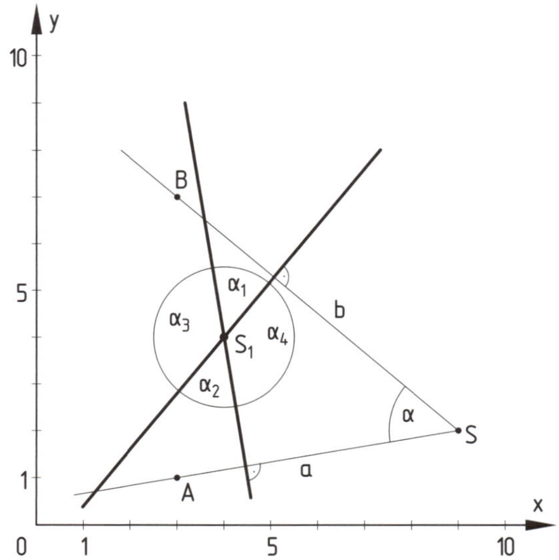

Ergebnis der Messung der Größe der Winkel:

$\alpha = \alpha_1 = \alpha_2 = 49°$

$\alpha_3 = \alpha_4 = 131°$ Kontrolle: 49° + 131° = 180°

7.25 **a)** Maßstab 1 : 5 000

1 cm (im Plan) ≙ 5 000 cm = 50 m (in der Wirklichkeit)

1 mm (im Plan) ≙ 5 000 mm = 5 m (in der Wirklichkeit)

$\overline{PQ}$ = 290 m = 290 000 mm 290 000 mm : 5 000 =
= 290 mm : 5 = 58 mm

290 m (in der Wirklichkeit) ≙ 58 mm (im Plan)

Maßstab 1 : 5 000
1 cm ≙ 5 000 cm = 50 m
1 mm ≙ 5 000 mm = 5 m

Für den Maßstab 1 : 5 000 gilt:
(Länge im Plan) · 5 000 ⇒
⇒ Länge in der Wirklichkeit
(Länge in der Wirklichkeit) dividiert durch 5 000 ⇒
⇒ Länge im Plan

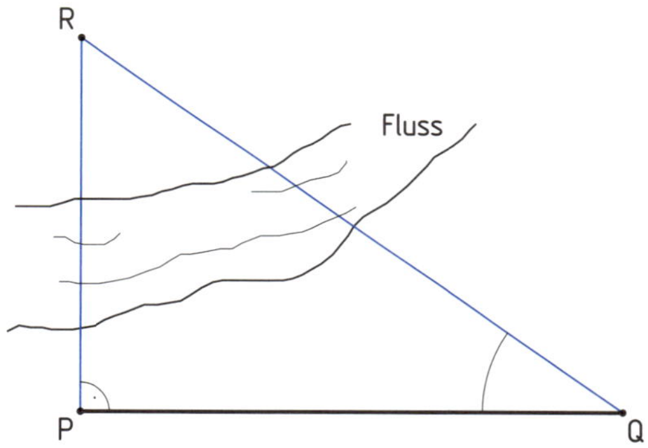

b) Ergebnis der Messung der Längen der Strecken PR und QR:

Die Strecken sind in der Wirklichkeit 5 000-mal so lang wie in der Zeichnung.

$\overline{PR}$ = 39 mm (im Plan) 39 mm · 5 000 = 195 000 mm = 195 m

$\overline{PR}$ = 195 m (in der Wirklichkeit)

$\overline{QR}$ = 70 mm (im Plan) 70 mm · 5 000 = 350 000 mm = 350 m

$\overline{QR}$ = 350 m (in der Wirklichkeit)

Die Länge der Strecke **PR** beträgt in der Wirklichkeit **195 m**, die der Strecke **QR** beträgt **350 m**.

∢PRQ … Winkel zwischen RP und RQ mit dem Scheitel in R
Kontrollmöglichkeit:
In jedem Dreieck ist die Summe der (Innen-)Winkel 180°.
34° + 90° + 56° = 180°

c) Ergebnis der Messung der Größe des Winkels ∢PRQ: **∢PRQ = 56°**

7.26 (Vergleiche mit dem Beispiel 7.25!)

a) Maßstab 1 : 1 000
1 cm (im Plan) ≙ 1 000 cm = 10 m (in der Wirklichkeit)
1 mm (im Plan) ≙ 1 000 mm = 1 m (in der Wirklichkeit)

$\overline{PX}$ = 104 m = 104 000 mm 104 000 mm : 1 000 = 104 mm
$\overline{PY}$ = 79 m = 79 000 mm 79 000 mm : 1 000 = 79 mm

104 m (in der Wirklichkeit) ≙ 104 mm (im Plan)
79 m (in der Wirklichkeit) ≙ 79 mm (im Plan)

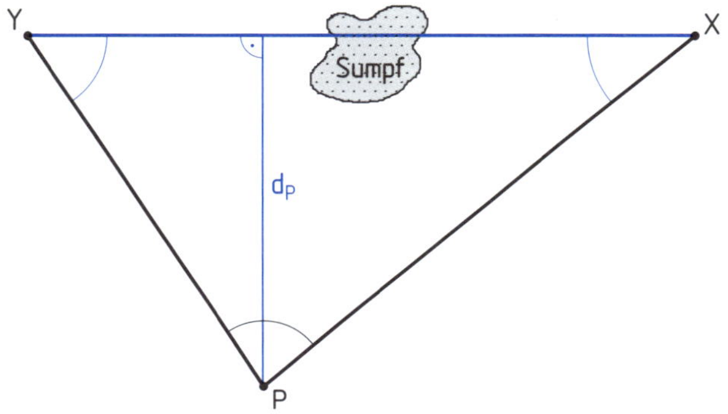

b) Ergebnis der Messung der Länge der Strecke XY:
Die Strecke XY ist in der Wirklichkeit 1 000-mal so lang wie in der Zeichnung.

$\overline{XY}$ = 125 mm (im Plan) 125 mm · 1 000 = 125 000 mm = 125 m

$\overline{XY}$ = 125 m (in der Wirklichkeit)

Die Länge der Strecke **XY** beträgt in der Wirklichkeit **125 m**.

c) Ergebnis der Messung der Größen der Winkel ∢PXY und ∢PYX:

∢PXY = 39°, ∢PYX = 56°

d) Um den Abstand des Punkts P von der Strecke XY zu ermitteln, musst du die Normale auf die Strecke XY durch den Punkt P einzeichnen.

Ergebnis der Messung des (Normal-)Abstands d_P:

d_P = 65 mm 65 mm · 1 000 = 65 000 mm = 65 m

d_P = 65 m

Der Abstand des Punkts P von der Strecke XY beträgt in der Wirklichkeit **65 m**.

Maßstab 1 : 1 000
1 cm ≙ 1 000 cm = 10 m
1 mm ≙ 1 000 mm = 1 m

Für den Maßstab 1 : 1 000 gilt:
(Länge im Plan) · 1 000 ⇒
⇒ Länge in der Wirklichkeit
(Länge in der Wirklichkeit) dividiert durch 1 000 ⇒
⇒ Länge im Plan

∢PXY … Winkel zwischen XP und XY mit dem Scheitel in X

Kontrollmöglichkeit:
In jedem Dreieck ist die Summe der (Innen-)Winkel 180°.
85° + 39° + 56° = 180°

Der (Normal-)Abstand eines Punkts von einer Geraden ist der Abstand im rechten Winkel.

Maßstab 1 : 2 000
1 cm ≙ 2 000 cm = 20 m
1 mm ≙ 2 000 mm = 2 m

Für den Maßstab 1 : 2 000 gilt:
(Länge im Plan) · 2 000 ⇒
⇒ Länge in der Wirklichkeit
(Länge in der Wirklichkeit) dividiert durch 2 000 ⇒
⇒ Länge im Plan

7.27 (Vergleiche mit den Beispielen 7.25 und 7.26!)

a) Maßstab 1 : 2 000
1 cm (im Plan) ≙ 2 000 cm = 20 m (in der Wirklichkeit)
1 mm (im Plan) ≙ 2 000 mm = 2 m (in der Wirklichkeit)
$\overline{AB}$ = 136 m = 136 000 mm   136 000 mm : 2 000 =
= 136 mm : 2 = 68 mm

136 m (in der Wirklichkeit) ≙ 68 mm (im Plan)

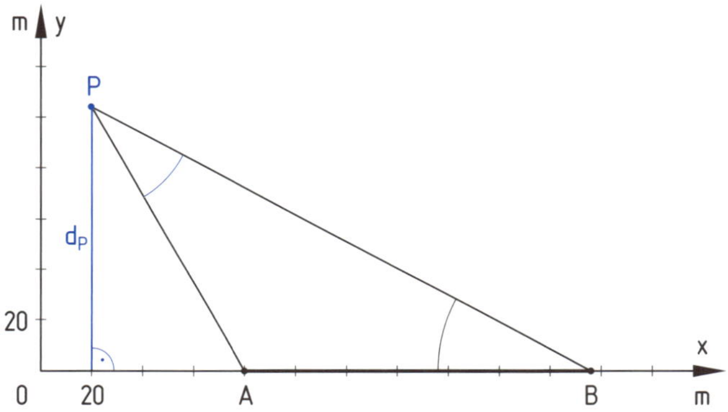

b) Koordinaten des Punkts P: **P(1|5,2)**

c) Ergebnis der Messung der Längen der Strecken AP und BP:
Die Strecken sind in der Wirklichkeit 2 000-mal so lang wie in der Zeichnung.

$\overline{AP}$ = 60 mm (im Plan)   60 mm · 2 000 = 120 000 mm = 120 m
$\overline{AP}$ = 120 m (in der Wirklichkeit)

$\overline{BP}$ = 111 mm (im Plan)   111 mm · 2 000 = 222 000 mm = 222 m
$\overline{BP}$ = 222 m (in der Wirklichkeit)

Die Länge der Strecke **AP** beträgt in der Wirklichkeit **120 m**, die der Strecke **BP** beträgt **222 m**.

Der (Normal-)Abstand eines Punkts von einer Geraden ist der Abstand im rechten Winkel.
Hinweis: Der Abstand des Punkts P von der Standlinie ist (natürlich) auch an der zuvor ermittelten y-Koordinate des Punkts abzulesen:
P(1|5,2) → 5,2 cm = 52 mm
52 mm ≙ 104 m

d) Um den Abstand des Punkts P von der Standlinie AB zu ermitteln, musst du die Normale auf die (Verlängerung der) Strecke AB durch den Punkt P einzeichnen.

Ergebnis der Messung des (Normal-)Abstands d_P:

d_P = 52 mm   52 mm · 2 000 = 104 000 mm = 104 m

d_P = 104 m

Der Abstand des Punkts P von der Standlinie AB beträgt in der Wirklichkeit **104 m**.

∢APB … Winkel zwischen PA und PB mit dem Scheitel in P
Kontrollmöglichkeit:
In jedem Dreieck ist die Summe der (Innen-)Winkel 180°.
120° + 28° + 32° = 180°

e) Ergebnis der Messung der Größe des Winkels ∢ APB:

∢APB = 32°

7.28 (Vergleiche mit dem Beispiel 7.27!)

a) Maßstab 1 : 10 000
1 cm (im Plan) ≙ 10 000 cm = 100 m (in der Wirklichkeit)
1 mm (im Plan) ≙ 10 000 mm = 10 m (in der Wirklichkeit)
$\overline{AB}$ = 450 m = 450 000 mm 450 000 mm : 10 000 = 45 mm
450 m (in der Wirklichkeit) ≙ 45 mm (im Plan)

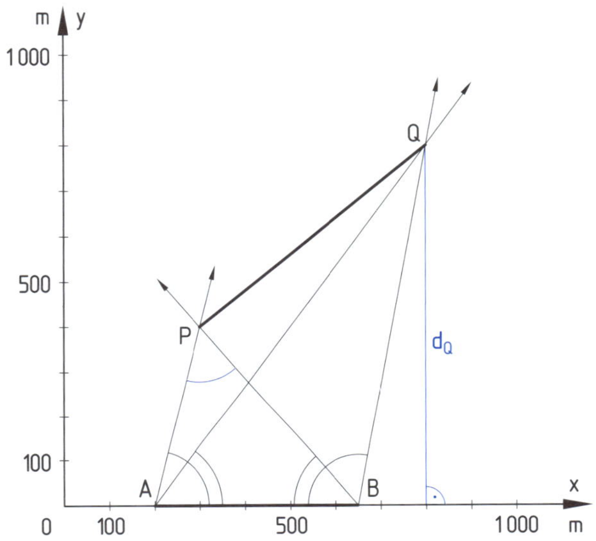

Maßstab 1 : 10 000
1 cm ≙ 10 000 cm = 100 m
1 mm ≙ 10 000 mm = 10 m

Für den Maßstab 1 : 10 000 gilt:
(Länge im Plan) · 10 000 ⇒
⇒ Länge in der Wirklichkeit
(Länge in der Wirklichkeit) dividiert durch 10 000 ⇒
⇒ Länge im Plan

b) Koordinaten der Punkte P und Q: **P (3|4)**, **Q(8|8)**

c) Ergebnis der Messung der Länge der Strecke PQ:
$\overline{PQ}$ = 64 mm
Die Strecke PQ ist in der Wirklichkeit 10 000-mal so lang wie in der Zeichnung.
64 mm · 10 000 = 640 000 mm = 640 m
$\overline{PQ}$ = 640 m
Die Länge der Strecke PQ beträgt in der Wirklichkeit **640 m**.

d) Um den Abstand des Punkts Q von der Standlinie AB zu ermitteln, musst du die Normale auf die Verlängerung der Strecke AB durch den Punkt Q einzeichnen.
Ergebnis der Messung des (Normal-)Abstands d_Q:
d_Q = 80 mm 80 mm · 10 000 = 800 000 mm = 800 m
d_Q = 800 m
Der Abstand des Punkts Q von der Standlinie AB beträgt in der Wirklichkeit **800 m**.

Der (Normal-)Abstand eines Punkts von einer Geraden ist der Abstand im rechten Winkel.
Hinweis:
Der Abstand des Punkts Q von der Standlinie ist (natürlich) auch an der zuvor ermittelten y-Koordinate des Punkts abzulesen:
Q(8|8) → 8 cm = 80 mm
80 mm ≙ 800 m

e) Ergebnis der Messung der Größe des Winkels ∢APB:
∢APB = 55°

∢APB … Winkel zwischen PA und PB mit dem Scheitel in P

Maßstab 1 : 10 000
1 cm ≙ 10 000 cm = 100 m
1 mm ≙ 10 000 mm = 10 m

Für den Maßstab 1 : 10 000 gilt:
(Länge im Plan) · 10 000 ⇒
⇒ Länge in der Wirklichkeit
(Länge in der Wirklichkeit) dividiert durch 10 000 ⇒
⇒ Länge im Plan

Hinweis:
Der Abstand des Punkts U von der Standlinie ist (natürlich) auch an der zuvor ermittelten y-Koordinate des Punkts abzulesen:
U(3|8) → 8 cm = 80 mm
80 mm ≙ 800 m

Beachte: Der halbe Millimeter im „Mess"-ergebnis 3,5 cm entstammt natürlich einer Schätzung.

∢RUS … Winkel zwischen UR und US mit dem Scheitel in U

7.29 (Vergleiche mit den Beispielen 7.27 und 7.28!)

a) Maßstab 1 : 10 000
1 cm (im Plan) ≙ 10 000 cm = 100 m (in der Wirklichkeit)
1 mm (im Plan) ≙ 10 000 mm = 10 m (in der Wirklichkeit)
$\overline{RS}$ = 550 m = 550 000 mm 550 000 mm : 10 000 = 55 mm
550 m (in der Wirklichkeit) ≙ 55 mm (im Plan)

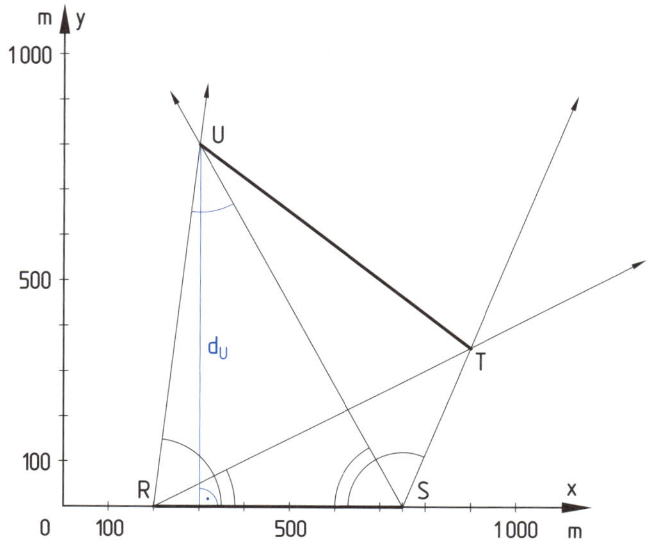

b) Koordinaten der Punkte T und U: **T(9|3,5), U(3|8)**

c) Ergebnis der Messung der Länge der Strecke TU:
$\overline{UT}$ = 75 mm 75 mm · 10 000 = 750 000 mm = 750 m
$\overline{UT}$ = 750 m
Die Länge der Strecke UT beträgt in der Wirklichkeit **750 m**.

d) Ergebnis der Messung des (Normal-)Abstands d_U:
d_U = 80 mm 80 mm · 10 000 = 800 000 mm = 800 m
d_U = 800 m
Der Abstand des Punkts U von der Standlinie RS beträgt in der Wirklichkeit **800 m**.

e) Ergebnis der Messung der Größe des Winkels ∢RUS:
∢RUS = 36°

8 Symmetrie

8.1 **a)** Konstruktion der Streckensymmetrale (der Streckenhalbierenden):

1) Zeichne um A und um B Kreisbogen mit beliebigem, aber gleichem Radius r!
2) Die Streckensymmetrale s_{AB} verläuft durch die Schnittpunkte dieser beiden Kreisbogen.

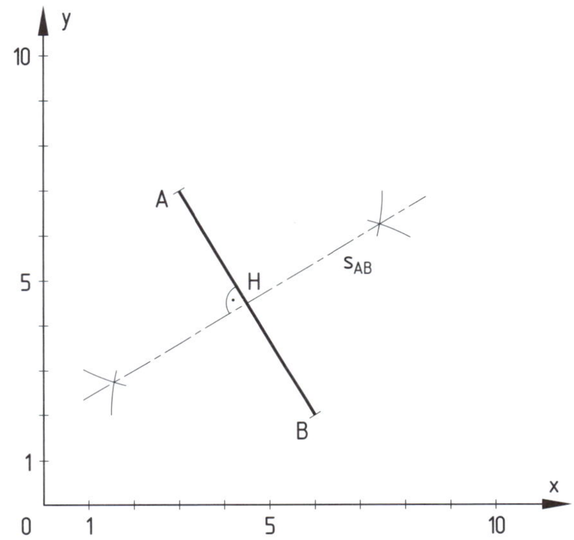

b) Koordinaten des Punkts H: **H(4,5|4,5)**

c) Vorschlag für eine Antwort:
Die Streckensymmetrale s_{AB} ist die Menge aller Punkte der Zeichenebene, die von den Endpunkten der Strecke AB jeweils gleich weit entfernt sind.

Streckensymmetrale:
Die Streckensymmetrale s_{AB} (Streckenhalbierende) steht normal auf die Strecke AB und teilt diese in zwei gleich lange Teile.

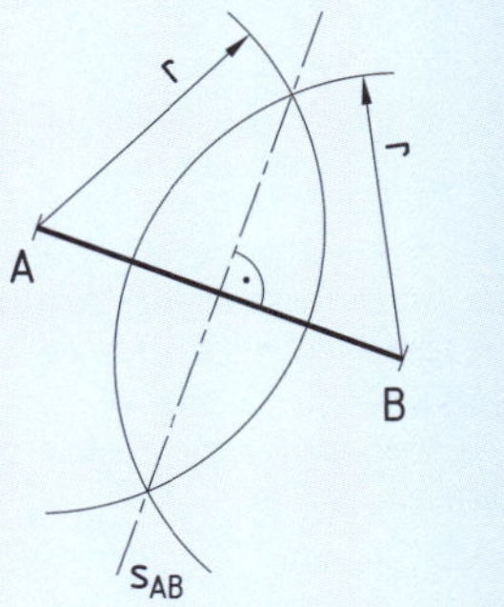

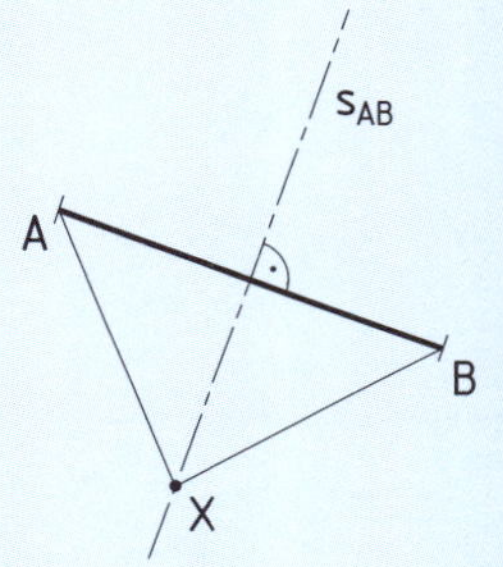

Ergänzung bzw. Variante zu c) – die elegante Mengenschreibweise:

$s_{AB} = \{X \mid \overline{XA} = \overline{XB}\}$

In Worten: Die Streckensymmetrale s_{AB} ist die Menge aller Punkte X, für die gilt: Länge der Strecke XA = Länge der Strecke XB.

X sei ein beliebiger Punkt auf der Streckensymmetrale.

8.2 (Vergleiche mit dem Beispiel 8.1!)

a)

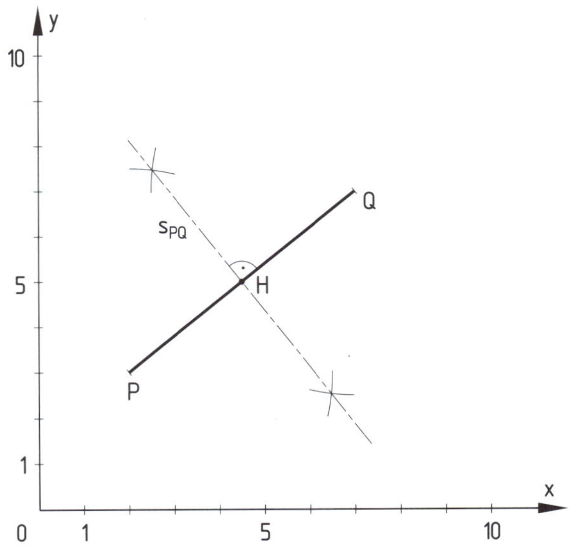

b) Koordinaten des Punkts H: **H (4,5|5,0)**

c) Vorschlag für eine Antwort:

Die Streckensymmetrale s_{PQ} ist die Menge aller Punkte der Zeichenebene, die von den Endpunkten der Strecke PQ jeweils gleich weit entfernt sind.

Ergänzung bzw. Variante – die elegante Mengenschreibweise:
$s_{PQ} = \{X \mid \overline{XP} = \overline{XQ}\}$
In Worten: **Die Streckensymmetrale s_{PQ} ist die Menge aller Punkte X, für die gilt: Länge der Strecke XP = Länge der Strecke XQ.**

Winkelsymmetrale:
Die Winkelschenkel a und b liegen symmetrisch zur Winkelsymmetrale (zur Winkelhalbierenden) des Winkels α.
Die Winkelsymmetrale halbiert den Winkel α.

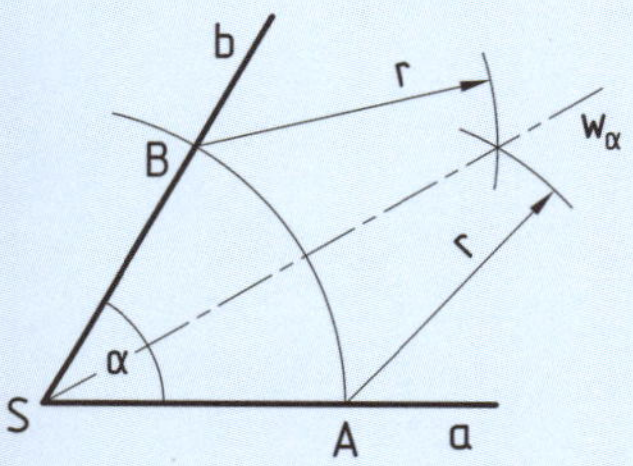

8.3 **a)** Konstruktion der Winkelsymmetrale (der Winkelhalbierenden):

1) Zeichne um S einen Kreisbogen mit beliebigem Radius und schneide diesen Kreisbogen mit den beiden Winkelschenkeln.
2) Zeichne um beide Schnittpunkte Kreisbogen mit gleichem Radius r!
3) Die Winkelsymmetrale w_α verläuft durch den Schnittpunkt dieser beiden Kreisbogen und durch den Winkelscheitel S.

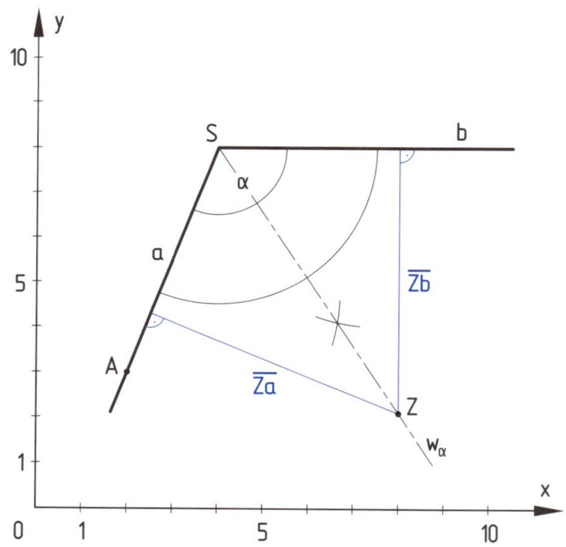

Beachte: In der Geometrie meint man mit dem Abstand den kürzesten Abstand, den Normalabstand.

b) Ergebnis der Messung des Abstands des Punkts Z vom Schenkel a bzw. vom Schenkel b:

$\overline{Za} = \overline{Zb} = 58$ **mm**

Da der Punkt Z auf der Winkelsymmetrale liegt, muss sein Abstand von beiden Schenkeln gleich groß sein.

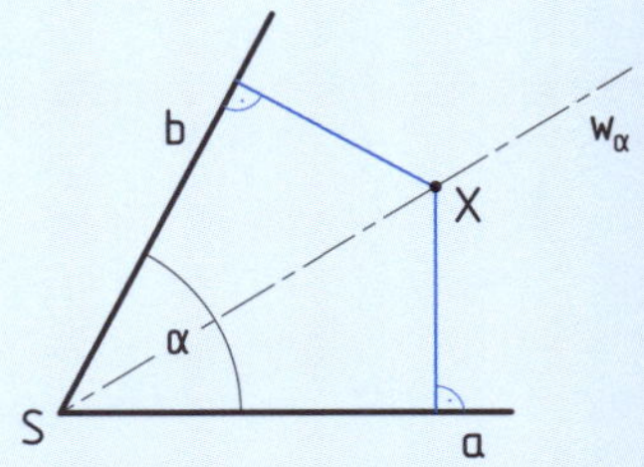

c) Vorschlag für eine Antwort:
Die Winkelsymmetrale w_α ist die Menge aller Punkte der Zeichenebene, die von den Schenkeln eines Winkels jeweils gleichen Abstand haben.

Ergänzung bzw. Variante – die elegante Mengenschreibweise:

$w_\alpha = \{X \mid \overline{Xa} = \overline{Xb}\}$

X sei ein beliebiger Punkt auf der Winkelsymmetrale.

In Worten: **Die Winkelsymmetrale w_α ist die Menge aller Punkte X, für die gilt: Abstand des Punkts X vom Schenkel a = Abstand des Punkts X vom Schenkel b.**

8.4 (Vergleiche mit dem Beispiel 8.3!)

a)

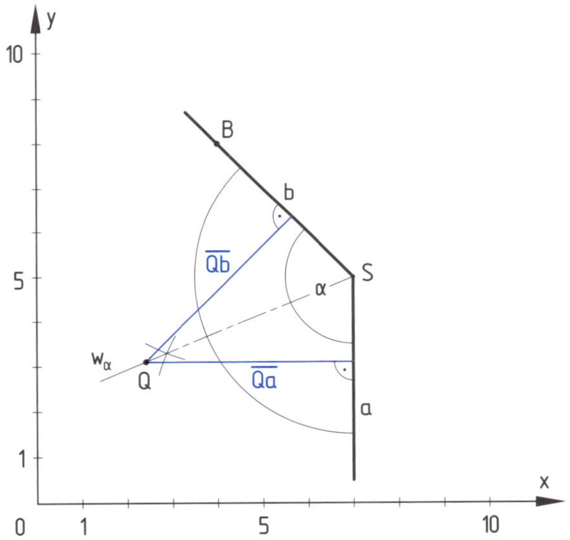

b) Ergebnis der Messung des Abstands des Punkts Q vom Schenkel a bzw. vom Schenkel b:

$\overline{Qa} = \overline{Qb} = 46$ **mm**

c) Vorschlag für eine Antwort:
Die Winkelsymmetrale w_α ist die Menge aller Punkte der Zeichenebene, die von den Schenkeln eines Winkels jeweils gleichen Abstand haben.

Ergänzung bzw. Variante – die elegante Mengenschreibweise:

$w_\alpha = \{X \mid \overline{X_a} = \overline{X_b}\}$

X sei ein beliebiger Punkt auf der Winkelsymmetrale.

In Worten: **Die Winkelsymmetrale w_α ist die Menge aller Punkte X, für die gilt: Abstand des Punkts X vom Schenkel a = Abstand des Punkts X vom Schenkel b.**

Die Schreibweise $g[I(1|8), II(8|0)]$ bedeutet: Die Gerade g verläuft durch die Punkte $I(1|8)$ und $II(8|0)$.

8.5 Konstruktionsgang (Vorschlag):

1) Die Lage und die Größe des Quadrats sind durch die Koordinaten der Punkte A, B und D vollständig bestimmt.
   Die Lage des Punkts C erhältst du wie folgt:
   Zeichne in B die Normale auf AB und in D die Normale auf AD!
   C ist der Schnittpunkt der beiden Normalen.
   Überprüfe durch Parallelverschieben, ob gegenüberliegende Seiten parallel sind (z. B.: $AB \parallel CD$)!
2) Zeichne die Spiegelachse g!
3) Zeichne durch die Punkte A, B, C und D jeweils die Normale zu g und verlängere diese Normalen über ihren Schnittpunkt mit der Spiegelachse g hinaus!
4) Übertrag von g aus mit Hilfe deines Zirkels die Abstände $\overline{Ag}$, $\overline{Bg}$, $\overline{Cg}$ und $\overline{Dg}$ auf die jenseits der Spiegelachse liegende Verlängerung der Normalen:
   $\overline{Ag} = \overline{A_1g}$, $\overline{Bg} = \overline{B_1g}$, $\overline{Cg} = \overline{C_1g}$, $\overline{Dg} = \overline{D_1g}$

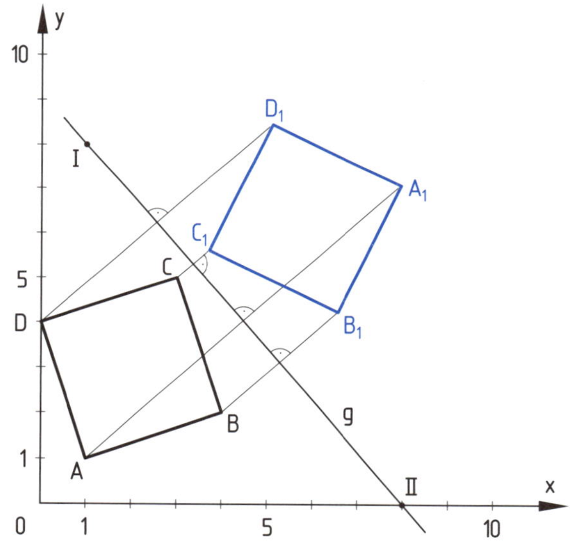

Koordinaten der Punkte C, A_1, B_1, C_1 und D_1:

$C(3{,}0|5{,}0)$, $A_1(7{,}9|7{,}1)$, $B_1(6{,}5|4{,}2)$, $C_1(3{,}7|5{,}6)$, $D_1(5{,}1|8{,}5)$

8.6 (Vergleiche mit dem Beispiel 8.5!)

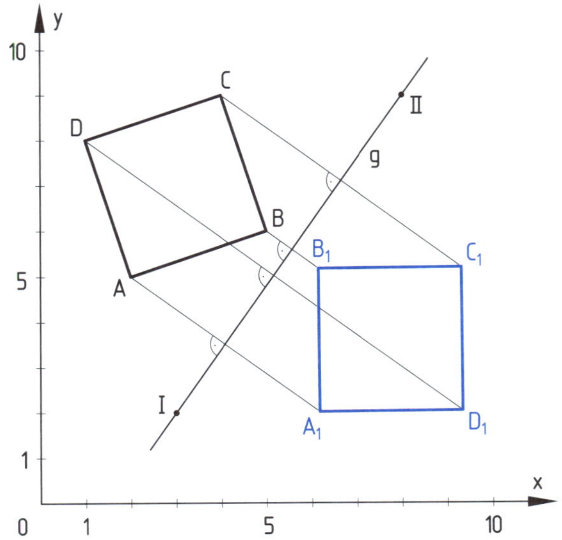

Koordinaten der Punkte B, A_1, B_1, C_1 und D_1:

B(5,0|6,0), A_1(6,2|2,0), B_1(6,1|5,1), C_1(9,2|5,2), D_1(9,3|2,1)

8.7 (Vergleiche mit dem Beispiel 8.5!)

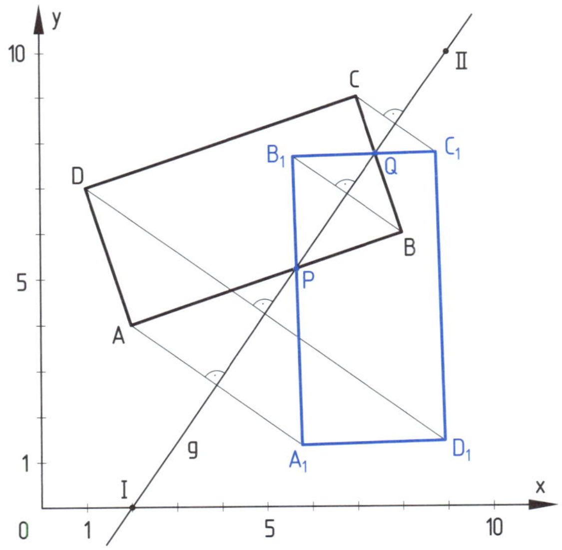

Fixpunkte der Spiegelung sind alle Punkte der Zeichenebene, die bei der Spiegelung an g ihre Lage nicht ändern. Diese Eigenschaft erfüllen nur jene Punkte, die auf der Spiegelachse liegen. Bezeichne die (beiden) Fixpunkte z. B. mit P und Q!

Fixpunkte einer Spiegelung: Punkte, die bei einer Spiegelung ihre Lage nicht verändern.

Koordinaten der Punkte D, P und Q:

D(1,0|7,0), P(5,7|5,2), Q(7,4|7,7)

8.8 (Vergleiche mit den Beispielen 8.5 und 8.7!)

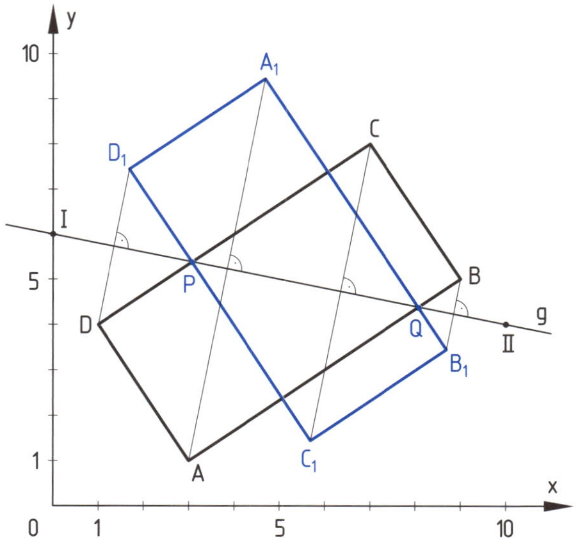

Koordinaten der Punkte C, P und Q:

C(7,0|8,0), P(3,1|5,4), Q(8,1|4,4)

8.9 (Vergleiche mit dem Beispiel 8.5!)

Konstruktionsgang (Vorschlag):

1) BD ist eine Diagonale des Rechtecks. Zeichne sie ein und verlängere sie über den Eckpunkt D des Rechtecks hinaus!
2) Übertrag von D aus mit Hilfe deines Zirkels die Strecke DP auf die verlängerte Diagonale! Die Spiegelachse verläuft normal zur Diagonale durch den Punkt P.

normal zu bzw. normal auf … im rechten Winkel

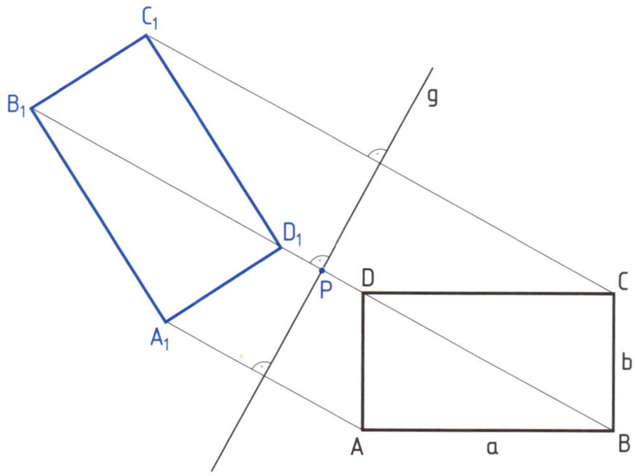

8.10 (Vergleiche mit den Beispielen 8.5 und 8.9!)

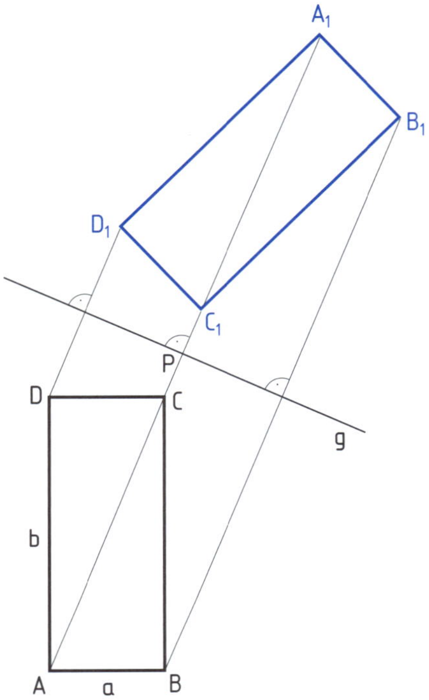

8.11 (Vergleiche mit dem Beispiel 8.5!)

Konstruktionsgang (Vorschlag):

1) BX ist die Strecke vom Eckpunkt B des Rechtecks zum Halbierungspunkt X der Rechteckseite $\overline{DA} = b$. Konstruiere diesen Halbierungspunkt X, indem du die Streckensymmetrale s_{DA} einzeichnest!
2) Die Spiegelachse g verläuft parallel zur Strecke BX durch den Eckpunkt C.

   Die Lösungskonstruktion ist rechts abgebildet.

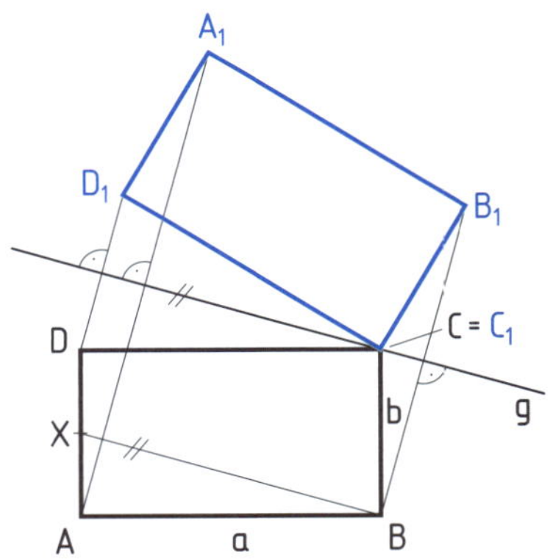

8.12 (Vergleiche mit den Beispielen 8.5 und 8.11!)

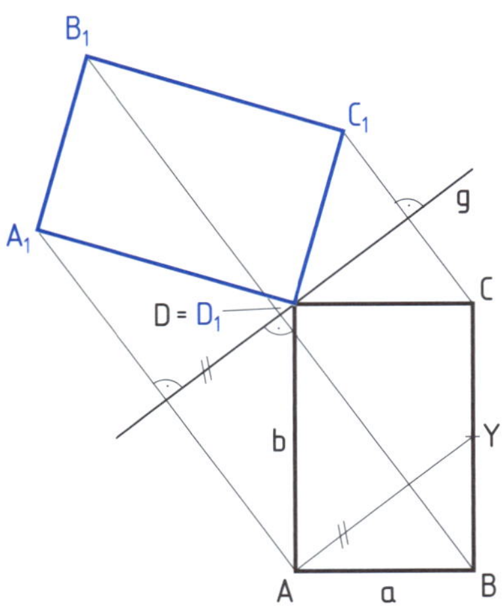

9 Dreiecke

9.1 a)

Dreieckstyp	besondere (typenbildende) Merkmale
1) **gleichseitiges** Dreieck	Alle **drei Seiten** sind **gleich lang**.
2) **gleichschenkliges** Dreieck	**Zwei Seiten** sind **gleich lang**.
3) **ungleichseitiges** Dreieck	Alle **drei Seiten** sind **verschieden lang**.

b)

Dreieckstyp	besondere (typenbildende) Merkmale
1) **spitzwinkliges** Dreieck	Alle **drei (Innen-)Winkel** sind **spitze Winkel (d. h. < 90°)**.
2) **rechtwinkliges** Dreieck	**Ein (Innen-)Winkel** ist ein **rechter Winkel (d. h. 90°)**.
3) **stumpfwinkliges** Dreieck	**Ein (Innen-)Winkel** ist ein **stumpfer Winkel (d. h. > 90°)**.

Spitzer Winkel:
$0° < \alpha < 90°$
Rechter Winkel:
$\alpha = 90°$
Stumpfer Winkel:
$90° < \alpha < 180°$

In jedem Dreieck ist die Summe der (Innen-)Winkel 180°.
$\alpha + \beta + \gamma = 180°$
α, β, γ … (Innen-)Winkel

c) 1) **Gleichseitige Dreiecke** sind **immer** (auch) **spitzwinklig**.
Jeder (Innen-)Winkel beträgt 60° (60° · 3 = 180°).

2) **Gleichschenklige Dreiecke können jeweils spitzwinklig, rechtwinklig, oder stumpfwinklig sein.**

3) **Ungleichseitige Dreiecke können jeweils spitzwinklig, rechtwinklig ode stumpfwinklig sein.**

In jedem Dreieck ist die Summe der (Innen-)Winkel 180°.
$\alpha + \beta + \gamma = 180°$
α, β, γ … (Innen-)Winkel

9.2 a) In jedem Dreieck ist die Summe der (Innen-)Winkel 180°.

$\alpha + \beta + \gamma = 180°$

$\beta = 180° - (\alpha + \gamma)$ $\qquad$ $135°\,47' + 26°\,39' = $
$= 161°\,86' = 162°\,26'$

$\beta = 180° - 162°\,26'$ $\qquad$ $180° - 162°\,26' =$
$= 179°\,60' - 162°\,26' = 17°\,34'$

$\boldsymbol{\beta = 17°\,34'}$

Kontrolle: $135°\,47' + 17°\,34' + 26°\,39' =$
$= 152°\,81' + 26°\,39' = 178°\,120' = 180°$

b) Der Winkel $\alpha = 135°\,47'$ ist ein stumpfer Winkel.
Da alle Winkel verschieden groß sind, folgt:

Das Dreieck ist **ungleichseitig** und **stumpfwinklig**.

Einteilung der Dreiecke:
a) nach den Seitenlängen:
1) ungleichseitiges Dreieck
2) gleichseitiges Dreieck (zwei Seiten gleich lang)
3) gleichseitiges Dreieck (alle Seiten gleich lang)

9.3 (Vergleiche mit dem Beispiel 9.1!)

a) $\alpha + \beta + \gamma = 180°$

$\alpha = 180° - (\beta + \gamma)$ $82° 51' + 34° 26' = $
$= 116° 77' = 117° 17'$

$\alpha = 180° - 117° 17'$ $180° - 117° 17' =$
$= 179° 60' - 117° 17' = 62° 43'$

$\alpha = 62° 43'$

Kontrolle: $62° 43' + 82° 51' + 34° 26' =$
$= 144° 94' + 34° 26' = 178° 120' = 180°$

b) Kein Winkel ist größer als 90°. Alle Winkel sind verschieden groß.
Das Dreieck ist **ungleichseitig** und **spitzwinklig**.

b) nach den Winkeln:
1) spitzwinkliges Dreieck (kein Winkel $\geq 90°$)
2) stumpfwinkliges Dreieck (ein Winkel $> 90°$)
3) rechtwinkliges Dreieck (ein rechter Winkel)

9.4 In jedem Dreieck ist die Summe der (Innen-)Winkel 180°.

$\alpha + \beta + \gamma = 180°$

Da es sich um ein rechtwinkliges Dreieck handelt, muss einer der (Innen-)Winkel 90° betragen. Wähle z. B. $\gamma = 90°$! Dann folgt:

$\alpha + \beta = 90°$

$\beta = 90° - \alpha$ $90° - 46° 18' = 89° 60' - 46° 18' = 43° 42'$

$\beta = 43° 42'$

Kontrolle: $46° 18' + 43° 42' + 90° = 89° 60' + 90° = 90° + 90° = 180°$

In jedem Dreieck ist die Summe der (Innen-)Winkel 180°.
$\alpha + \beta + \gamma = 180°$
α, β, γ … (Innen-)Winkel

9.5 (Vergleiche mit dem Beispiel 9.3!)

$\alpha + \beta + \gamma = 180°$ Wähle z. B. $\gamma = 90°$!

$\alpha + \beta = 90°$

$\alpha = 90° - \beta$ $90° - 12° 38' = 89° 60' - 12° 38' = 77° 22'$

$\alpha = 77° 22'$

Kontrolle: $77° 22' + 12° 38' + 90° = 89° 60' + 90° = 90° + 90° = 180°$

9.6 **a)** Maßstab 1 : 2 500 bedeutet, dass jede Streckenlänge in deiner Zeichnung ein 2 500stel der entsprechenden Strecke in der Wirklichkeit sein soll.

1 mm (im Plan) ≙ 2 500 mm = 2,5 m (in der Wirklichkeit)

$\overline{AC}$ = 175 m = 175 000 mm ≙ 175 000 mm : 2 500 =
= 175 mm : 2,5 = 70 mm

175 m (in der Wirklichkeit) ≙ 70 mm (im Plan)

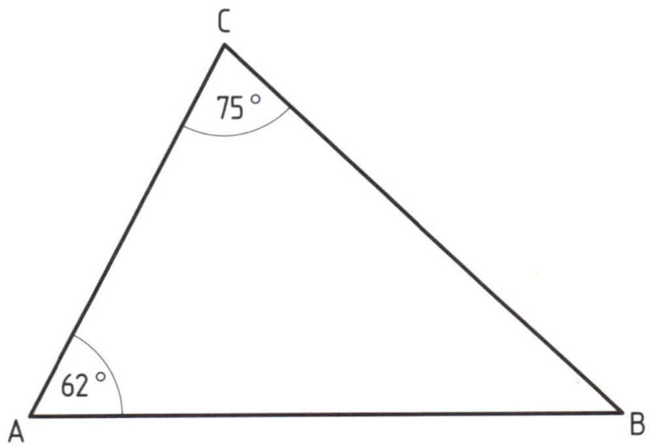

Konstruktionsgang: Siehe nächste Seite!

Für den Maßstab 1 : 2 500 gilt:
(Länge im Plan) · 2 500 ⇒
⇒ Länge in der Wirklichkeit
(Länge in der Wirklichkeit) dividiert durch 2 500 ⇒
⇒ Länge im Plan

Skizze:

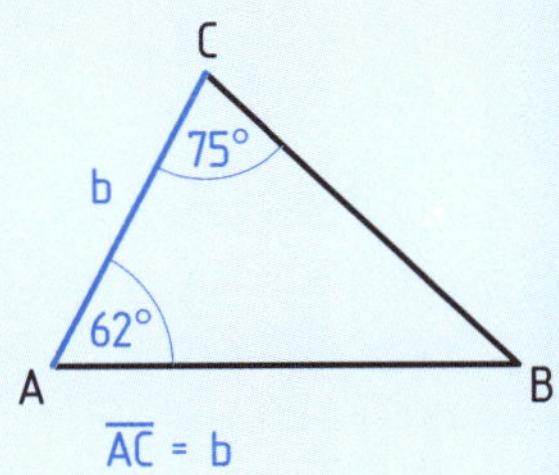

Konstruktionsgang (Vorschlag):

1) Beginn mit der Seite AC ($\overline{AC} = b$)!
2) Zeichne die beiden Winkel $\sphericalangle BAC = 62°$ und $\sphericalangle ACB = 75°$!
3) Der Schnittpunkt der Winkelschenkel AB und CB ist der Eckpunkt B.
4) Zeichne das Dreieck ABC nach und beschrifte es!

b) Um den Umfang des Landstücks berechnen zu können, musst du die Längen der Seiten AB und CB ermitteln.
Die Maßeinteilung (Skala) deines Lineals lässt es zu, Strecken auf 1 mm genau abzulesen. (Einen halben Millimeter kannst du nur mehr schätzen.) Folglich kannst du in diesem Beispiel den Umfang bestenfalls auf 2,5 m genau bestimmen.

Ergebnis der Messung der Längen der Strecken AB und CB:
$\overline{AB} = 99$ mm, $\overline{CD} = 91$ mm

Die Strecke AB bzw. die Strecke CB ist in der Wirklichkeit 2 500-mal so lang wie in der Zeichnung.

99 mm · 2 500 = 247 500 mm = 247,5 m
91 mm · 2 500 = 227 500 mm = 227,5 m

Umfang: 175 m + 247,5 m + 227,5 m = 650 m

u = 650 m

Der Umfang des Landstücks beträgt (rund) **650 m**.

Für den Maßstab 1 : 5 000 gilt:
(Länge im Plan) · 5 000 ⇒
⇒ Länge in der Wirklichkeit
(Länge in der Wirklichkeit) dividiert durch 5 000 ⇒
⇒ Länge im Plan

9.7 (Vergleiche mit dem Beispiel 9.6!)

a) Maßstab 1 : 5 000

1 mm (im Plan) ≙ 5 000 mm = 5 m (in der Wirklichkeit)
$\overline{BC}$ = 250 m = 250 000 mm ≙ 250 000 mm : 5 000 = 250 mm : 5 = 50 mm
250 m (in der Wirklichkeit) ≙ 50 mm (im Plan)

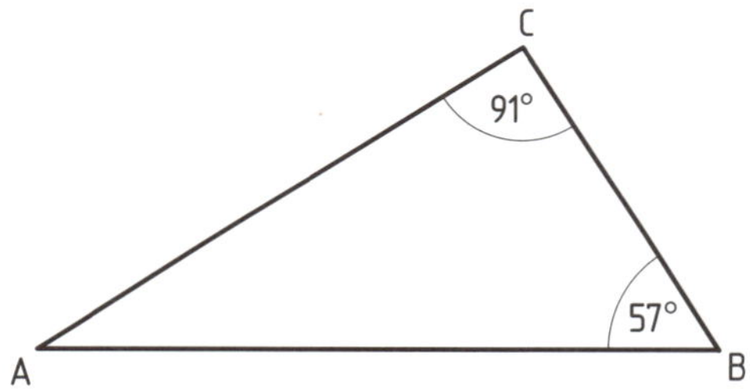

b) Ergebnis der Messung der Längen der Strecken AB und AC:
$\overline{AB} = 94$ mm, $\overline{AC} = 79$ mm

94 mm · 5 000 = 470 000 mm = 470 m
79 mm · 5 000 = 395 000 mm = 395 m

Umfang: 250 m + 470 m + 395 m = 1 115 m

u = 1 115 m ≈ 1 100 m

Der Umfang des Landstücks beträgt rund **1 100 m**.

Für den Maßstab 1 : 2 000 gilt:
(Länge im Plan) · 2 000 ⇒
⇒ Länge in der Wirklichkeit
(Länge in der Wirklichkeit) dividiert durch 2 000 ⇒
⇒ Länge im Plan

9.8 Fertige eine Skizze eines Dreiecks an und beschrifte dieses!
Maßstab 1 : 2 000 bedeutet, dass jede Streckenlänge in deiner Zeichnung ein 2 000stel der entsprechenden Strecke in der Wirklichkeit sein soll.

1 mm (im Plan) ≙ 2 000 mm = 2 m (in der Wirklichkeit)

b = 174 m = 174 000 mm ≙ 174 000 mm : 2 000 = 174 mm : 2 = 87 mm

174 m (in der Wirklichkeit) ≙ 87 mm (im Plan)

a = 128 m = 128 000 mm ≙ 128 000 mm : 2 000 = 128 mm : 2 = 64 mm

128 m (in der Wirklichkeit) ≙ 64 mm (im Plan)

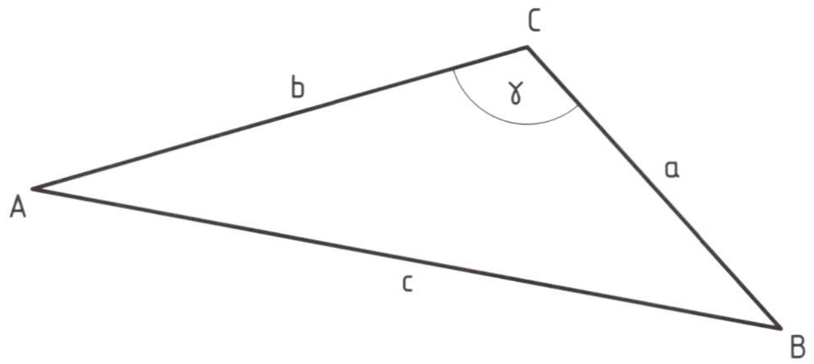

Die Maßeinteilung (Skala) deines Lineals lässt es zu, Strecken auf 1 mm genau abzulesen. (Einen halben Millimeter kannst du nur mehr schätzen.) Folglich kannst du in diesem Beispiel den Umfang bestenfalls auf 2 m genau bestimmen.

Ergebnis der Messung der Länge der Seite c:

c = 129 mm   129 mm · 2 000 = 258 000 mm = 258 m

129 mm (im Plan) ≙ **258 m ≈ 260 m** (in der Wirklichkeit)

Die Länge der Seite c beträgt in der Wirklichkeit rund **260 m**.

Skizze:

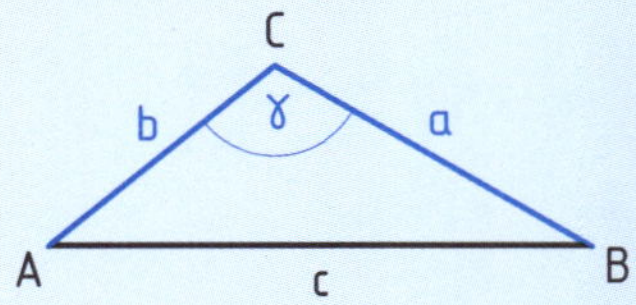

Konstruktionsgang (Vorschlag):

1) Beginn mit der Seite b!
2) Zeichne den Winkel γ = ∢ab und trag auf dem Winkelschenkel a die Strecke a = $\overline{BC}$ auf!
   Du erhältst den Punkt B.
3) Zeichne das Dreieck ABC nach und beschrifte es!

9.9 (Vergleiche mit dem Beispiel 9.8!)

Maßstab 1 : 100 000

1 mm (im Plan) ≙ 100 000 mm = 100 m (in der Wirklichkeit)

a = 8,4 km = 8 400 m = 84 · 100 m ≙ 84 mm
c = 10,8 km = 10 800 m = 108 · 100 m ≙ 108 mm

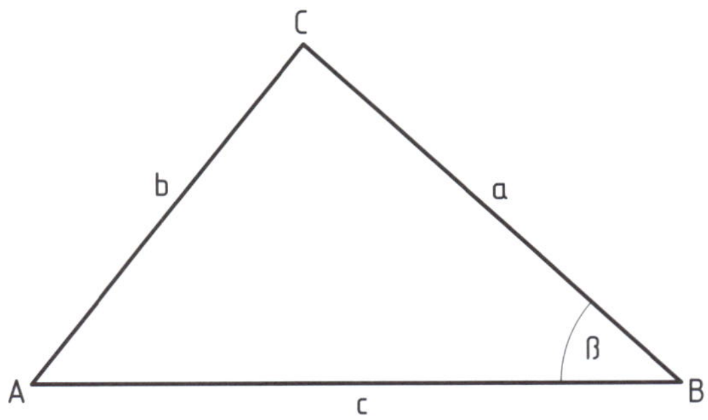

Ergebnis der Messung der Länge der Seite b:

Die Maßeinteilung (Skala) deines Lineals lässt es zu, Strecken auf 1 mm genau abzulesen. (Einen halben Millimeter kannst du nur mehr schätzen.) Folglich kannst du in diesem Beispiel die Länge der Seite b bestenfalls auf 100 m genau bestimmen.

b = 72 mm   72 mm · 100 000 = 7 200 000 mm =
= 7 200 m = 7,2 km

72 mm (im Plan) ≙ **7,2 km** (in der Wirklichkeit)

Die Länge der Seite b beträgt in der Wirklichkeit (rund) **7,2 km**.

Für Maßstab 1 : 100 000 gilt:

(Länge im Plan) · 100 000 ⇒
⇒ Länge in der Wirklichkeit

(Länge in der Wirklichkeit) dividiert durch 100 000 ⇒
⇒ Länge im Plan

9.10 Fertige eine Skizze eines Dreiecks an und beschrifte dieses!

Skizze:

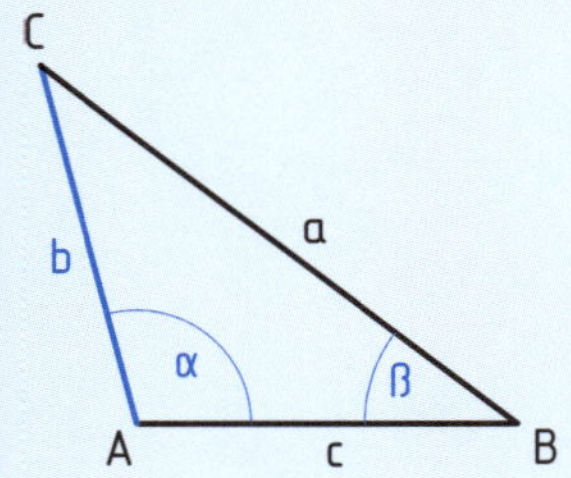

Konstruktionsgang (Vorschlag):

1) Beginn mit der Seite $b = \overline{AC}$!
2) Zeichne den Winkel $\alpha = \sphericalangle bc$! (Die Länge der Seite c ist noch nicht bekannt.)
3) Nimm einen Punkt auf dem Winkelschenkel c an und zeichne dort den Winkel $\beta = \sphericalangle ca$! (Auch die Länge der Seite a ist noch nicht bekannt.)
4) Verschieb den Winkelschenkel a parallel durch den Punkt C!
5) Zeichne das Dreieck ABC nach und beschrifte es!

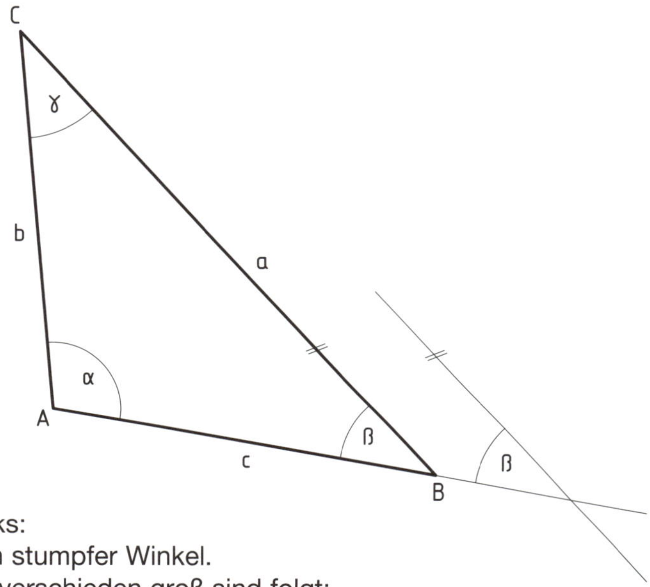

Art des Dreiecks:
$\alpha = 105°$ ist ein stumpfer Winkel.
Da alle Winkel verschieden groß sind folgt:
Das Dreieck ist **ungleichseitig** und **stumpfwinklig**.

9.11 (Vergleiche mit dem Beispiel 9.10!)
Fertige eine Skizze eines Dreiecks an und beschrifte dieses!

Skizze:

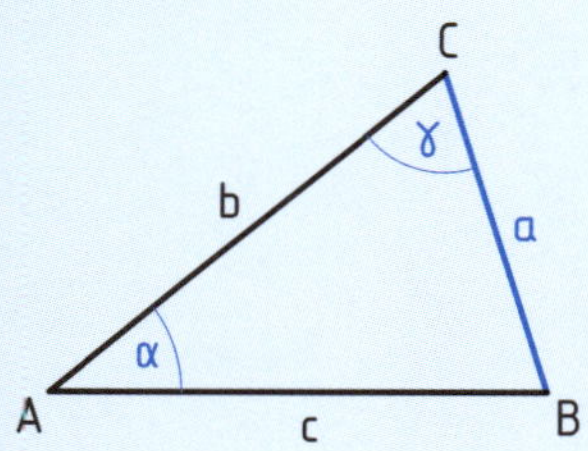

Konstruktionsgang (Vorschlag):

1) Beginn mit der Seite $a = \overline{BC}$!
2) Zeichne den Winkel $\gamma = \sphericalangle ab$!
3) Nimm einen Punkt auf dem Winkelschenkel b an und zeichne dort den Winkel $\alpha = \sphericalangle bc$!
4) Verschieb den Winkelschenkel c parallel durch den Punkt B!
5) Zeichne das Dreieck ABC nach und beschrifte es!

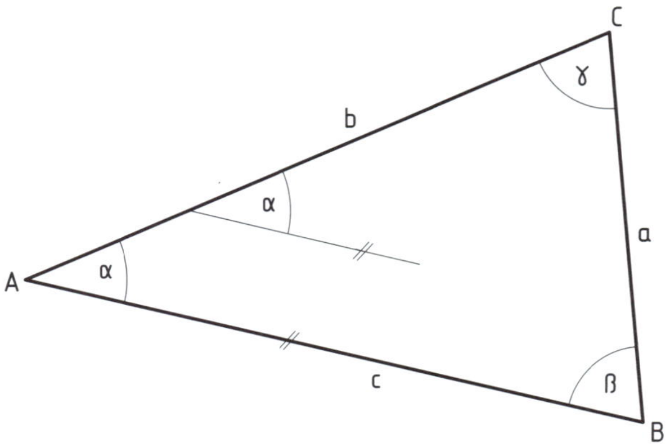

Art des Dreiecks:
Alle Winkel sind spitz, d. h. kleiner als 90°. Da zwei Winkel gleich groß sind [$\beta = 180° - (\alpha + \gamma) = 180° - 108° = 72° = \gamma$] folgt:
Das Dreieck ist **gleichschenklig** und **spitzwinklig**.

$\alpha + \gamma = 36° + 72° = 108°$

9.12 Fertige eine Skizze eines Dreiecks an und beschrifte dieses!

Konstruktionsgang (Vorschlag):

1) Beginn mit der Seite $a = \overline{BC}$!
2) Zeichne den Winkel $\gamma = ∢ab$!
3) Zieh um B den Kreisbogen mit dem Radius c! Der Kreisbogen schneidet den Winkelschenkel b zweimal. Du erhältst die (Schnitt-)Punkte A und A_1. Es gibt zwei nicht kongruente Lösungen: die Dreiecke ABC und A_1BC.
4) Zeichne die Dreiecke ABC und A_1BC nach und beschrifte sie!

Skizze:

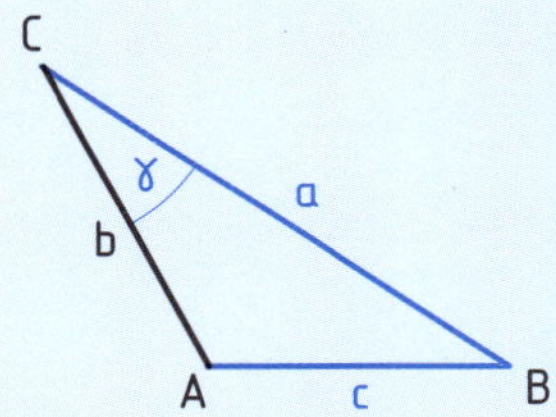

kongruent … deckungsgleich, also gleiche Größe und Gestalt

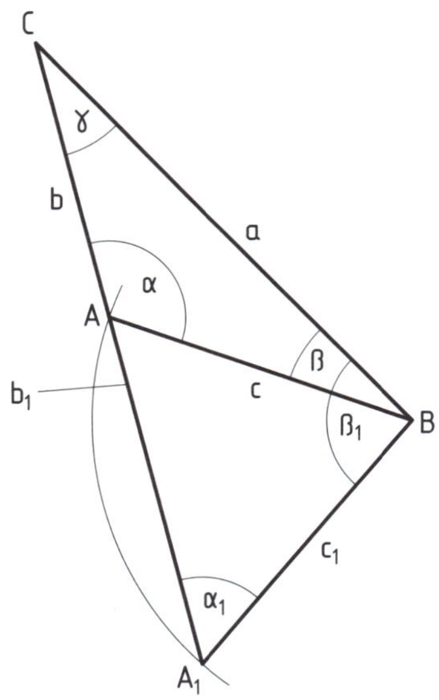

Ergebnis der Messung der Längen der Seiten b und b_1:

$b = 49$ mm, $b_1 = 112$ mm

Ergebnis der Messung der Winkel α, β, α_1 und β_1:

$\alpha = 124°$, $\beta = 26°$, $\alpha_1 = 56°$, $\beta_1 = 94°$

Art der Dreiecke:
Jedes der Dreiecke hat einen stumpfen Winkel (α bzw. β_1). Da in jedem der Dreiecke alle drei Winkel verschieden groß sind, folgt:

Die Dreiecke ABC und A_1BC sind **ungleichseitig** und **stumpfwinklig**.

(Beachte: Das Dreieck BAA_1 ist keine Lösung!)

Skizze:

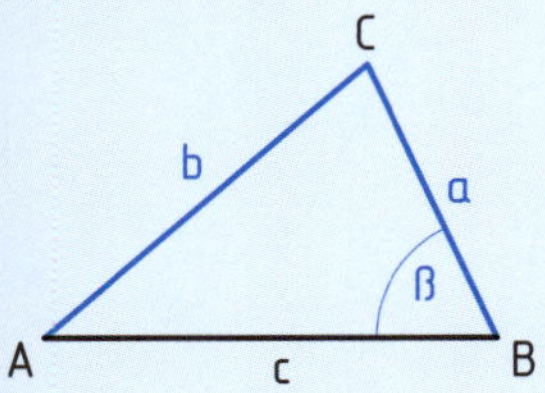

9.13 (Vergleiche mit dem Beispiel 9.12!)

Fertige eine Skizze eines Dreiecks an und beschrifte dieses!

Konstruktionsgang (Vorschlag):

1) Beginn mit der Seite $a = \overline{BC}$!
2) Zeichne den Winkel $\beta = ∢ac$!
3) Zieh um C den Kreisbogen mit dem Radius b! Der Kreisbogen schneidet den Winkelschenkel c zweimal. Du erhältst die (Schnitt-)Punkte A und A_1. Es gibt zwei nicht kongruente Lösungen: die Dreiecke ABC und A_1BC.
4) Zeichne die Dreiecke ABC und A_1BC nach und beschrifte sie!

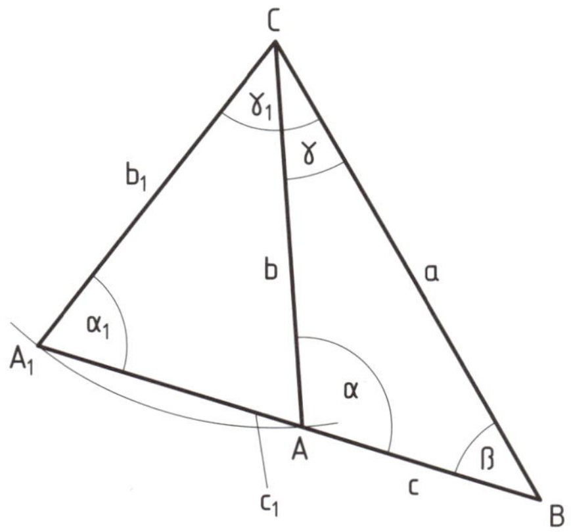

Ergebnis der Messung der Längen der Seiten c und c_1:

$c = 42$ mm, $c_1 = 88$ mm

Ergebnis der Messung der Winkel:

$\alpha = 111°$, $\gamma = 26°$, $\alpha_1 = 69°$, $\gamma_1 = 68°$

Art der Dreiecke:

Das Dreieck ABC ist **ungleichseitig** und **stumpfwinklig**.

Das Dreieck A_1BC ist **ungleichseitig** und **spitzwinklig**.

9.14 **a)** Bei einem Dreieck versteht man unter der „Höhe auf eine Seite“ den **(Normal-)Abstand eines Eckpunkts von der gegenüberliegenden Seite**.

Die Normale auf eine Dreieckseite (bzw. die Normale auf die Verlängerung einer Seite) zum gegenüberliegenden Eckpunkt heißt **Höhe**. In jedem Dreieck gibt es drei Höhen.

In jedem Dreieck schneiden einander die Höhen (bzw. ihre Verlängerungen) in einem Punkt, dem **Höhenschnittpunkt**.

b) Fertige eine Skizze eines Dreiecks an und beschrifte dieses!

Konstruktionsgang (Vorschlag):

1) Vergleiche mit dem Konstruktionsgang im Beispiel 9.9!
2) Zeichne die drei Höhen h_a, h_b und h_c! Die Höhe h_c steht normal auf die Seite c und geht durch Eckpunkt C.
   Die Höhen h_a und h_b liegen außerhalb des Dreiecks. Die Höhe h_a steht normal auf die Seite a und geht durch den Eckpunkt A. Die Höhe h_b steht normal auf die Seite b und geht durch den Eckpunkt B.
3) Zeichne die Verlängerungen der drei Höhen! Bei genauer Zeichnung schneiden diese Verlängerungen einander in einem gemeinsamen Punkt, dem Höhenschnittpunkt H.

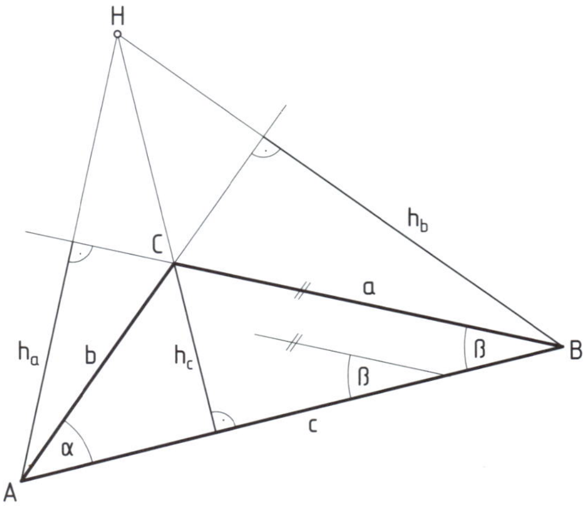

Skizze:

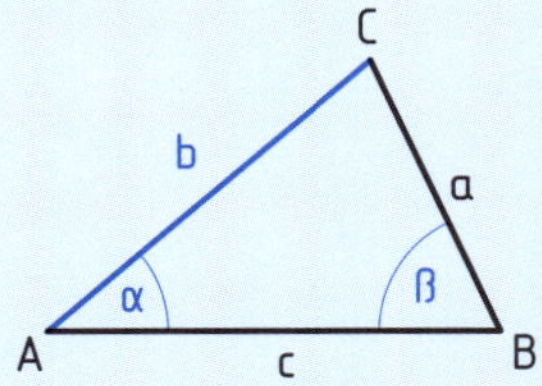

Ergebnis der Messung der Dreieckhöhen:

h_a = 50 mm, **h_b = 74 mm**, **h_c = 35 mm**

9.15 (Vergleiche mit dem Beispiel 9.14!)

a)

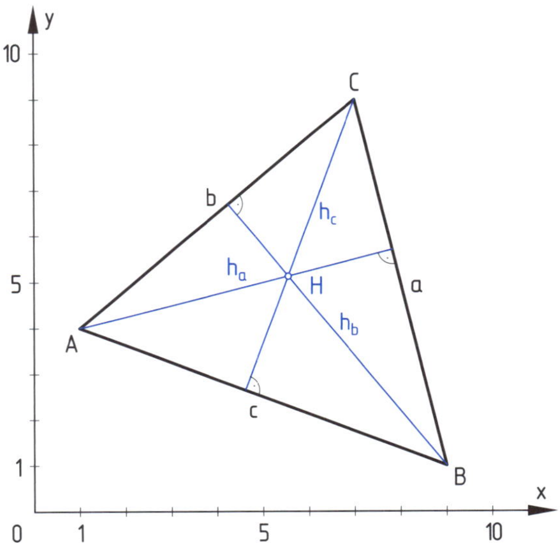

b) Koordinaten des Höhenschnittpunkts H: **H(5,6|5,1)**

Ergebnis der Messung der Höhen:

h_a = 70 mm, **h_b = 74 mm**, **h_c = 68 mm**

Skizze:

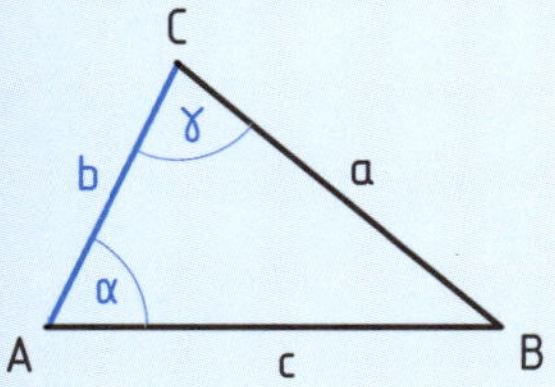

Die Verbindungslinie vom Halbierungspunkt einer Dreieckseite zum gegenüberliegenden Eckpunkt heißt **Schwerlinie**. In jedem Dreieck gibt es drei Schwerlinien.

In jedem Dreieck schneiden einander die Schwerlinien in einem Punkt, dem **Schwerpunkt**.

9.16 **a)** Bei einem Dreieck versteht man unter einer Schwerlinie die **Verbindungslinie vom Halbierungspunkt einer Dreieckseite zum gegenüberliegenden Eckpunkt.**

b) Fertige eine Skizze eines Dreiecks an und beschrifte dieses!

Konstruktionsgang (Vorschlag):

1) Vergleiche mit dem Konstruktionsgang im Beispiel 9.5!
2) Zeichne die drei Schwerlinien s_a, s_b und s_c!
   Die Schwerlinien verlaufen jeweils vom Halbierungspunkt einer Dreieckseite zum gegenüberliegenden Eckpunkt.

Bei genauer Zeichnung schneiden einander die Schwerlinien in einem gemeinsamen Punkt, dem Schwerpunkt S.

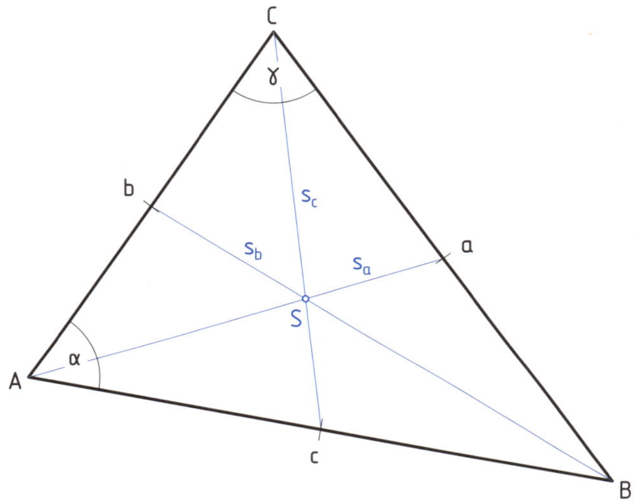

9.17 (Vergleiche mit dem Beispiel 9.16!)

a)

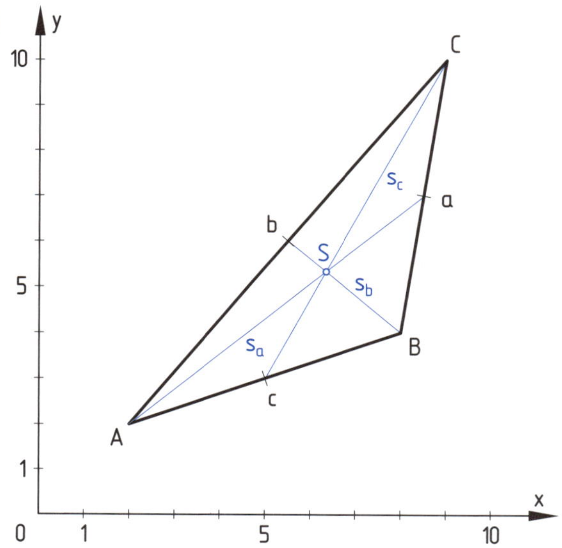

b) Koordinaten des Schwerpunkts S: **S(6,3|5,3)**

9.18 Fertige eine Skizze eines Dreiecks an und beschrifte dieses!

Skizze:

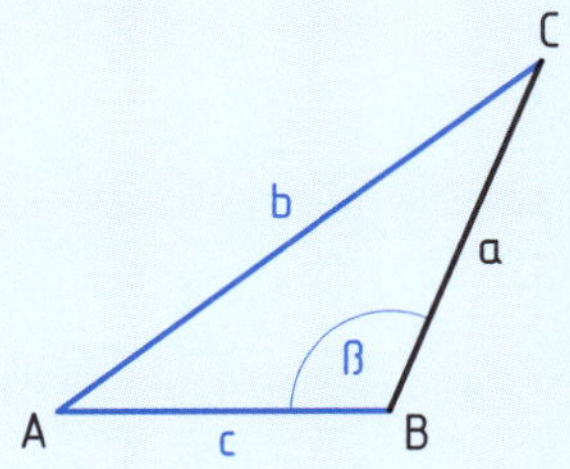

In jedem Dreieck gibt es drei Seitensymmetralen.

In jedem Dreieck schneiden einander die Seitensymmetralen in einem Punkt, dem **Umkreismittelpunkt**.

a) Konstruktionsgang (Vorschlag):

1) Beginn mit der Seite $c = \overline{AB}$!
2) Zeichne den Winkel $\beta = \sphericalangle ac$!
3) Zieh um A den Kreisbogen mit dem Radius b! Der Kreisbogen schneidet den Winkelschenkel a. Du erhältst den (Schnitt-)Punkt C.
4) Zeichne zwei der drei Seitensymmetralen s_{AB}, s_{AC} und s_{BC}!

   Bei genauer Zeichnung schneiden diese einander in einem gemeinsamen Punkt, dem Umkreismittelpunkt U.

   (Beachte: Mit Hilfe der dritten Seitensymmetrale kannst du überprüfen, ob deine Zeichnung genau ist.)
5) Zeichne den Umkreis! Bei genauer Zeichnung verläuft der Umkreis durch alle drei Eckpunkte des Dreiecks.

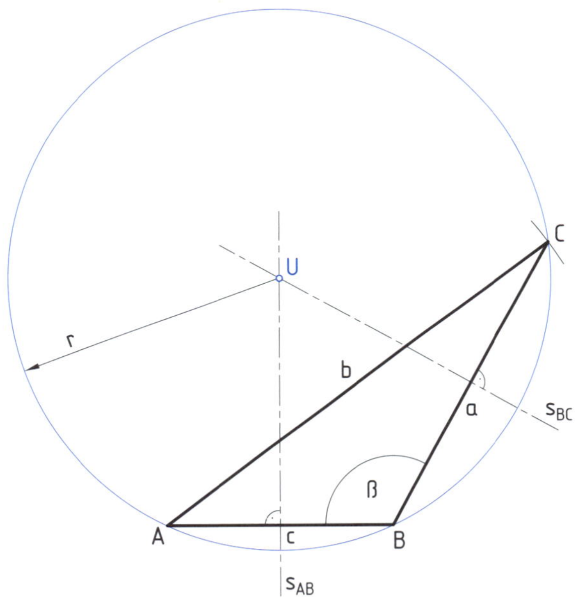

Ergebnis der Messung des Umkreisradius r: **r = 60 mm**

b) Der Umkreismittelpunkt ist jener Punkt des Dreiecks, der **von den Eckpunkten des Dreiecks gleich weit entfernt** ist.

9.19 (Vergleiche mit dem Beispiel 9.18!)

a)

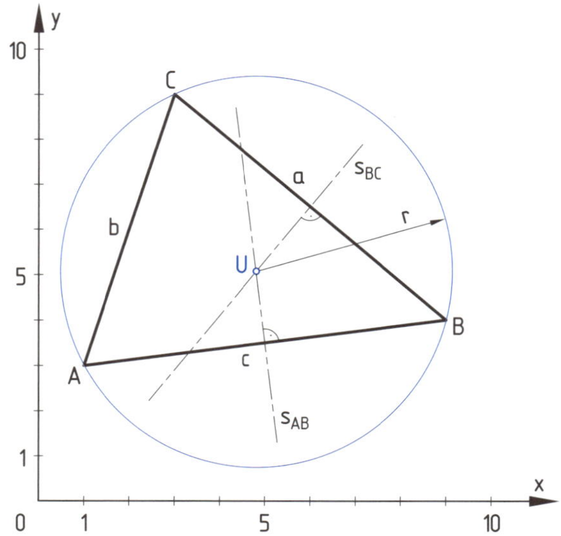

b) Koordinaten des Umkreismittelpunkts U: **U(4,8|5,1)**
Ergebnis der Messung des Umkreisradius r: **r = 43 mm**

c) Der Umkreismittelpunkt ist jener Punkt des Dreiecks, der **von den Eckpunkten des Dreiecks gleich weit entfernt** ist.

Skizze:

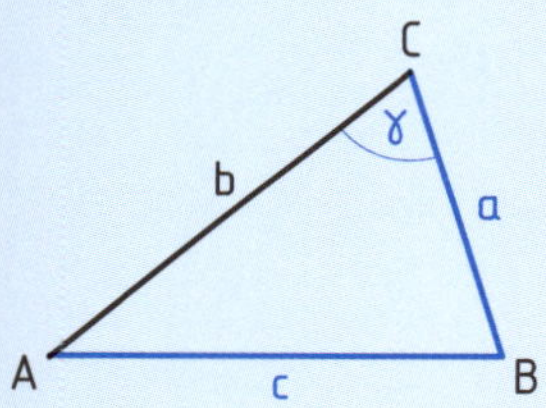

In jedem Dreieck gibt es drei Winkelsymmetralen.

In jedem Dreieck schneiden einander die Winkelsymmetralen (Winkelhalbierenden) in einem Punkt, dem **Inkreismittelpunkt**.

9.20 Fertige eine Skizze eines Dreiecks an und beschrifte dieses!

a) Konstruktionsgang (Vorschlag):

1) Beginn mit der Seite a = $\overline{BC}$!
2) Zeichne den Winkel $\gamma = \sphericalangle ab$!
3) Zieh um B den Kreisbogen mit dem Radius c!
   Der Kreisbogen schneidet den Winkelschenkel b.
   Du erhältst den (Schnitt-)Punkt A.
4) Zeichne zwei der drei Winkelsymmetralen (Winkelhalbierenden) w_α, w_β und w_γ!
   Bei genauer Zeichnung schneiden diese einander in einem gemeinsamen Punkt, dem Inkreismittelpunkt I.
   (Beachte: Mit Hilfe der dritten Winkelsymmetrale kannst du überprüfen, ob deine Zeichnung genau ist.)
5) Indem du vom Inkreismittelpunkt aus die Normalen auf die Dreieckseiten zeichnest, erhältst du die Berührungspunkte des Inkreises. Jetzt (erst) sollst du den Inkreis zeichnen. Bei genauer Zeichnung berührt der Inkreis alle Seiten des Dreiecks.

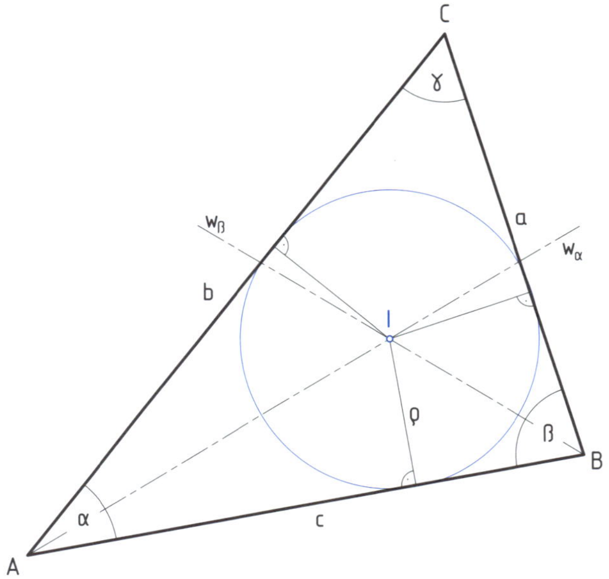

Winkelsymmetrale:
Die Winkelschenkel a und b liegen symmetrisch zur Winkelsymmetrale (zur Winkelhalbierenden) des Winkels α. Die Winkelsymmetrale halbiert den Winkel α.

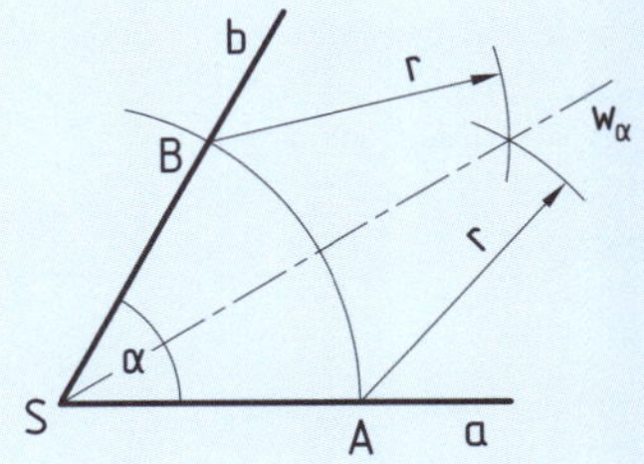

Ergebnis der Messung des Inkreisradius ϱ: **ϱ = 33 mm**

b) Der Inkreismittelpunkt ist jener Punkt des Dreiecks, der **von allen drei Seiten des Dreiecks gleichen (Normal-)Abstand** hat.

ϱ (sprich „rho") … griech. Kleinbuchstabe für „r"

9.21 (Vergleiche mit dem Beispiel 9.20!)

a)

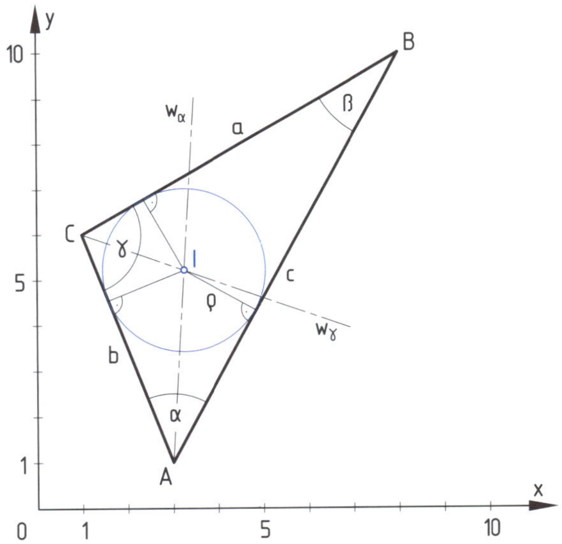

b) Koordinaten des Inkreismittelpunkts I: **I(3,3|5,2)**
Ergebnis der Messung des Inkreisradius ϱ: **ϱ = 18 mm**

c) Der Inkreismittelpunkt ist jener Punkt des Dreiecks, der **von allen drei Seiten des Dreiecks gleichen (Normal-)Abstand** hat.

Beachte:
„merkwürdig“ wird umgangssprachlich oft in der Bedeutung von „eigenartig“ und „seltsam“ verwendet, heißt aber tatsächlich nichts anderes als „würdig, gemerkt zu werden“, „wichtig“.

EULER'sche Gerade [nach dem Schweizer Mathematiker Leonhard EULER (1707–1783)]: Gerade durch den Höhenschnittpunkt, den Schwerpunkt und den Umkreismittelpunkt eines Dreiecks.

Hinweise zu den Beispielen 9.22 und 9.23

Der Höhenschnittpunkt H, der Schwerpunkt S, der Umkreismittelpunkt U und der Inkreismittelpunkt I zählen zu den „merkwürdigen“ Punkten eines Dreiecks.
Der Höhenschnittpunkt H, der Schwerpunkt S und der Umkreismittelpunkt U erfüllen darüber hinaus eine weitere interessante Eigenschaft: Sie liegen auf einer Geraden. Diese Gerade heißt EULER'sche Gerade des Dreiecks.
Der Inkreismittelpunkt I jedoch liegt im Allgemeinen **nicht** auf der EULER'schen Geraden.
In den Beispielen 9.22 und 9.23 werden dir die Konstruktionsgänge nicht mehr in allen Einzelheiten erklärt. Solltest du unsicher sein, wie der Höhenschnittpunkt, der Schwerpunkt oder der Umkreismittelpunkt eines Dreiecks konstruiert werden, so lies bei den Beispielen 9.14, 9.16 und 9.18 nach!

9.22

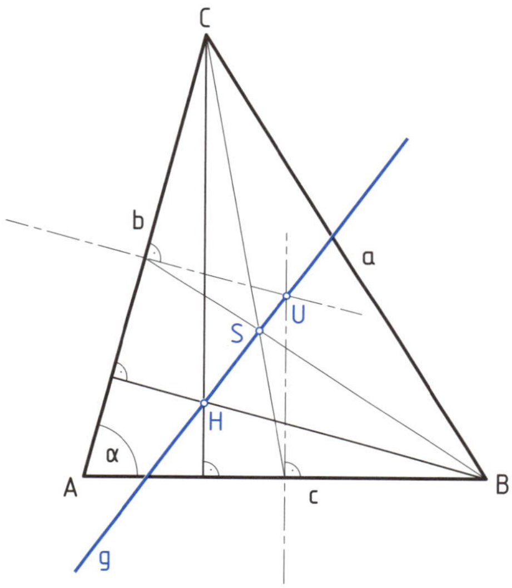

Ergebnis der Messung der Längen der Strecken US und SH:
$\overline{US} = 9$ mm, $\overline{SH} = 18$ mm

9.23

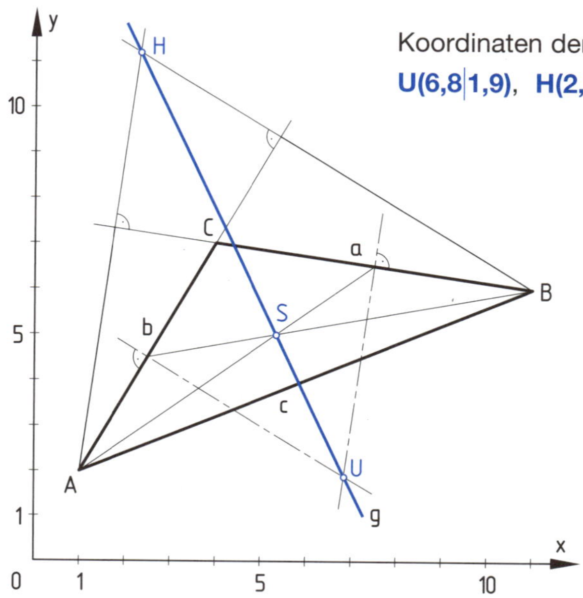

Koordinaten der Punkte U, H und S:
U(6,8|1,9), H(2,3|11,2), S(5,3|5,0)

9.24 Der Satz von THALES besagt, dass jeder Winkel, der seinen Scheitel auf einem Halbkreis hat und dessen Schenkel durch die Endpunkte des Halbkreisdurchmessers verlaufen, ein rechter Winkel ist.

Fertige eine Skizze eines rechtwinkligen Dreiecks an und beschrifte dieses!

Konstruktionsgang (Vorschlag):

1) Da $\gamma = 90°$, ist c die Hypotenuse des Dreiecks. Beginn mit der Seite $c = \overline{AB}$! Sie ist der Durchmesser des THALESkreises.
2) Zeichne die Streckensymmetrale s_{AB}! Du erhältst den Mittelpunkt des THALESkreises.
3) Errichte über der Strecke $c = \overline{AB}$ den Halbkreis!
4) Zieh um B den Kreisbogen mit dem Radius a! Der Kreisbogen schneidet den Halbkreis. Du erhältst den (Schnitt-)Punkt C.
5) Zeichne das Dreieck ABC nach und beschrifte es!

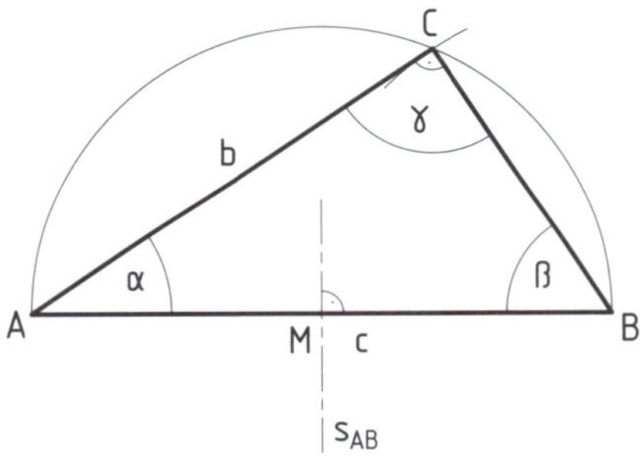

Kurzfassung des Satzes von THALES [Satz nach dem griechischen Philosophen und Mathematiker THALES von Milet (≈ 600 v. Chr.)]:
„Jeder Winkel im Halbkreis ist ein rechter Winkel."

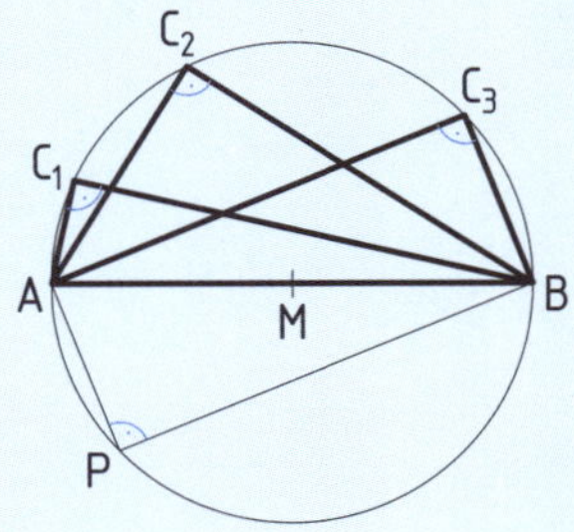

Skizze:

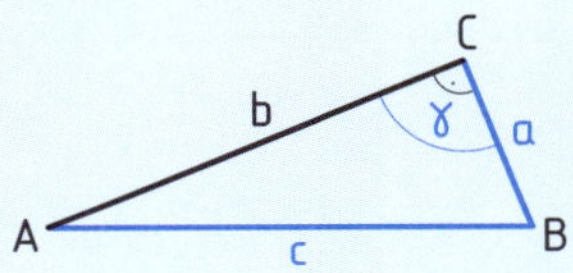

a) Der Radius des THALESkreises ist halb so groß wie die Hypotenuse c.

$\mathbf{r = \frac{c}{2} = 41{,}5\ mm}$

b) Der Mittelpunkt des THALESkreises fällt mit dem **Umkreismittelpunkt** des rechtwinkligen Dreiecks zusammen.

c) Miss zuerst die Länge der Strecke $b = \overline{AC}$!

b = 69 mm

$A = \frac{a \cdot b}{2}$

$46 \cdot 69 = 3\,174$
$3\,174 : 2 = 1\,587$

$\mathbf{A = 1\,587\ mm^2 = 15{,}87\ cm^2 \approx 16\ cm^2}$

Der Flächeninhalt des Dreiecks beträgt rund **16 cm²**.

Hypotenuse:
Die längste Seite im rechtwinkligen Dreieck. Sie liegt dem rechten Winkel gegenüber.

Flächeninhalt eines rechtwinkligen Dreiecks:
$A = \frac{1}{2} \cdot a \cdot b = \frac{a \cdot b}{2}$
a, b … Kathetenlängen

9.25 (Vergleiche mit dem Beispiel 9.24!)

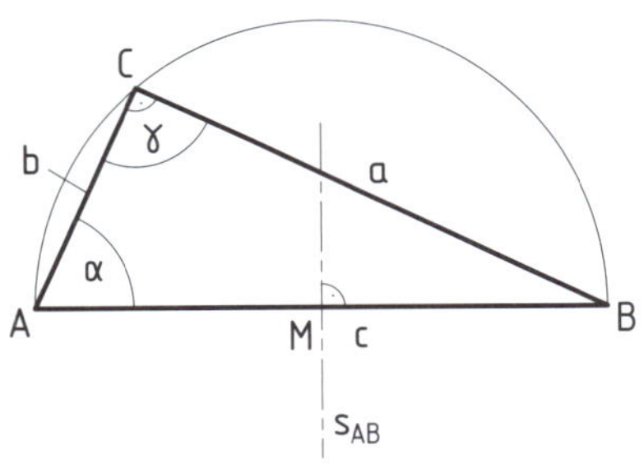

Fortsetzung auf der nächsten Seite.

a) Ergebnis der Messung für den Radius des THALESkreises:
$r = \frac{c}{2} = 38{,}5$ mm

b) Der Mittelpunkt des THALESkreises fällt mit dem **Umkreismittelpunkt** des rechtwinkligen Dreiecks zusammen.

c) Ergebnis der Messung der Länge der Seiten $a = \overline{BC}$ und $b = \overline{AC}$:
$a = 70$ mm, $b = 33$ mm

$A = \frac{a \cdot b}{2}$ — $70 \cdot 33 = 2\,310$
$2\,310 : 2 = 1\,155$

$A = 1\,155\ mm^2 = 11{,}55\ cm^2 \approx 12\ cm^2$

Der Flächeninhalt des Dreiecks beträgt rund **$12\ cm^2$**.

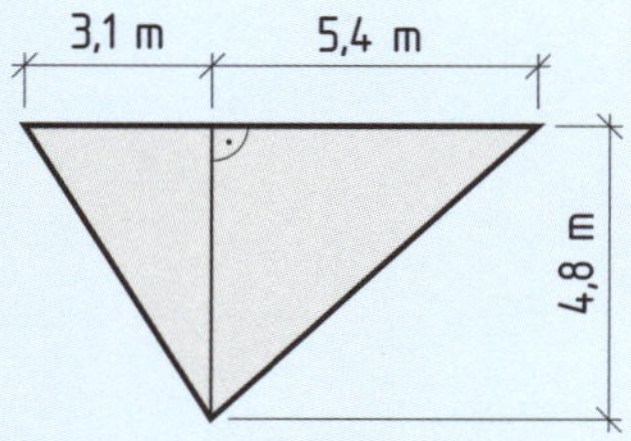

Flächeninhalt eines rechtwinkligen Dreiecks:
$A = \frac{1}{2} \cdot a \cdot b = \frac{a \cdot b}{2}$
a, b … Kathetenlängen

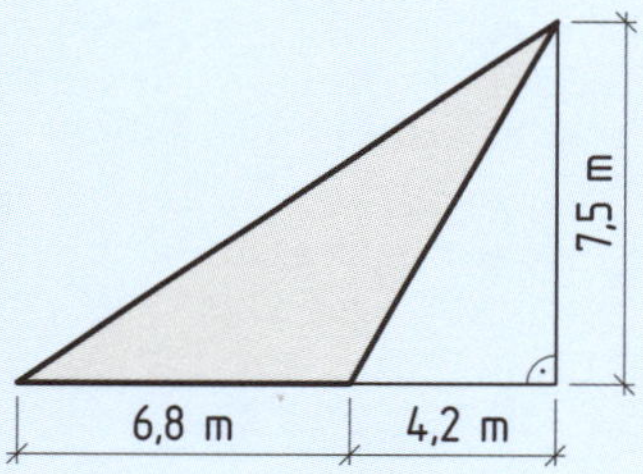

9.26 **a)** Denk dir das gegebene Dreieck aus zwei rechtwinkligen Dreiecken (mit den Seitenlängen 3,1 m und 4,8 m bzw. 5,4 m und 4,8 m) zusammengesetzt!

$A_1 = 7{,}44\ m^2$ — $(3{,}1 \cdot 4{,}8) : 2 = 14{,}88 : 2 = 7{,}44$
$A_2 = 12{,}96\ m^2$ — $(5{,}4 \cdot 4{,}8) : 2 = 25{,}92 : 2 = 12{,}96$
$A = A_1 + A_2$ — $7{,}44 + 12{,}96 = 20{,}40$

$A = 20{,}40\ m^2$

Der Flächeninhalt des Dreiecks beträgt **$20{,}40\ m^2$**.

b) Zieh vom Flächeninhalt eines rechtwinkligen Dreiecks mit den Kathetenlängen (6,8 m + 4,2 m =) 11 m und 7,5 m den Flächeninhalt eines rechtwinkligen Dreiecks mit den Kathetenlängen 4,2 m und 7,5 m ab!

$A_1 = 41{,}25\ m^2$ — $[(6{,}8 + 4{,}2) \cdot 7{,}5] : 2 = [11 \cdot 7{,}5] : 2 =$
$= 82{,}5 : 2 = 41{,}25$
$A_2 = 15{,}75\ m^2$ — $(4{,}2 \cdot 7{,}5) : 2 = 31{,}50 : 2 = 15{,}75$
$A = A_1 - A_2$ — $41{,}25 - 15{,}75 = 25{,}50$

$A = 25{,}50\ m^2$

Der Flächeninhalt des Dreiecks beträgt **$25{,}50\ m^2$**.

9.27 Geh wie folgt vor (Vorschlag):
Zeichne ein beliebiges Dreieck und zieh durch C die Parallele zu AB!

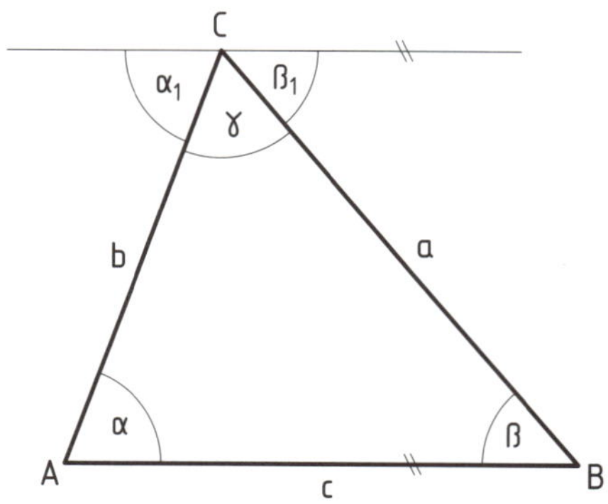

Die Behauptung lautet: In jedem Dreieck ist die Summe der Innenwinkel 180°. In der Sprache der Mathematik lässt sich das so formulieren:
$\alpha + \beta + \gamma = 180°$.

Beweis: Aus der Zeichnung geht hervor: $\alpha_1 + \gamma + \beta_1 = 180°$.

Die Winkel α und α_1 sowie β und β_1 sind gleich große Parallelwinkel: $\alpha = \alpha_1$ und $\beta = \beta_1$.

Du kannst α_1 und β_1 in der obigen Gleichung durch α und β ersetzen, die Summanden umordnen und schreiben: $\alpha + \beta + \gamma = 180°$.

(Was zu beweisen war.)

Parallelwinkel:
Winkel, deren Schenkel paarweise parallel sind.

9.28 Geh wie folgt vor (Vorschlag):

Zeichne ein beliebiges rechtwinkliges Dreieck ABC ($\gamma = 90°$) und zieh durch C die Parallele zu AB!

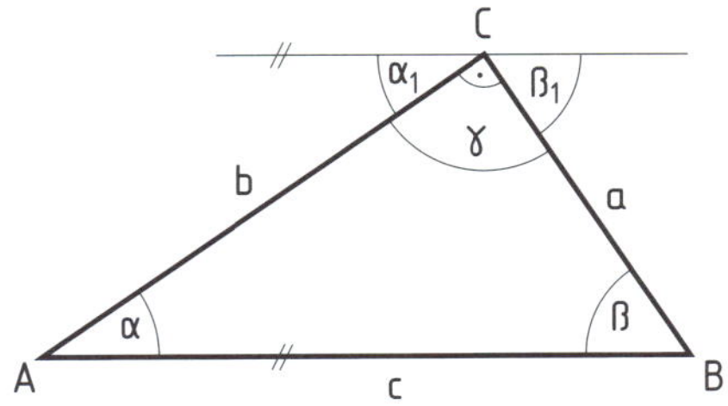

Die Behauptung lautet: In jedem rechtwinkligen Dreieck ist die Summe der beiden spitzen Winkel 90°. In der Sprache der Mathematik lässt sich das so formulieren: $\alpha + \beta = 90°$.

Beweis: Aus der Zeichnung geht hervor: $\alpha_1 + \gamma + \beta_1 = 180°$.
Die Winkel α und α_1 sowie β und β_1 sind gleich große Parallelwinkel: $\alpha = \alpha_1$ und $\beta = \beta_1$.

Du kannst α_1 und β_1 in der obigen Gleichung durch α und β ersetzen und für $\gamma = 90°$ einsetzen:

$$\alpha + 90° + \beta = 180°$$
$$\alpha + \beta = 180° - 90°$$
$$\alpha + \beta = 90°$$

(Was zu beweisen war.)

Parallelwinkel:
Winkel, deren Schenkel paarweise parallel sind.

9.29 Geh wie folgt vor (Vorschlag):

1) Zeichne ein beliebiges Dreieck ABC und verlängere die Seite c über B hinaus! Du erhältst den Außenwinkel β_1.
2) Zieh durch B die Parallele zu $b = \overline{AC}$! Diese Parallele teilt den Winkel β_1 in die beiden Winkel α^* und γ^*.

Außenwinkel eines Dreiecks: supplementärer Winkel eines Innenwinkels.

supplementär … einen Winkel auf 180° ergänzend

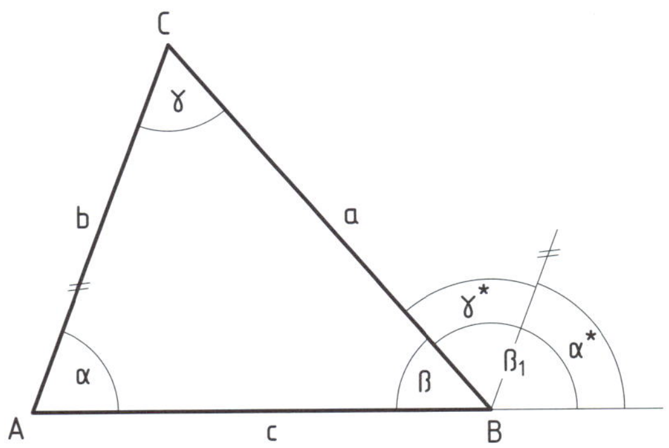

Fortsetzung auf der nächsten Seite.

Die Behauptung lautet: Jeder Außenwinkel ist gleich der Summe der nicht anliegenden Innenwinkel. In der Sprache der Mathematik lässt sich das – für den Winkel β_1 – so formulieren: $\beta_1 = \alpha + \gamma$.

Beweis: Aus der Zeichnung geht hervor: $\beta_1 = \alpha^* + \gamma^*$.

Die Winkel α und α^* sowie γ und γ^* sind gleich große Parallelwinkel: $\alpha = \alpha^*$ und $\gamma = \gamma^*$.

Du kannst α^* und γ^* in der obigen Gleichung durch α und γ ersetzen und schreiben: $\beta_1 = \alpha + \gamma$.

(Was zu beweisen war.)

Außenwinkel eines Dreiecks: supplementärer Winkel eines Innenwinkels.

supplementär … einen Winkel auf 180° ergänzend

9.30 Geh wie folgt vor (Vorschlag): Zeichne zuerst ein beliebiges Dreieck ABC und dann zu jedem Innenwinkel einen Außenwinkel!

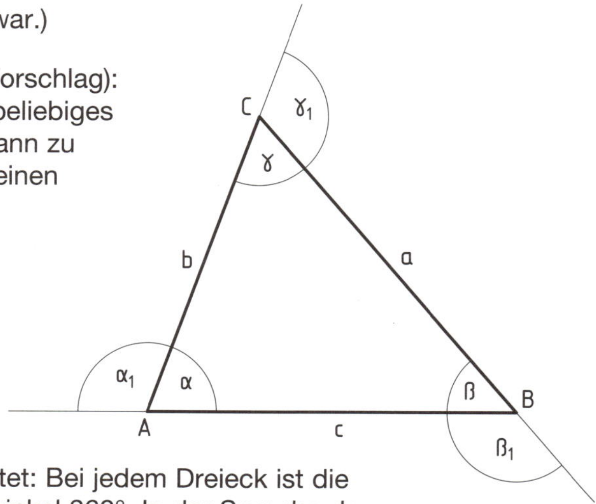

Die Behauptung lautet: Bei jedem Dreieck ist die Summe der Außenwinkel 360°. In der Sprache der Mathematik lässt sich das so formulieren:

$\alpha_1 + \beta_1 + \gamma_1 = 360°$.

Beweis: Aus der Zeichnung geht hervor:

$\alpha + \alpha_1 = 180° \qquad \beta + \beta_1 = 180° \qquad \gamma + \gamma_1 = 180°$

$$(\alpha + \alpha_1) + (\beta + \beta_1) + (\gamma + \gamma_1) = 3 \cdot 180°$$

$$\underbrace{\alpha + \beta + \gamma}_{180°} + \alpha_1 + \beta_1 + \gamma_1 = 540°$$

$$180° + \alpha_1 + \beta_1 + \gamma_1 = 540°$$

$$\alpha_1 + \beta_1 + \gamma_1 = 540° - 180°$$

$$\alpha_1 + \beta_1 + \gamma_1 = 360°$$

(Was zu beweisen war.)

$\alpha + \beta + \gamma = 180°$
In jedem Dreieck ist die Summe der (Innen)-Winkel 180°.

9.31 a) „Kongruent“ bedeutet **deckungsgleich**, also **gleiche Größe und Gestalt**.

b) Zwei Dreiecke, die **in einer Seitenlänge und in den dieser Seite anliegenden Winkeln** übereinstimmen sind kongruent. (WSW-Satz)

Zwei Dreiecke, die **in zwei Seitenlängen und in dem eingeschlossenen Winkel** übereinstimmen sind kongruent. (SWS-Satz)

Zwei Dreiecke, die **in ihren drei Seitenlängen** übereinstimmen sind kongruent. (SSS-Satz)

Kongruenzsätze für Dreiecke:
WSW-Satz … Winkel-Seiten-Winkel-Satz
SWS-Satz … Seiten-Winkel-Seiten-Satz
SSS-Satz … Seiten-Seiten-Seiten-Satz

10 Vierecke

10.1 Fertige eine Skizze eines Parallelogramms an und beschrifte dieses!

Parallelogramm (Rhomboid): Viereck, bei dem je zwei gegenüberliegende Seiten parallel (und gleich lang) sind.

Konstruktionsgang (Vorschlag):

1) Beginn mit der Seite a = $\overline{CD}$!
2) Zeichne den Winkel δ = ∢ADC!
3) Verschieb den Winkelschenkel b parallel in den Punkt C!
4) $\overline{BD}$ = f: Das ist eine der beiden Diagonalen des Parallelogramms. Zieh um D den Kreisbogen mit dem Radius f! Der Kreisbogen schneidet den von C ausgehenden Winkelschenkel b. Du erhältst den (Schnitt-)Punkt B.
5) Verschieb die Seite a parallel durch den Punkt B!
6) Zeichne das Parallelogramm ABCD nach und beschrifte es!

Skizze:

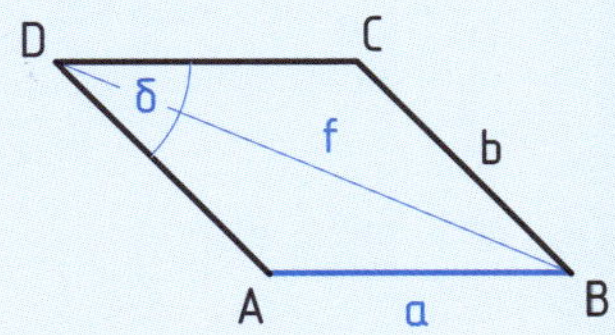

$\overline{AB}$ = $\overline{CD}$ = a
$\overline{BD}$ = f

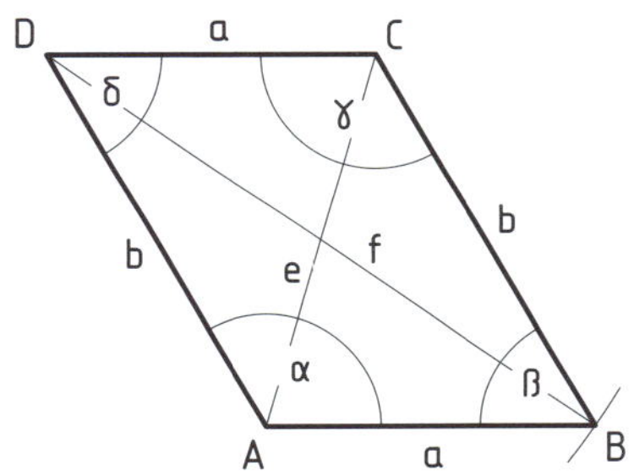

a) Ergebnis der Messung der Längen der Strecken AD und AC:
$\overline{AD}$ = b = 57 mm, $\overline{AC}$ = e = 51,5 mm

Beachte: Der halbe Millimeter im „Mess"-Ergebnis 51,5 mm entstammt natürlich einer Schätzung.

b) Zwei Winkel, die einer Seite eines Parallelogramms anliegen, sind **supplementär (supplementäre Parallelwinkel)**.
Z. B.: α und β oder β und γ.

supplementär … einen Winkel auf 180° ergänzend

10.2 (Vergleiche mit dem Beispiel 10.1!)

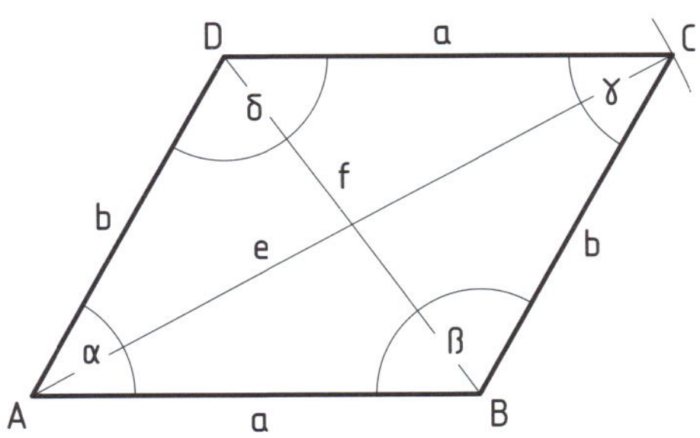

a) Ergebnis der Messung der Längen der Seite b und der Diagonale f:
b = $\overline{BC}$ = $\overline{AD}$ = 56 mm, f = $\overline{BD}$ = 61 mm

b) Zwei Winkel, die einer Seite eines Parallelogramms anliegen, sind **supplementär (supplementäre Parallelwinkel)**.
Z. B.: γ und δ oder δ und α.

Parallelogramm (Rhomboid): Viereck, bei dem je zwei gegenüberliegende Seiten parallel (und gleich lang) sind.

Skizze:

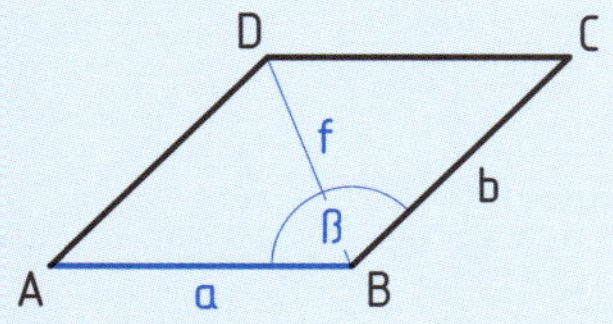

kongruent … deckungsgleich, also gleiche Größe und Gestalt

10.3 Fertige eine Skizze eines Parallelogramms an und beschrifte dieses!

Konstruktionsgang (Vorschlag):

1) Beginn mit der Seite $a = \overline{AB}$!
2) Zeichne den Winkel $\beta = \sphericalangle ABC$!
3) Verschieb den Winkelschenkel b parallel durch den Punkt A!
4) $f = \overline{BD}$: Das ist eine der beiden Diagonalen des Parallelogramms. (Die zweite Diagonale ist die Strecke AC; $\overline{AC} = e$.) Zieh um B den Kreisbogen mit dem Radius f! Der Kreisbogen schneidet den von A ausgehenden Winkelschenkel b zweimal. Du erhältst die (Schnitt-)Punkte D und D_1.
5) Verschieb die Seite a parallel durch den Punkt D und durch den Punkt D_1! Es gibt zwei nicht kongruente Lösungen: Die Vierecke ABCD und ABC_1D_1.
6) Zeichne die beiden Parallelogramme ABCD und ABC_1D_1 nach und beschrifte sie!

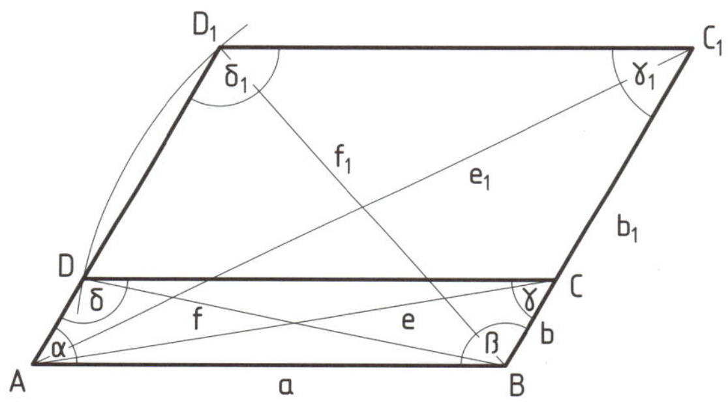

a) Ergebnis der Messung der Längen der Seiten b und b_1 sowie der Diagonalen e und e_1:

$b = \overline{BC} = \overline{AD} = 17$ mm, $e = \overline{AC} = 90$ mm

$b_1 = \overline{BC_1} = \overline{AD_1} = 63$ mm, $e_1 = \overline{AC_1} = 124$ mm

b) Zwei Winkel eines Parallelogramms, die einander gegenüberliegen, sind **gleich groß (gleich große Parallelwinkel)**.
Z. B.: α und γ oder β und δ.

10.4 Fertige eine Skizze eines Rhombus an und beschrifte diesen!

Konstruktionsgang (Vorschlag):

1) Beginn mit der Seite $a = \overline{AB}$!
2) $\overline{AC} = e$: Das ist eine der beiden Diagonalen des Rhombus. (Die zweite Diagonale ist die Strecke BD; $\overline{BD} = f$). Zieh um A den Kreisbogen mit dem Radius e! Zieh um B den Kreisbogen mit dem Radius a! Die beiden Kreisbogen schneiden einander im Punkt C.
3) Verschieb die Rhombusseite AB parallel durch den Punkt C und die Rhombusseite BC parallel durch den Punkt A!
4) Zeichne den Rhombus ABCD nach und beschrifte ihn!
5) Inkreis: Zeichne beide Diagonalen! Ihr Schnittpunkt ist der Inkreismittelpunkt. Die Berührungspunkte des Inkreises erhältst du, indem du vom Inkreismittelpunkt aus die Normalen auf die Rhombusseiten zeichnest. Bei genauer Zeichnung berührt der Inkreis alle vier Seiten des Rhombus.

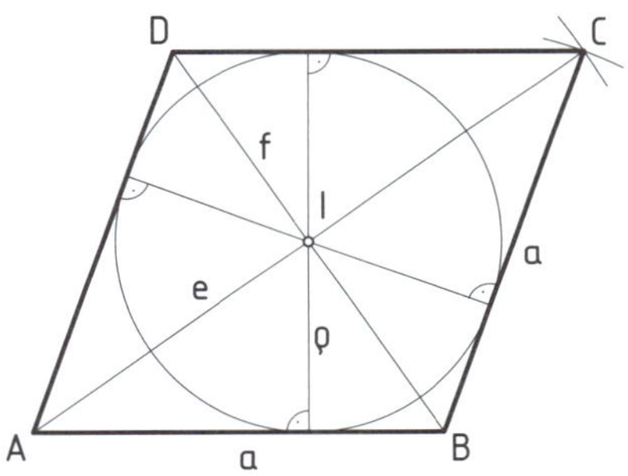

Ergebnis der Messung des Inkreisradius ϱ: **ϱ = 27 mm**

Rhombus (Raute): Parallelogramm mit vier gleich langen Seiten.

Skizze:

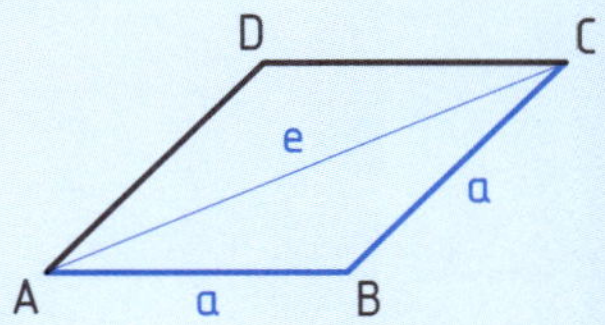

$\overline{AB} = \overline{BC} = a$

$\overline{AC} = e$

Jeder Rhombus besitzt einen Inkreis. Sein Mittelpunkt ist der Schnittpunkt der Diagonalen.

ϱ (sprich „rho") … griech. Kleinbuchstabe für „r"

10.5 Fertige eine Skizze eines Rhombus an und beschrifte diesen!

Konstruktionsgang (Vorschlag):

1) In einem Rhombus halbieren einander die Diagonalen und stehen aufeinander normal. Beginn (z. B.) mit der Diagonale e! Zeichne in ihrem Halbierungspunkt die Normale auf e! Trag von diesem Halbierungspunkt aus auf der Normalen in beide Richtungen $\frac{f}{2}$ auf! Die 4 Endpunkte der beiden Diagonalen sind die Eckpunkte des Rhombus.
2) Zeichne den Rhombus ABCD nach und beschrifte ihn!

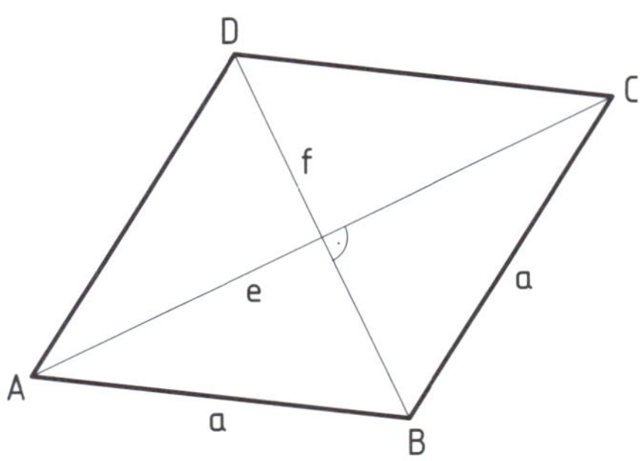

Fortsetzung auf der nächsten Seite.

Rhombus (Raute): Parallelogramm mit vier gleich langen Seiten.

Die Diagonalen eines Rhombus halbieren einander und stehen aufeinander normal.

Skizze:

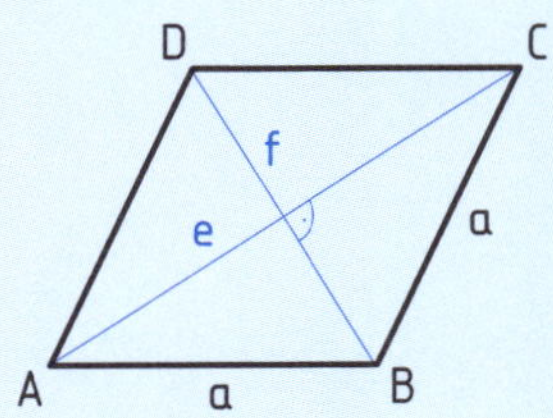

Flächeninhalt eines Rhombus:
$A = \frac{1}{2} \cdot e \cdot f = \frac{e \cdot f}{2}$
e, f … Diagonalenlängen

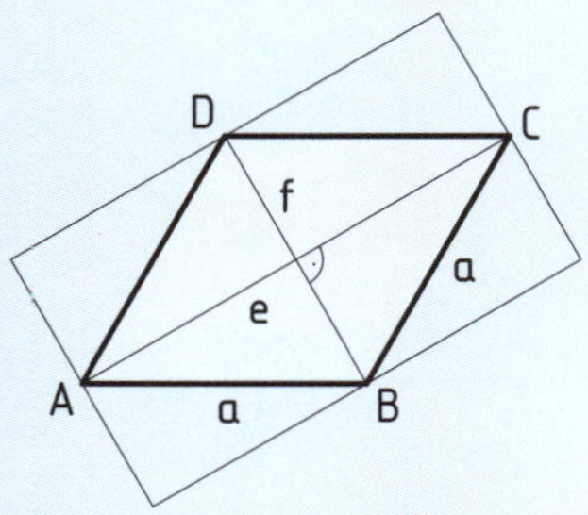

a) Ergebnis der Messung der Länge der Rhombusseite a:

a = 57 mm

b) Flächeninhalt des Rhombus: Wie du aus nebenstehender Abbildung entnehmen kannst, ist es möglich, den Rhombus zu einem Rechteck mit den Seitenlängen e und f zu ergänzen. Der Flächeninhalt dieses Rechtecks (A = e · f) ist aber doppelt so groß wie der des Rhombus. Folglich gilt für den Flächeninhalt des Rhombus:

$A = \frac{1}{2} \cdot e \cdot f = \frac{e \cdot f}{2}$ (96 · 60 : 2) = 96 · 30 = 2 880

A = 2 880 mm² = 28,8 cm² ≈ 29 cm²

Der Flächeninhalt des Rhombus beträgt rund **29 cm²**.

Trapez:
Viereck, mit zwei parallelen Seiten

Skizze:

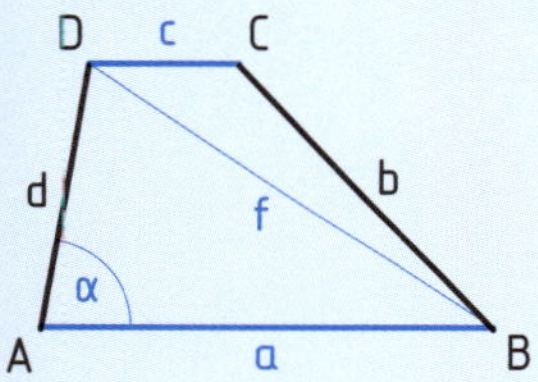

kongruent … deckungsgleich, also gleiche Größe und Gestalt

10.6 Fertige eine Skizze eines Trapezes an und beschrifte dieses!

Konstruktionsgang (Vorschlag):

1) Beginn mit der Seite $a = \overline{AB}$!
2) Zeichne den Winkel $\alpha = \sphericalangle ad$!
3) $f = \overline{BD}$: Das ist eine der beiden Diagonalen des Trapezes. Zieh um B den Kreisbogen mit dem Radius f! Der Kreisbogen schneidet den Winkelschenkel d zweimal. Du erhältst die (Schnitt-)Punkte D und D_1.
4) Zeichne parallel zur Seite a in den Punkten D und D_1 die Strecke mit der Länge c! Es gibt zwei nicht kongruente Lösungen: die Trapeze ABCD und ABC_1D_1.
5) Zeichne die beiden Trapeze ABCD und ABC_1D_1 nach und beschrifte sie!

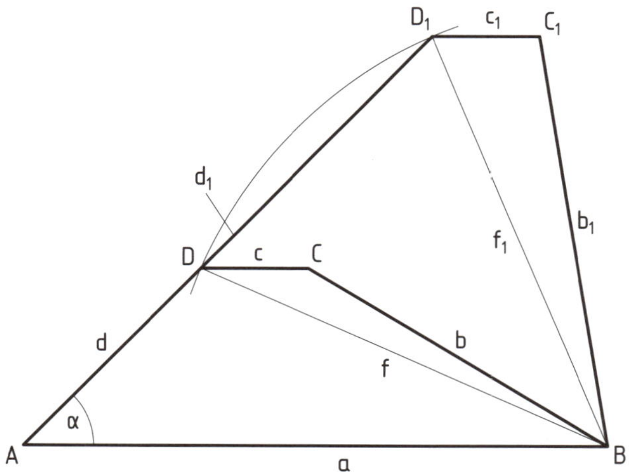

10.7 (Vergleiche mit dem Beispiel 10.6!)

Konstruktionsgang (Vorschlag):

1) Beginn mit der Seite $c = \overline{CD}$!
2) Zeichne den Winkel $\delta = \sphericalangle cd$ und trag auf dem Winkelschenkel d die Strecke $d = \overline{DA}$ auf! Du erhältst den Punkt A.
3) Zeichne eine Parallele zur Seite c durch den Punkt A!
4) Zieh um C den Kreisbogen mit dem Radius b! Der Kreisbogen schneidet die zuvor durch A gezeichnete Parallele zweimal. Du erhältst die (Schnitt-)Punkte B und B_1. Es gibt zwei nicht kongruente Lösungen: die Trapeze ABCD und AB_1CD.
5) Zeichne die beiden Trapeze ABCD und AB_1CD nach und beschrifte sie!

Skizze:

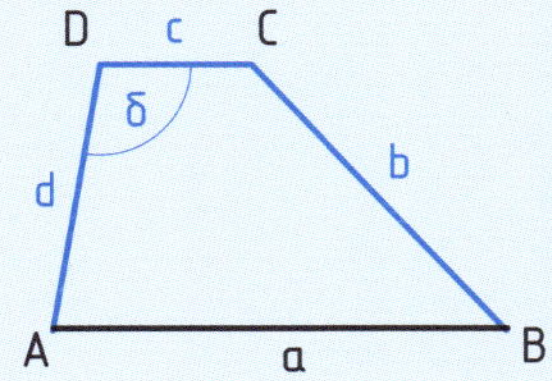

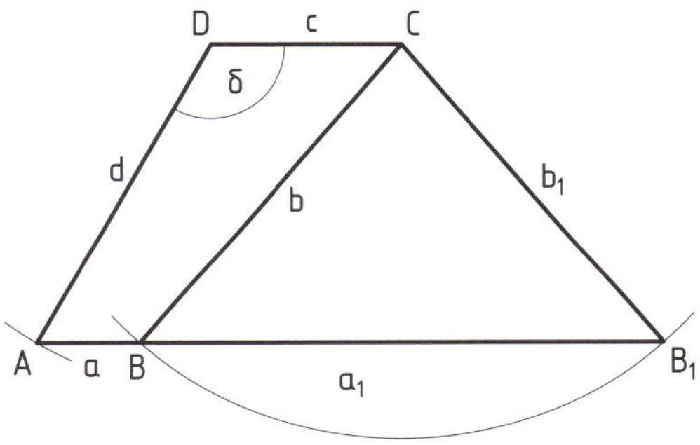

10.8 Wie kannst du die Koordinaten des Punkts A ermitteln? Das gleichschenklige Trapez hat eine Symmetrieachse. Diese ist die Streckensymmetrale der beiden Parallelseiten. Spiegle den Punkt B an der Symmetrieachse! Du erhältst den Punkt A.

Jedes gleichschenkligeTrapez hat eine Symmetrieachse. Diese Symmetrieachse ist auch die Streckensymmetrale der beiden Parallelseiten.

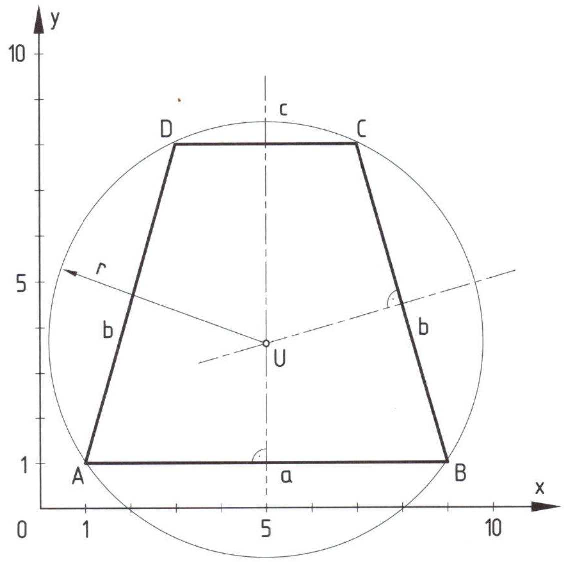

a) Koordinaten des Punkts A: **A(1|1)**

Jedes gleichschenklige Trapez hat einen Umkreis. Sein Mittelpunkt liegt auf der Symmetrieachse.

b) Der Umkreismittelpunkt des Trapezes liegt auf der Symmetrieachse. Seine genaue Lage erhältst du, indem du die Seitensymmetrale eines Trapezschenkels mit der Symmetrieachse schneidest.

c) Koordinaten des Umkreismittelpunkts U: **U(5,0|3,6)**
Ergebnis der Messung des Umkreisradius r: **r = 48 mm**

10.9

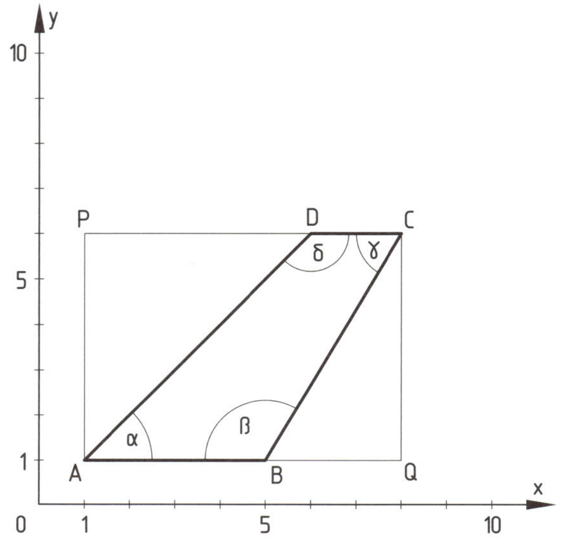

Flächeninhalt eines rechtwinkligen Dreiecks:
$A = \frac{1}{2} \cdot a \cdot b = \frac{a \cdot b}{2}$
a, b … Kathetenlängen

a) Wie du aus der Abbildung entnehmen kannst, ist es möglich, das Trapez zu einem Rechteck mit den Seitenlängen 7 cm und 5 cm zu ergänzen. Du erhältst den Flächeninhalt des Trapezes, indem du vom Flächeninhalt dieses Rechtecks (A = 35 cm^2) den Flächeninhalt der beiden rechtwinkligen Dreiecke ADP und BQC abziehst.

Dreieck ADP: $\overline{AP} = 5$ cm, $\overline{PD} = 5$ cm
$5 \cdot 5 = 25 \quad 25 : 2 = 12{,}5$
A = 12,5 cm^2

Dreieck BQC: $\overline{BQ} = 3$ cm, $\overline{QC} = 5$ cm
$3 \cdot 5 = 15 \quad 15 : 2 = 7{,}5$
A = 7,5 cm^2

Trapez ABCD: $35 - (12{,}5 + 7{,}5) = 35 - 20 = 15$
A = 15 cm^2

Der Flächeninhalt des Trapezes beträgt **15 cm^2**.

In **jedem** Viereck ist die Summe der Innenwinkel 360°.

b) Jedes Viereck kann durch eine Diagonale in zwei Dreiecke geteilt werden. Die Summe der Innenwinkel in einem Dreieck ist 180°. Folglich gilt:
Die Summe der Innenwinkel in einem Trapez beträgt **360°**.

c) Die Winkel, die einem Schenkel eines Trapezes anliegen, sind **supplementär (supplementäre Parallelwinkel)**.
Z. B.: α und δ oder β und γ.

10.10 Fertige eine Skizze eines Deltoids an und beschrifte dieses!

Konstruktionsgang (Vorschlag):

1) Beginn mit dem Winkel $\gamma = \sphericalangle BCD$ und trag auf den beiden Winkelschenkeln von C ausgehend jeweils die Strecke b auf! Du erhältst die Punkte B und D.
2) Zeichne die Symmetrieachse des Deltoids! Sie ist die Winkelhalbierende des Winkels γ.
3) Zieh um B und um D Kreisbogen mit dem Radius a! Die Kreisbogen schneiden einander zweimal. Du erhältst die (Schnitt-)Punkte A und A_1. Es gibt zwei nicht kongruente Lösungen: die Deltoide ABCD und A_1BCD.
4) Zeichne die beiden Deltoide ABCD und A_1BCD nach und beschrifte sie!

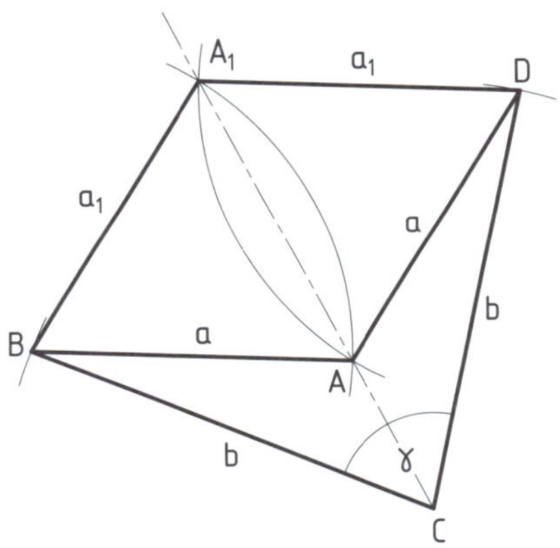

Deltoid (Drachenviereck): Viereck mit zwei Paar gleich langer Seiten. Die Schnittpunkte gleich langer Seiten liegen auf der Symmetrieachse des Deltoids.

Jedes Deltoid hat eine Symmetrieachse. Diese Symmetrieachse verläuft durch die Schnittpunkte der jeweils gleich langen Seiten.

Skizze:

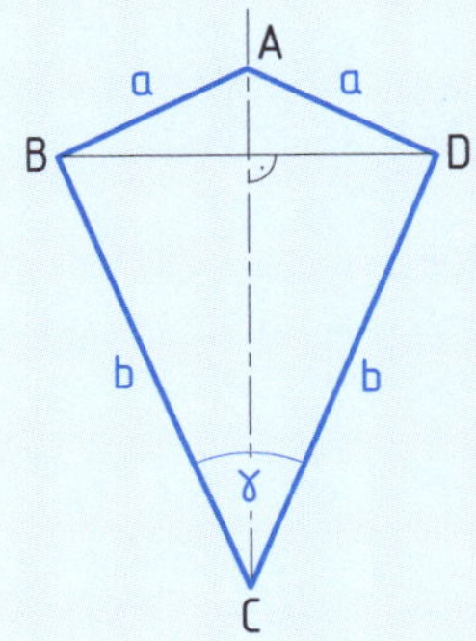

kongruent … deckungsgleich, also gleiche Größe und Gestalt

10.11 Fertige eine Skizze eines Deltoids an und beschrifte dieses!

Konstruktionsgang (Vorschlag):

1) Beginn mit dem Winkel $\alpha = \sphericalangle BAD$!
2) Zeichne die Symmetrieachse des Deltoids! Sie ist die Winkelhalbierende des Winkels α.
3) Die Diagonale $f = \overline{BD}$ wird von der Symmetrieachse des Deltoids halbiert. Zeichne im Abstand von $\frac{f}{2} = 30$ mm links und rechts von der Symmetrieachse eine Parallele! Jede dieser Parallelen schneidet einen der beiden Winkelschenkel. Du erhältst die (Schnitt-)Punkte B und D.
4) Zieh (z. B.) von B den Kreisbogen mit dem Radius b! Der Kreisbogen schneidet die Symmetrieachse des Deltoids. Du erhältst den (Schnitt-)Punkt C.
5) Zeichne das Deltoid ABCD nach und beschrifte es!

Skizze:

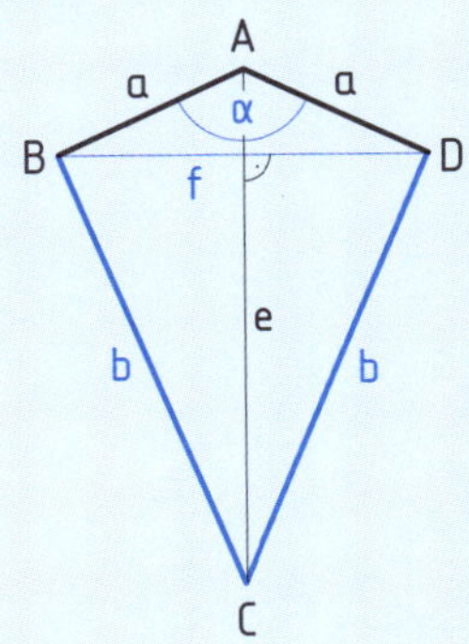

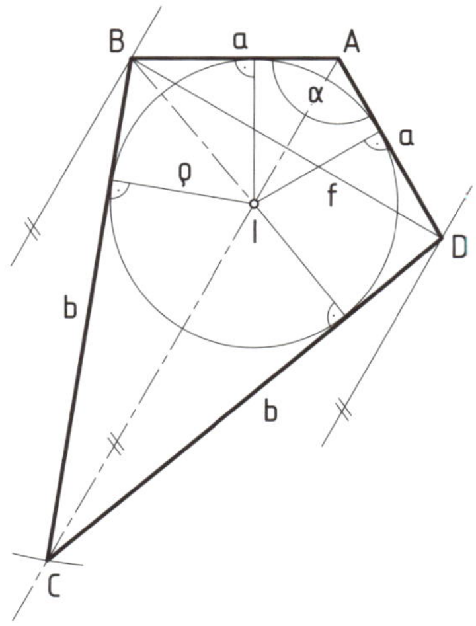

Deltoide, in denen jeder Winkel kleiner als 180° ist, haben einen Inkreis. Sein Mittelpunkt liegt auf der Symmetrieachse.

ρ (sprich „rho") … griech. Kleinbuchstabe für „r"

a) Der Inkreismittelpunkt des Deltoids liegt auf der Symmetrieachse. Seine genaue Lage erhältst du, indem du (z. B.) die Winkelsymmetrale für den Winkel ∢CBA zeichnest und mit der Symmetrieachse des Deltoids schneidest.

Die Berührungspunkte des Inkreises erhältst du, indem du vom Inkreismittelpunkt aus die Normalen auf die Deltoidseiten zeichnest. Bei genauer Zeichnung berührt der Inkreis alle vier Seiten des Deltoids.

Ergebnis der Messung des Inkreisradius ϱ: **$\varrho = 24$ mm**

b) Der Inkreismittelpunkt ist jener Punkt des Deltoids, der **von allen vier Seiten gleichen (Normal-)Abstand** hat.

10.12 (Vergleiche mit dem Beispiel 10.11!)

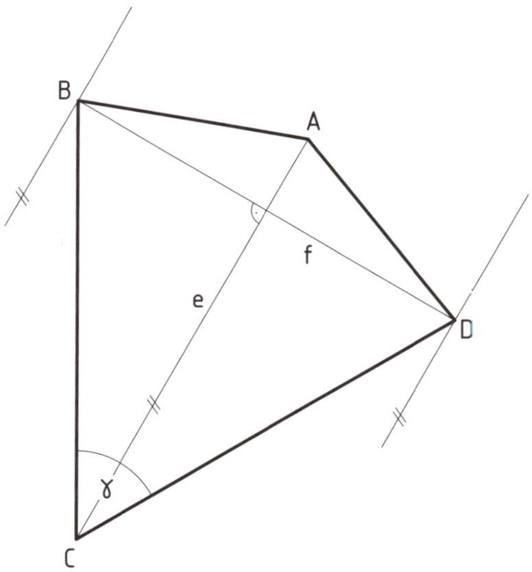

Flächeninhalt des Deltoids:

Wie du aus nebenstehender Abbildung entnehmen kannst, ist es möglich, ein Deltoid zu einem Rechteck mit den Seitenlängen e und f zu ergänzen. Der Flächeninhalt dieses Rechtecks (A = e · f) ist aber doppelt so groß wie der des Deltoids. Folglich gilt für den Flächeninhalt des Deltoids:

$A = \frac{1}{2} \cdot e \cdot f = \frac{e \cdot f}{2}$ $\qquad (95 \cdot 90) : 2 = 95 \cdot 45 = 4\,275$

$A = 4\,275\ mm^2 = 42{,}75\ cm^2 \approx 43\ cm^2$

Der Flächeninhalt des Deltoids beträgt rund **$43\ cm^2$**.

Flächeninhalt eines Deltoids:
$A = \frac{1}{2} \cdot e \cdot f = \frac{e \cdot f}{2}$
e, f … Diagonalenlängen

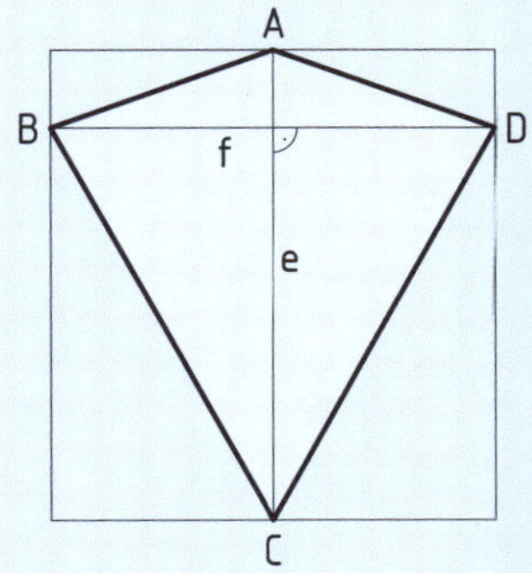

10.13 Fertige eine Skizze eines Vierecks an und beschrifte dieses!

Konstruktionsgang (Vorschlag):

1) Beginn mit der Seite $b = \overline{BC}$!
2) Zieh um B den Kreisbogen mit dem Radius f! Zieh um C den Kreisbogen mit dem Radius c! Du erhältst den (Schnitt-)Punkt D.
3) Zieh um C den Kreisbogen mit dem Radius e! Zieh um D den Kreisbogen mit dem Radius d! Du erhältst den (Schnitt-)Punkt A.
4) Zeichne das Viereck ABCD nach und beschrifte es!

Skizze:

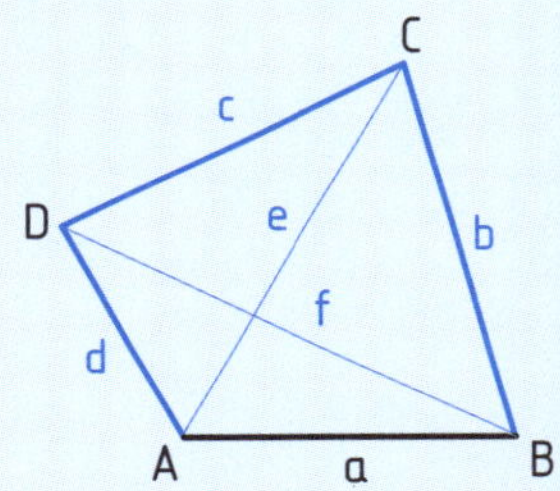

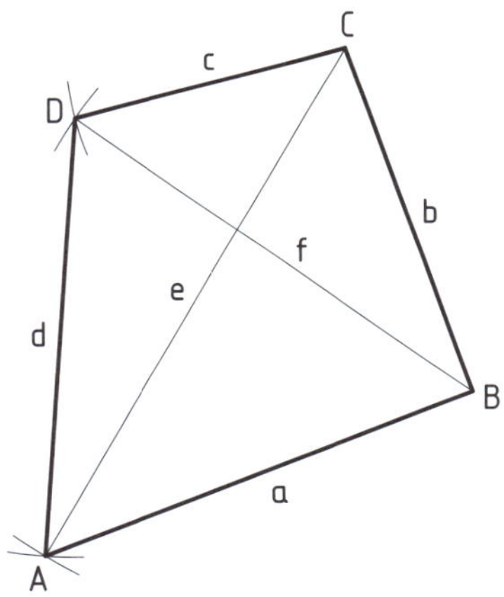

Jedes Viereck kann durch eine Diagonale in zwei Dreiecke geteilt werden. Die Summe der Innenwinkel in einem Dreieck ist 180°. Folglich gilt:
Die Summe der Innenwinkel in einem Viereck ist **360°**.

10.14 Fertige eine Skizze eines Vierecks an und beschrifte dieses!

Konstruktionsgang (Vorschlag):

1) Beginn mit der Seite $a = \overline{AB}$!
2) Zeichne den Winkel $\beta = \sphericalangle ab$ und trag auf dem Winkelschenkel b die Strecke b auf! Du erhältst den Punkt C.
3) Zieh um C den Kreisbogen mit dem Radius c! Zieh um A den Kreisbogen mit dem Radius d! Die Kreisbogen schneiden einander zweimal. Du erhältst die (Schnitt-)Punkte D und D_1. Es gibt zwei nicht kongruente Lösungen: die Vierecke ABCD und $ABCD_1$.

Skizze:

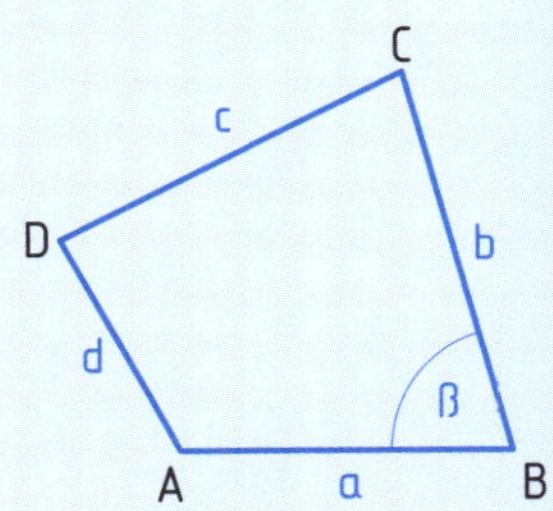

4) Zeichne die beiden Vierecke ABCD und $ABCD_1$ nach und beschrifte sie!

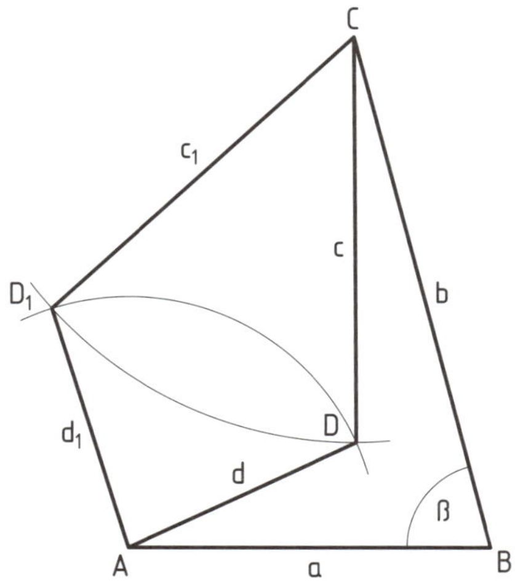

Jedes Viereck – auch ein Viereck mit einer „einspringenden" Ecke – kann durch eine Diagonale in zwei Dreiecke geteilt werden. Die Summe der Innenwinkel in einem Dreieck ist 180°. Folglich gilt:

Die Summe der Innenwinkel in einem Viereck ist **360°**.

Flächeninhalt eines rechtwinkligen Dreiecks:
$A = \frac{1}{2} \cdot a \cdot b = \frac{a \cdot b}{2}$
a, b … Kathetenlängen

Flächeninhalt eines Rechtecks:
$A = a \cdot b$
a, b … Seitenlängen

10.15 Der Weg zur Berechnung des Flächeninhalts führt über eine Zerlegung in berechenbare Teilfiguren (Rechtecke und rechtwinklige Dreiecke). Dabei ist es immer möglich, ohne Messen auszukommen, da du die Seitenlängen der Teilfiguren aus den Koordinaten ihrer Eckpunkte berechnen kannst.
Im gegebenen Fall ist es vorteilhaft, wenn du das Viereck mit einem Rechteck „umschreibst" und den Flächeninhalt durch Differenzbildung ermittelst.

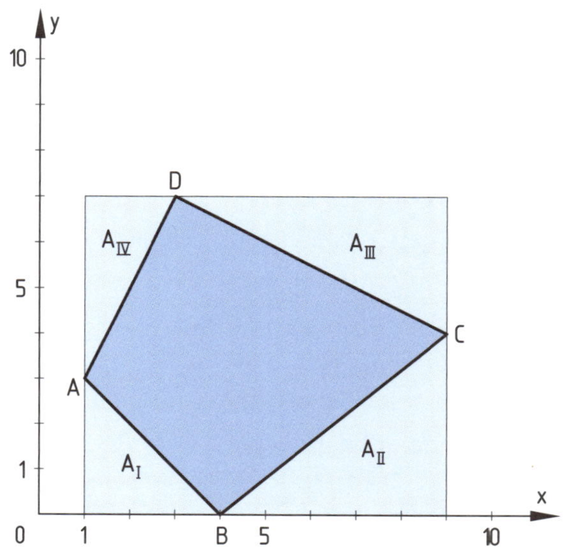

A_I = 4,5 cm²	(3 · 3) : 2 = 9 : 2 = 4,5
A_{II} = 10 cm²	(5 · 4) : 2 = 5 · 2 = 10
A_{III} = 9 cm²	(6 · 3) : 2 = 3 · 3 = 9
A_{IV} = 4 cm²	(4 · 2) : 2 = 4 · 1 = 4
$A_I + A_{II} + A_{III} + A_{IV}$:	4,5 + 10 + 9 + 4 = 27,5
Rechteck: A = 56 cm²	8 · 7 = 56
Viereck: **A = 28,5 cm²**	56 – 27,5 = 28,5

Der Flächeninhalt des Vierecks beträgt **28,5 cm²**.

10.16 (Vergleiche mit dem Beispiel 10.15!)

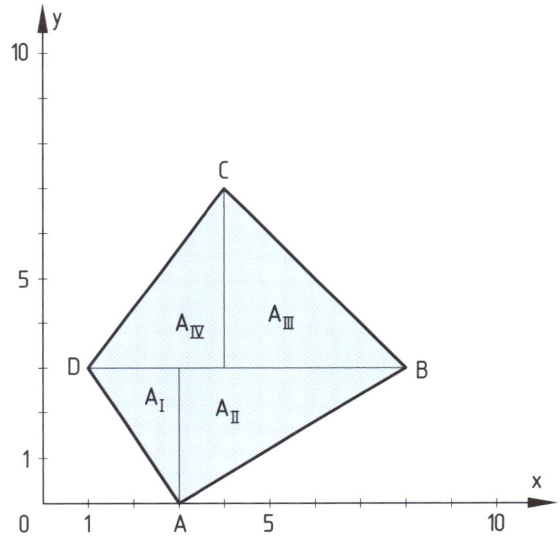

A_I = 3 cm²	(3 · 2) : 2 = 3
A_{II} = 7,5 cm²	(5 · 3) : 2 = 15 : 2 = 7,5
A_{III} = 8 cm²	(4 · 4) : 2 = 4 · 2 = 8
A_{IV} = 6 cm²	(4 · 3) : 2 = 2 · 3 = 6
$A_I + A_{II} + A_{III} + A_{IV}$:	3 + 7,5 + 8 + 6 = 24,5

Der Flächeninhalt des Vierecks beträgt **24,5 cm²**.

A = 24,5 cm²

Flächeninhalt eines rechtwinkligen Dreiecks:
$A = \frac{1}{2} \cdot a \cdot b = \frac{a \cdot b}{2}$
a, b … Kathetenlängen

Flächeninhalt eines Rechtecks:
$A = a \cdot b$
a, b … Seitenlängen

11 Vielecke

11.1 Der Weg zur Berechnung des Flächeninhalts führt über eine Zerlegung in berechenbare Teilfiguren (Rechtecke und rechtwinklige Dreiecke). Dabei ist es immer möglich, ohne Messen auszukommen, da du die Seitenlängen der Teilfiguren aus den Koordinaten ihrer Eckpunkte berechnen kannst.

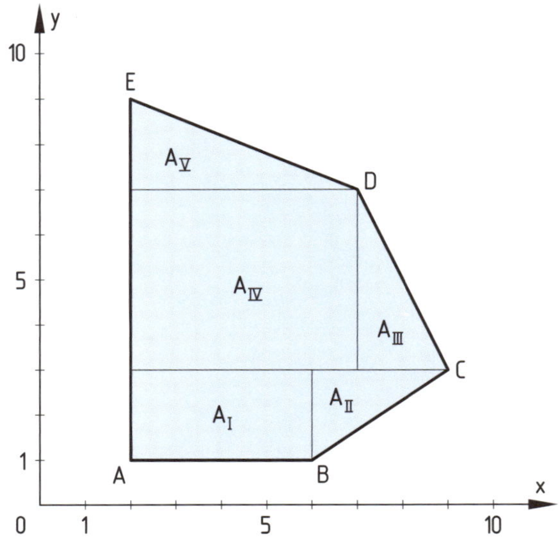

$A_I = 8\ cm^2$	$4 \cdot 2 = 8$
$A_{II} = 3\ cm^2$	$(3 \cdot 2) : 2 = 3$
$A_{III} = 4\ cm^2$	$(4 \cdot 2) : 2 = 4$
$A_{IV} = 20\ cm^2$	$5 \cdot 4 = 20$
$A_V = 5\ cm^2$	$(5 \cdot 2) : 2 = 5$
$A_I + A_{II} + A_{III} + A_{IV} + A_V$:	$8 + 3 + 4 + 20 + 5 = 40$

$A = 40\ cm^2$

Der Flächeninhalt des Vielecks beträgt **$40\ cm^2$**.

11.2 (Vergleiche mit den Beispielen 11.1 und 10.15!)
Im gegebenen Fall ist es vorteilhaft, wenn du das Vieleck mit einem Rechteck „umschreibst“ und den Flächeninhalt durch Differenzbildung ermittelst.

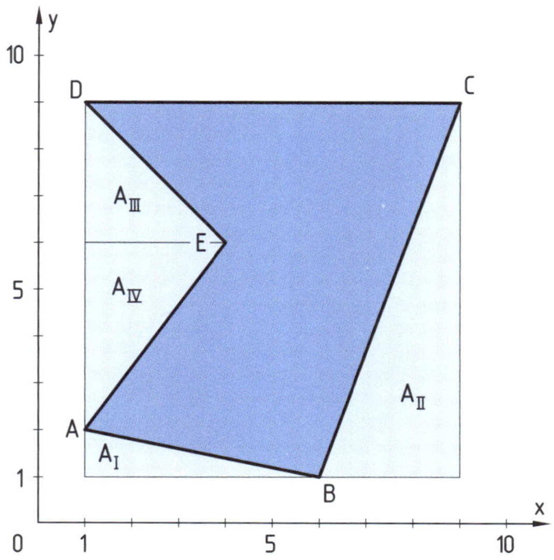

A_I = 2,5 cm^2	$(5 \cdot 1) : 2 = 5 : 2 = 2{,}5$
A_{II} = 12 cm^2	$(8 \cdot 3) : 2 = 4 \cdot 3 = 12$
A_{III} = 4,5 cm^2	$(3 \cdot 3) : 2 = 9 : 2 = 4{,}5$
A_{IV} = 6 cm^2	$(4 \cdot 3) : 2 = 2 \cdot 3 = 6$
$A_I + A_{II} + A_{III} + A_{IV}$:	$2{,}5 + 12 + 4{,}5 + 6 = 25$
Rechteck: A = 64 cm^2	$8 \cdot 8 = 64$
Vieleck: **A = 39 cm^2**	$64 - 25 = 39$

Der Flächeninhalt des Vielecks beträgt **39 cm^2**.

Flächeninhalt eines rechtwinkligen Dreiecks:
$A = \frac{1}{2} \cdot a \cdot b = \frac{a \cdot b}{2}$
a, b … Kathetenlängen

Flächeninhalt eines Rechtecks:
$A = a \cdot b$
a, b … Seitenlängen

Jedes regelmäßige Vieleck besitzt einen Inkreis und einen Umkreis.
Der Inkreismittelpunkt und der Umkreismittelpunkt fallen in einem gemeinsamen Punkt zusammen.

11.3 Konstruktionsgang (Vorschlag):

1) Zeichne den Kreis mit dem Radius r (= 5 cm) und zieh darin einen Durchmesser!
2) Zieh um beide Endpunkte des Durchmessers die Kreisbogen mit dem selben Radius r! Die beiden Kreisbogen schneiden den Kreis jeweils zweimal. Du erhältst vier (Schnitt-)Punkte. Gemeinsam mit den zwei Endpunkten des Durchmessers sind das die sechs Eckpunkte des regelmäßigen Sechsecks.
3) Zeichne das regelmäßige Sechseck ein und beschrifte es!
4) Zu b): Der Inkreismittelpunkt fällt mit dem Mittelpunkt des regelmäßigen Sechsecks zusammen. Indem du von diesem Punkt aus eine Normale auf eine Sechseckseite zeichnest, erhältst du einen Berührungspunkt des Inkreises. Jetzt (erst) zeichne den Inkreis! Bei genauer Zeichnung berührt er alle Seiten des regelmäßigen Sechsecks.

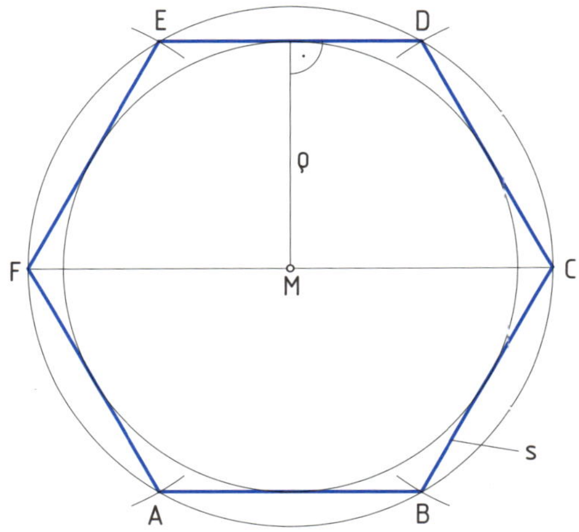

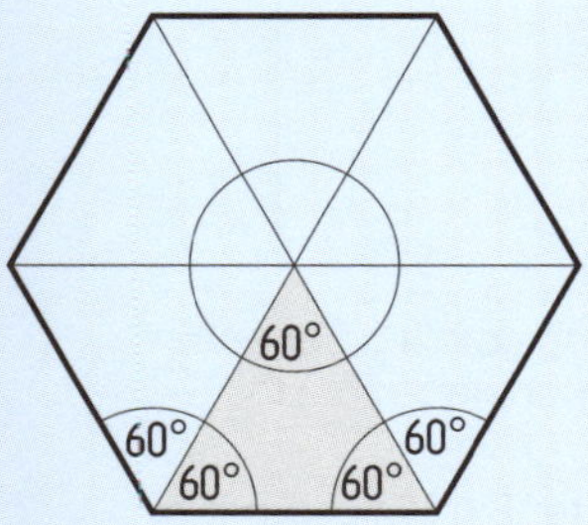

ϱ (sprich „rho") … griech. Kleinbuchstabe für „r"

a) Ergebnis der Messung der Länge der Sechseckseite:
Die Sechseckseite ist genauso lang wie der (Umkreis-)Radius r.

s = 5 cm

b) Ergebnis der Messung des Inkreisradius ϱ: **ϱ = 43 mm**

c) Denk dir das regelmäßige Sechseck aus sechs gleichseitigen Dreiecken zusammengesetzt! Jeder Innenwinkel in einem gleichseitigen Dreieck ist 60°. In einem Eckpunkt des regelmäßigen Sechsecks schließen zwei gleichseitige Dreiecke aneinander. Folglich gilt:

Ein Innenwinkel im regelmäßigen Sechseck beträgt **120°**.

11.4 Konstruktionsgang (Vorschlag):

1) Zeichne den Kreis mit dem Radius r (= 5 cm)!
2) Zeichne zwei Durchmesser, die aufeinander normal stehen! Halbiere einen der dabei entstandenen rechten Winkel! Zeichne als Winkelsymmetrale (Winkelhalbierende) einen weiteren Durchmesser und einen vierten Durchmesser, der auf den zuletzt gezeichneten normal steht! Die 8 Endpunkte der 4 Durchmesser sind die Eckpunkte des regelmäßigen Achtecks.
3) Zeichne das regelmäßige Achteck ein und beschrifte es!
4) Zu b): Der Inkreismittelpunkt fällt mit dem Mittelpunkt des regelmäßigen Achtecks zusammen. Indem du von diesem Punkt aus eine Normale auf eine Achteckseite zeichnest, erhältst du einen Berührungspunkt des Inkreises. Jetzt (erst) zeichne den Inkreis! Bei genauer Zeichnung berührt er alle Seiten des regelmäßigen Achtecks.

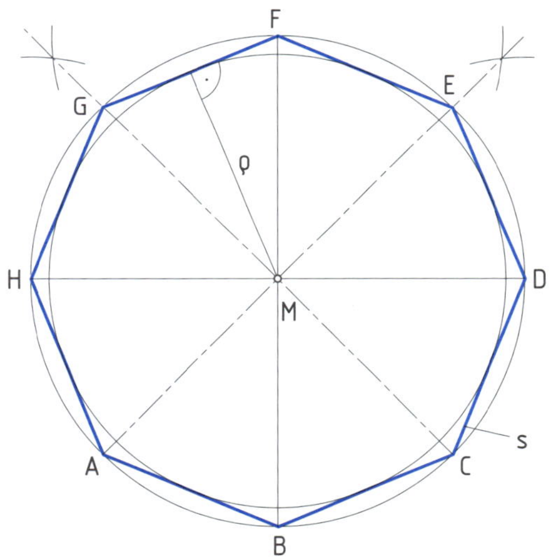

a) Ergebnis der Messung der Länge der Achteckseite s:

s = 38 mm

b) Ergebnis der Messung des Inkreisradius ϱ: **ϱ = 46 mm**

c) Ein Achteck kann von einem Eckpunkt aus durch 5 Diagonalen in 6 Teildreiecke zerlegt werden. Die Summe der Innenwinkel in einem Dreieck ist 180°. Folglich ist zu rechnen:

$$180° \cdot 6 = 1\,080°$$

Die Summe der Innenwinkel in einem regelmäßigen Achteck beträgt **1 080°**.

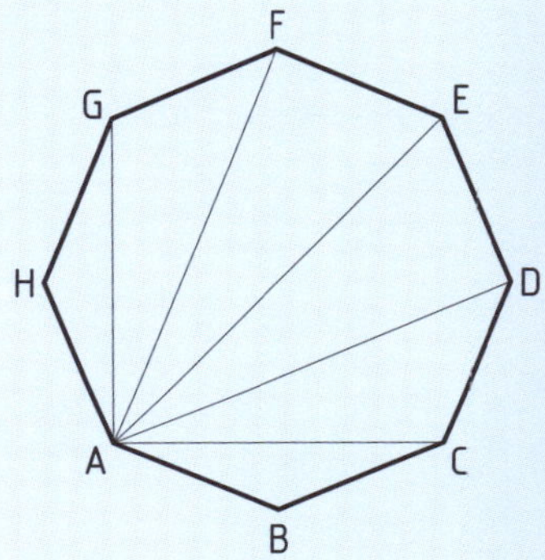

ϱ (sprich „rho“) … griech. Kleinbuchstabe für „r“

Beachte: Ein Vieleck mit n Eckpunkten (ein „n-Eck“) kann von einem Eckpunkt aus durch (n – 3) viele Diagonalen in (n – 2) viele Teildreiecke zerlegt werden.
n … Anzahl der Ecken

12 Prisma

Netz:
die in der (Zeichen-)Ebene ausgebreiteten Begrenzungsflächen eines geometrischen Körpers

Hinweis zu den Beispielen 12.1 – 12.7

Die in den Beispielen jeweils gewählte Anordnung der Flächen zu einem Netz ist immer nur eine von mehreren (gleichwertigen) Möglichkeiten.

12.1 a) Der Körper hat fünf Begrenzungsflächen:
2 Rechtecke (Seitenlängen 4 cm und 3 cm)
2 gleichschenklig-rechtwinklige Dreiecke (Kathetenlängen 3 cm)
1 Rechteck (Eine Seitenlänge ist 4 cm, die andere ist so groß wie die Hypotenuse des gleichschenklig-rechtwinkligen Dreiecks.)

Hypotenuse:
die längste Seite im rechtwinkligen Dreieck.
Sie liegt dem rechten Winkel gegenüber.

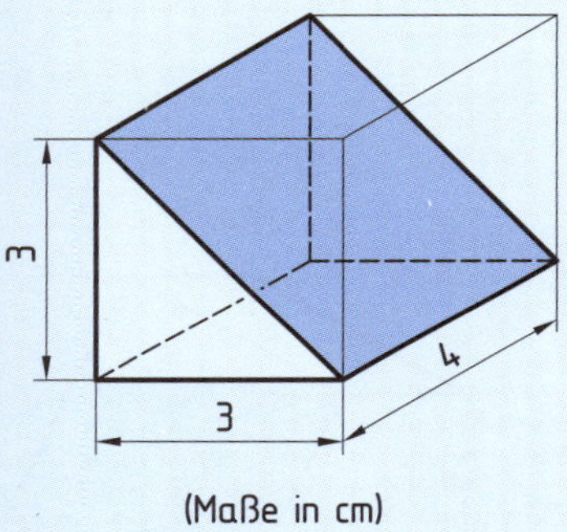

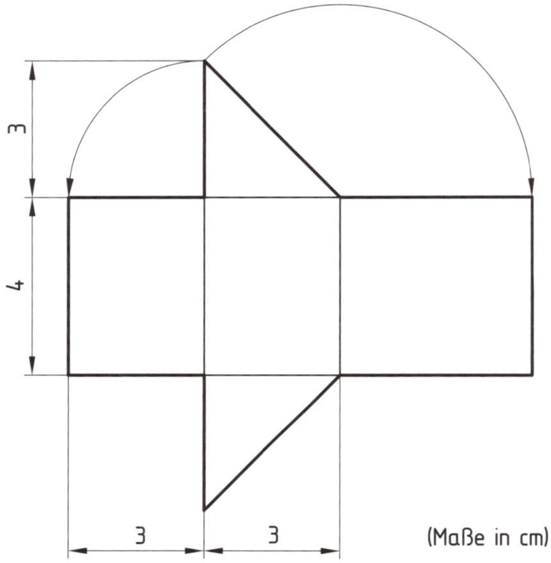

b) Rauminhalt (Volumen):
Der Körper ist ein halber Quader mit den Kantenlängen 3 cm, 3 cm und 4 cm.

$$(3 \cdot 3 \cdot 4) : 2 = 36 : 2 = 18$$

$V = 18\ cm^3$

Der Rauminhalt des Prismas beträgt **18 cm^3**.

Rauminhalt eines Quaders:
$V = a \cdot b \cdot c$
a, b, c ... Kantenlängen

12.2 (Vergleiche mit dem Beispiel 12.2!)

a)

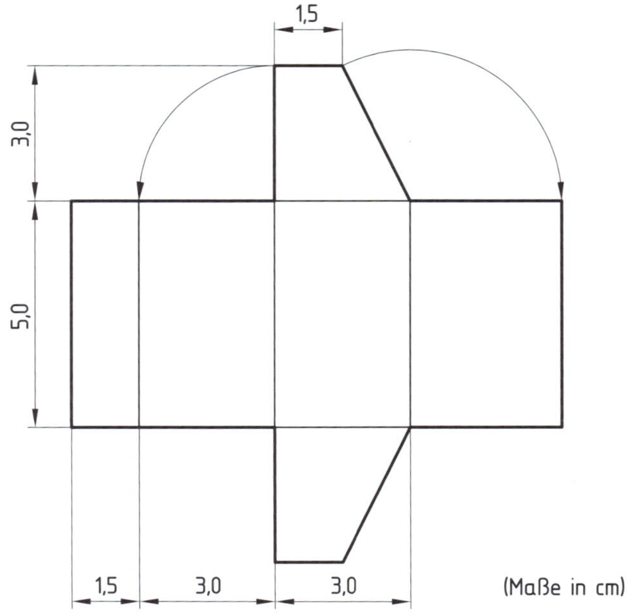

b) Rauminhalt (Volumen):
Wie du aus der nebenstehenden Abbildung entnehmen kannst, erhältst du den Rauminhalt des Körpers, indem du z. B. vom Rauminhalt eines Quaders mit den Kantenlängen 3 cm, 3 cm und 5 cm ein Viertel seines Rauminhalts abziehst.

$3 \cdot 3 \cdot 5 = 9 \cdot 5 = 45$
$45 : 4 = 11{,}25$
$45 - 11{,}25 = 33{,}75$

$V = 33{,}75\ cm^3 \approx 34\ cm^3$

Der Rauminhalt des Prismas beträgt rund **$34\ cm^3$**.

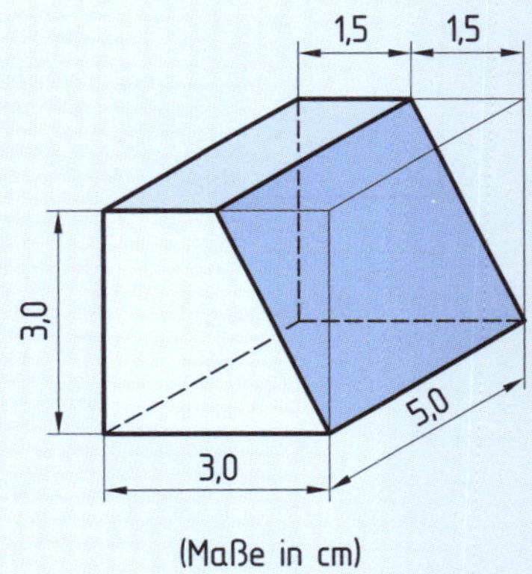

12.3 a) Ein Prisma ist ein ebenflächig begrenzter geometrischer Körper, dessen Grund- und Deckfläche deckungsgleich (kongruent) und zueinander parallel sind. Die Seitenkanten sind gleich lang und zueinander parallel.

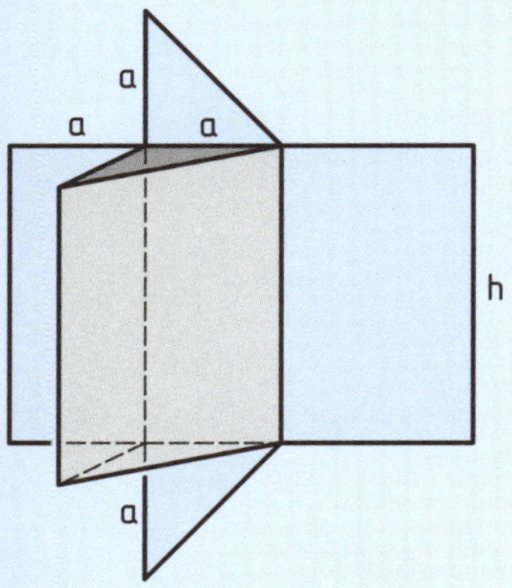

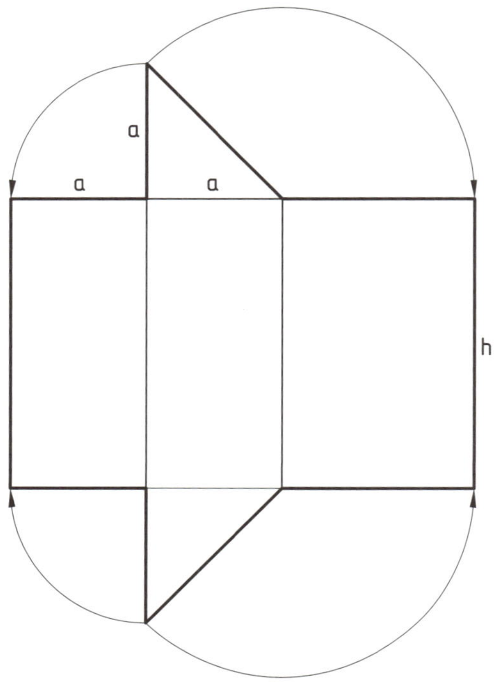

b) Rauminhalt (Volumen):

Die Grundfläche ist ein gleichschenklig-rechtwinkliges Dreieck und das ist nichts anderes als ein halbes Quadrat.

$G = \frac{1}{2} \cdot a \cdot a = \frac{a \cdot a}{2}$ $(30 \cdot 30) : 2 = 900 : 2 = 450$

$G = 450\ mm^2$

$V = G \cdot h$ $450 \cdot 64 = 28\,800$

$V = 28\,800\ mm^3 = 28{,}8\ cm^3 \approx 29\ cm^3$

Der Rauminhalt des Prismas beträgt rund **$29\ cm^3$**.

Rauminhalt eines geraden Prismas („gerade“ bedeutet, dass die Seitenkanten normal auf die Grundfläche stehen):

$V = G \cdot h$

G … Grundfläche
h … Höhe

12.4 (Vergleiche mit dem Beispiel 12.3!)

a)

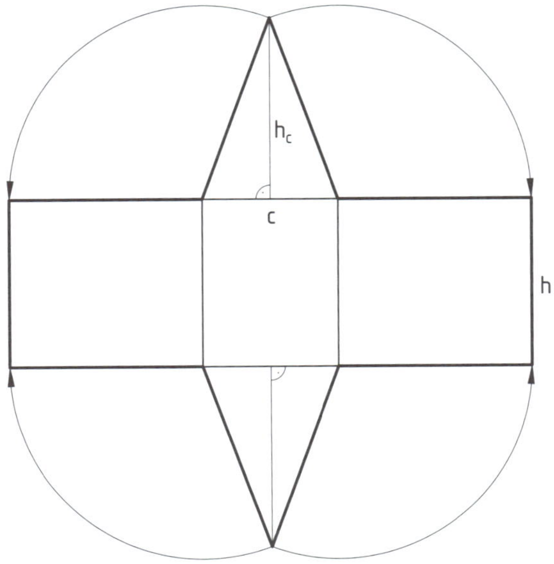

b) Rauminhalt (Volumen):
Wie du aus der nebenstehenden Abbildung entnehmen kannst, setzt sich das gleichschenklige Dreieck aus zwei rechtwinkligen Dreiecken mit den Seitenlängen $\frac{c}{2}$ und h_c zusammen. Die beiden rechtwinkligen Dreiecke bilden zusammen ein Rechteck mit den Seitenlängen $\frac{c}{2}$ und h_c. Folglich gilt für die Grundfläche:

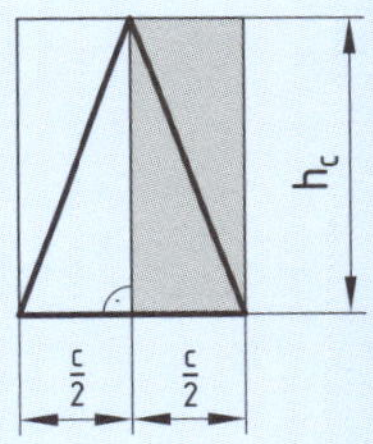

$G = \frac{c}{2} \cdot h_c = \frac{c \cdot h_c}{2}$ $(30 \cdot 40) : 2 = 30 \cdot 20 = 600$

$G = 600 \text{ mm}^2$

$V = G \cdot h$ $600 \cdot 37 = 22\,200$

$\mathbf{V = 22\,200 \text{ mm}^3 = 22{,}2 \text{ cm}^3 \approx 22 \text{ cm}^3}$

Der Rauminhalt des Prismas beträgt rund **22 cm³**.

Diagonalschnitt eines Körpers: Schnitt durch einen Körper längs einer Flächendiagonale normal auf eine Seitenfläche.

12.5 **a)** **1)**

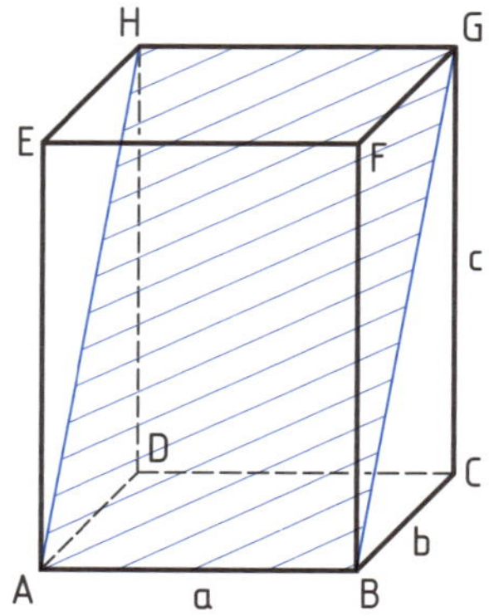

2)

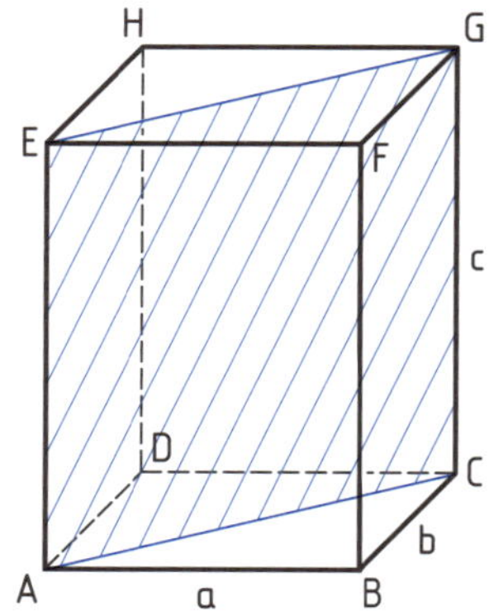

b) Zu 1): Die Schnittfigur ABGH ist ein Rechteck. Eine Seitenlänge dieses Rechtecks ist so groß wie die Kantenlänge a, also 42 mm. Die andere Seitenlänge ist so groß wie die (Seitenflächen-) Diagonale BG. Um ihre Länge zu ermitteln, musst du (z. B.) das rechtwinklige Dreieck BCG konstruieren.

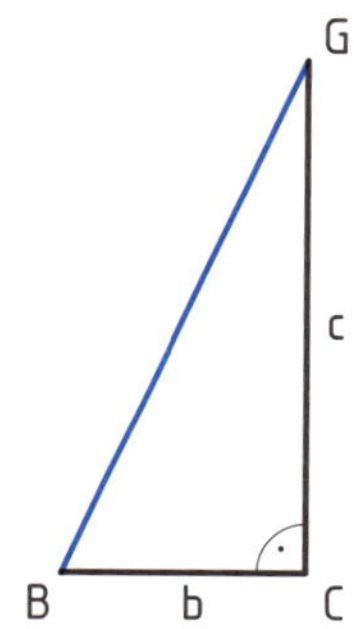

Messung der Länge der Strecke BG, der gesuchten Seite der Schnittfigur: **$\overline{BG}$ = 63 mm**

Zu 2): Die Schnittfigur ACGE ist (ebenfalls) ein Rechteck. Eine Seitenlänge dieses Rechtecks ist so groß wie die Kantenlänge c, also 57 mm, die andere Seitenlänge ist so groß wie die (Seitenflächen-)Diagonale AC. Um ihre Länge zu ermitteln, musst du (z. B.) das rechtwinklige Dreieck ABC konstruieren.

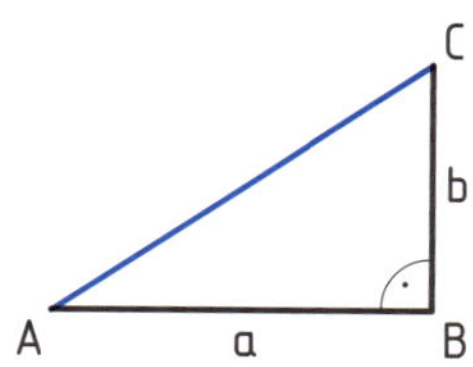

Messung der Länge der Strecke AC, der gesuchten Seite der Schnittfigur: **$\overline{AC}$ = 50 mm**

12.6 (Vergleiche mit dem Beispiel 12.5!)

a) 1)

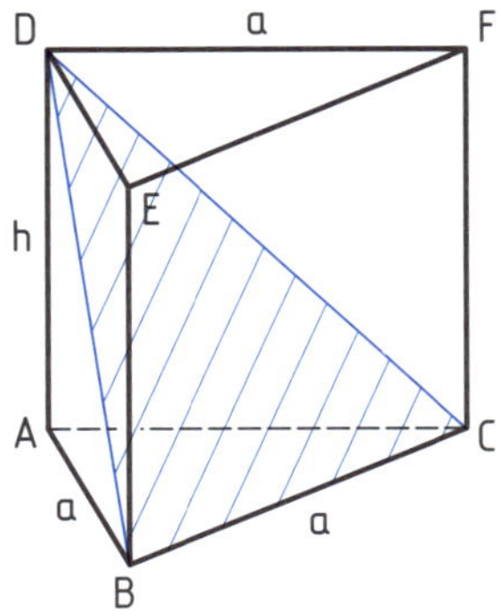

2)

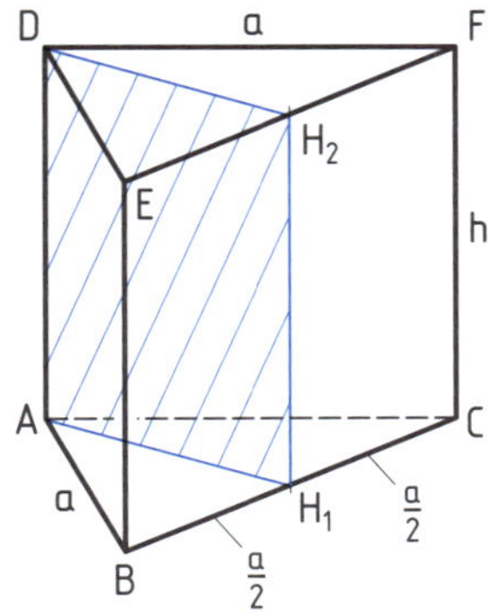

b) Zu 1): Die Schnittfigur **BCD** ist ein **gleichschenkliges Dreieck**. Seine Basislänge ist so groß wie die Kantenlänge a, also 52 mm, seine Schenkellänge ist so groß wie die (Seitenflächen-)Diagonale BD. Um ihre Länge zu ermitteln, musst du (z. B.) das rechtwinklige Dreieck ABD konstruieren.

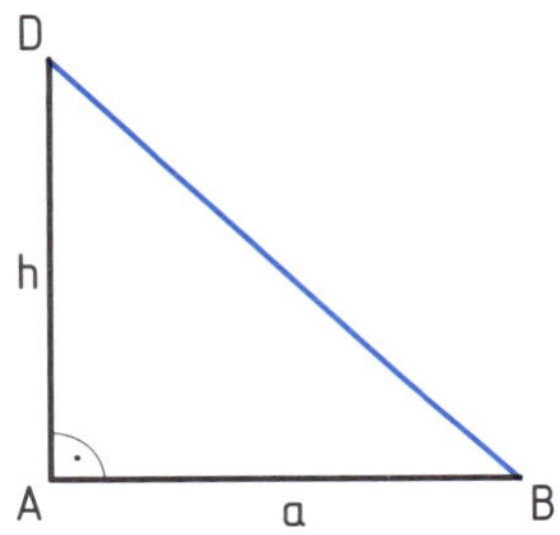

Messung der Länge der Strecke BD, der gesuchten Seite der Schnittfigur:
$\overline{BD}$ **= 70 mm**

Zu 2): Die Schnittfigur **AH_1H_2D** ist ein **Rechteck**. Eine Seitenlänge dieses Rechtecks ist so groß wie die Prismenhöhe h, also 47 mm. Die andere Seitenlänge ist so groß wie die Höhe im gleichseitigen (Basis-) Dreieck ABC, die Strecke AH_1. Um ihre Länge zu ermitteln, musst du (z. B.) das gleichseitige (Basis-) Dreieck ABC konstruieren.

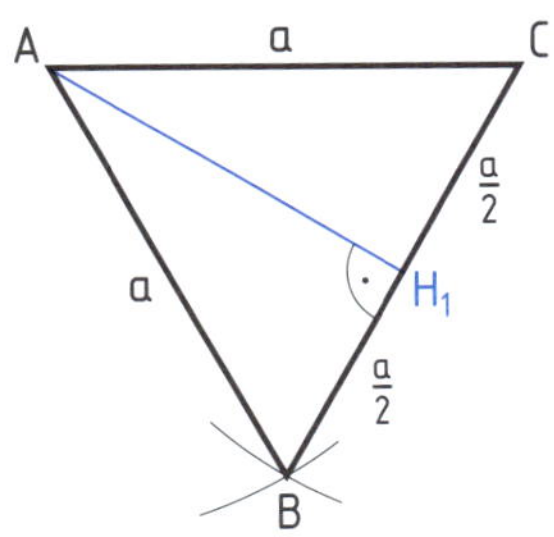

Messung der Länge der Strecke AH_1, der gesuchten Seite der Schnittfigur:
$\overline{AH_1}$ **= 45 mm**

Prisma:
ebenflächig begrenzter geometrischer Körper, dessen Grund- und Deckfläche deckungsgleich (kongruent) und zueinander parallel sind. Die Seitenkanten sind gleich lang und zueinander parallel.

Regelmäßiges dreiseitiges Prisma:
Prisma mit geichseitigen Dreiecken als Grund- bzw. Deckflächen.

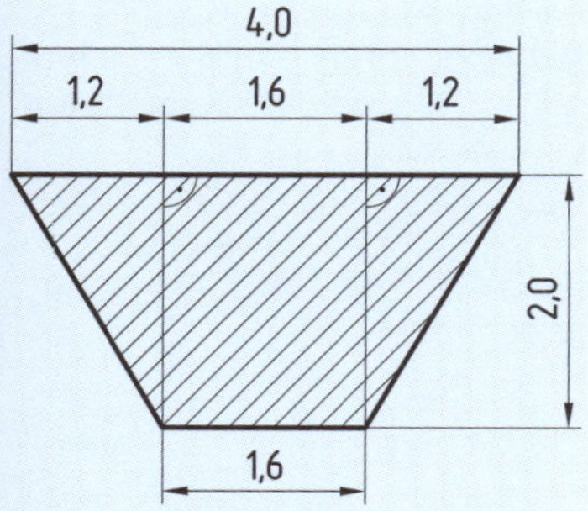

Kanal – Querschnitt
(Maße in m)

5 km = 5 000 m
1 m^3 = 1 000 l
1 hl = 100 l

Eine Division x : y bedeutet nicht nur „x in y gleich große Teile teilen“, sondern auch: „Wie oft ist y in x enthalten?“

12.7 **a)** Der Kanal hat die Form eines liegenden geraden Prismas.

Die Querschnittfläche entspricht der Grundfläche des Prismas, die Länge des Kanals entspricht der Höhe des Prismas.

V = G · h

Die Grundfläche G ist ein gleichschenkliges Trapez, das sich aus einem Rechteck und zwei (gleich großen) rechtwinkligen Dreiecken zusammensetzt.

Eine Dreieckseite ist 2,0 m lang, die andere (4,0 m – 1,6 m) : 2 = = 2,4 m : 2 = 1,2 m.

2 rechtwinklige Dreiecke:	[(1,2 · 2,0) : 2] · 2 = 2,4
1 Rechteck:	1,6 · 2,0 = 3,2
	2,4 + 3,2 = 5,6

G = 5,6 m^2

V = G · h 5,6 · 5 000 = 28 000

V = 28 000 m^3 = 28 000 000 l = 280 000 hl

Der Kanal fasst **28 000 000 l = 280 000 hl** Wasser.

b) Wenn in 1 Stunde 65 m^3 Erdreich ausgehoben wurden, dann dauert das Ausheben von 28 000 m^3 Erdreich so viele Stunden, wie 65 (m^3) in 28 000 (m^3) enthalten ist (sind).

28 000 : 65 = 430,7… ≈ 430

Für den Kanalaushub waren rund **430 Arbeitsstunden** erforderlich.

Rauminhalt eines geraden Prismas („gerade“ bedeutet, dass die Seitenkanten normal auf die Grundfläche stehen):

V = G · h

G … Grundfläche
h … Höhe

12.8 **a)** Der Damm hat die Form eines liegenden geraden Prismas. Die Querschnittfläche entspricht der Grundfläche des Prismas, die Länge des Damms entspricht der Höhe des Prismas.

V = G · h

Die Grundfläche G ist ein ungleichschenkliges Trapez, das sich aus zwei rechtwinkligen Dreiecken und einem Rechteck zusammensetzt.

großes rechtw. Dreieck:	(17,0 · 7,5) : 2 = 8,7 · 7,5 = 63,75
kleines rechtw. Dreieck:	(13,0 · 7,5) : 2 = 6,5 · 7,5 = 48,75

Rechteck: Eine Rechteckseite ist 7,5 m lang, die andere 40,0 m – (17,0 m + 13,0 m) = 10,0 m.

10,0 · 7,5 = 75
63,75 + 48,75 + 75 = 187,5

G = 187,5 m^2, l = 300 m

187,5 · 300 = 56 250

V = 56 250 m^3

Für den Damm müssen **56 250 m^3** Erdreich aufgeschüttet werden.

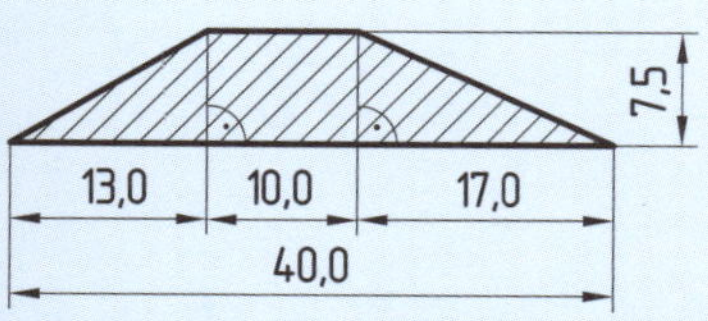

Damm – Querschnitt
(Maße in m)

b) Die Masse von 1 m^3 Erdreich beträgt 2 400 kg = 2,4 t.

Die Masse von 56 250 m^3 ist dann 56 250-mal so groß.

2,4 t · 56 250 = 135 000 t

m = 135 000 t

Die Masse des Damms beträgt **135 000 t**.

Variante (über die Dichte):
Die Dichte ϱ des Erdreichs beträgt 2 400 kg/m^3 = 2,4 t/m^3.

$\varrho = \frac{m}{V} \Rightarrow m = \varrho \cdot V$ 2,4 · 56 250 = 135 000

m = 135 000 t

Im Physikunterricht hast du vielleicht schon von der Dichte gelernt. Sie ist der Quotient aus Masse und Volumen

$\text{Dichte} = \frac{\text{Masse}}{\text{Volumen}}$ $\varrho = \frac{m}{V}$

und wird in kg/m^3 oder kg/dm^3 angegeben.

12.9 **a)** Berechne zuerst den Rauminhalt des Eisenwürfels!

Rauminhalt des Würfels: 12 · 12 · 12 = 144 · 12 = 1 728

V = 1 728 cm^3

Umgegossen, nimmt diese Eisenmenge die Form eines geraden dreiseitigen Prismas an. Der Rauminhalt bleibt erhalten. Die Höhe dieses Prismas erhältst du aber erst nach Umformen der Formel für den Rauminhalt.

$V = G \cdot h \Rightarrow h = V : G$

Die Grundfläche ist ein rechtwinkliges Dreieck und das ist nichts anderes als ein halbes Rechteck.

$G = \frac{1}{2} \cdot a \cdot b = \frac{a \cdot b}{2}$ (6,4 · 8) : 2 = 6,4 · 4 = 25,6

G = 25,6 cm^2

h = V : G 1 728 : 25,6 = 67,5

h = 67,5 cm

Das Prisma wird **67,5 cm** hoch.

Rauminhalt eines Würfels:
$V = a \cdot a \cdot a$
a … Kantenlänge

Höhe eines geraden Prismas:
$h = \frac{V}{G} = V : G$
V … Rauminhalt
G … Grundfläche

Flächeninhalt eines rechtwinkligen Dreiecks:
$A = \frac{1}{2} \cdot a \cdot b = \frac{a \cdot b}{2}$
a, b … Kathetenlängen

b) (Vergleiche mit dem Beispiel 12.8 b!)

Die Masse von 1 m^3 Eisen beträgt 7 900 kg, die von 1 dm^3 (folglich) 7,9 kg. Die zu berechnende Masse hat einen Rauminhalt V = 1 728 cm^3 = 1,728 dm^3.

7,9 kg · 1,728 = 13,651 2 kg ≈ 13,7 kg

m ≈ 13,7 kg

Der Körper hat eine Masse von rund **13,7 kg**.

Variante über die Dichte:
Die Dichte ϱ des Eisens beträgt 7 900 kg/m^3 = 7,9 kg/dm^3.

$\varrho = \frac{m}{V} \Rightarrow m = \varrho \cdot V$ 7,9 · 1,728 = 13,651 2 ≈ 13,7

m ≈ 13,7 kg

1 dm^3 = 0,001 m^3

1 dm³ = 1 l
1 dm³ = 1 000 cm³

12.10 (Vergleiche mit dem Beispiel 12.9!)

a) $G = \frac{1}{2} \cdot a \cdot a = \frac{a \cdot a}{2}$ 7,8 · 7,8 = 60,84
60,84 : 2 = 30,42

$G = 30{,}42\ \text{cm}^2$

$V = \frac{1}{8}\ \text{l} = 0{,}125\ \text{l} = 125\ \text{cm}^3$

$V = G \cdot h \Rightarrow h = V : G$ 125 : 30,42 = 4,10… ≈ 4,1

h ≈ 4,1 cm

Die Flüssigkeit (das Quecksilber) steht rund **4,1 cm** hoch.

b) Die Masse von 1 m³ = 1 000 l Quecksilber beträgt 13 600 kg, die von 1 dm³ = 1 l (folglich) 13,6 kg.

Die zu berechnende Masse hat einen Rauminhalt $V = \frac{1}{8}\ \text{l} = \frac{1}{8}\ \text{dm}^3$.

$13{,}6\ \text{kg} \cdot \frac{1}{8} = 13{,}6\ \text{kg} : 8 = 1{,}7\ \text{kg}$

m = 1,7 kg

Das Quecksilber hat eine Masse von **1,7 kg**.

Variante über die Dichte:
Die Dichte ϱ des Quecksilbers beträgt 13 600 kg/m³ = 13,6 kg/dm³.

$\varrho = \frac{m}{V} \Rightarrow m = \varrho \cdot V$ $13{,}6 \cdot \frac{1}{8} = 13{,}6 : 8 = 1{,}7$

$m = 1{,}7\ \text{kg}$

Primzahlen < 5 000

2	241	571	919	1 289	1 663	2 081	2 467	2 879	3 329	3 733	4 159	4 637
3	251	577	929	1 291	1 667	2 083	2 473	2 887	3 331	3 739	4 177	4 639
5	257	587	937	1 297	1 669	2 087	2 477	2 897	3 343	3 761	4 201	4 643
7	263	593	941	1 301	1 693	2 089	2 503	2 903	3 347	3 767	4 211	4 649
11	269	599	947	1 303	1 697	2 099	2 521	2 909	3 359	3 769	4 217	4 651
13	271	601	953	1 307	1 699	2 111	2 531	2 917	3 361	3 779	4 219	4 657
17	277	607	967	1 319	1 709	2 113	2 539	2 927	3 371	3 793	4 229	4 663
19	281	613	971	1 321	1 721	2 129	2 543	2 939	3 373	3 797	4 231	4 673
23	283	617	977	1 327	1 723	2 131	2 549	2 953	3 389	3 803	4 241	4 679
29	293	619	983	1 361	1 733	2 137	2 551	2957	3 391	3 821	4 243	4 691
31	307	631	991	1 367	1 741	2 141	2 557	2 963	3 407	3 823	4 253	4 703
37	311	641	997	1 373	1 747	2 143	2 579	2 969	3 413	3 833	4 259	4 721
41	313	643	1 009	1 381	1 753	2 153	2 591	2 971	3 433	3 847	4 261	4 723
43	317	647	1 013	1 399	1 759	2 161	2 593	2 999	3 449	3 851	4 271	4 729
47	331	653	1 019	1 409	1 777	2 179	2 609	3 001	3 457	3 853	4 273	4 733
53	337	659	1 021	1 423	1 783	2 203	2 617	3 011	3 461	3 863	4 283	4 751
59	347	661	1 031	1 427	1 787	2 207	2 621	3 019	3 463	3 877	4 289	4 759
61	349	673	1 033	1 429	1 789	2 213	2 633	3 023	3 467	3 881	4 297	4 783
67	353	677	1 039	1 433	1 801	2 221	2 647	3 037	3 469	3 889	4 327	4 787
71	359	683	1 049	1 439	1 811	2 237	2 657	3 041	3 491	3 907	4 337	4 789
73	367	691	1 051	1 447	1 823	2 239	2 659	3 049	3 499	3 911	4 339	4 793
79	373	701	1 061	1 451	1 831	2 243	2 663	3 061	3 511	3 917	4 349	4 799
83	379	709	1 063	1 453	1 847	2 251	2 671	3 067	3 517	3 919	4 357	4 801
89	383	719	1 069	1 459	1 861	2 267	2 677	3 079	3 527	3 923	4 363	4 813
97	389	727	1 087	1 471	1 867	2 269	2 683	3 083	3 529	3 929	4 373	4 817
101	397	733	1 091	1 481	1 871	2 273	2 687	3 089	3 533	3 931	4 391	4 831
103	401	739	1 093	1 483	1 873	2 281	2 689	3 109	3 539	3 943	4 397	4 861
107	409	743	1 097	1 487	1 877	2 287	2 693	3 119	3 541	3 947	4 409	4 871
109	419	751	1 103	1 489	1 879	2 293	2 699	3 121	3 547	3 967	4 421	4 877
113	421	757	1 109	1 493	1 889	2 297	2 707	3 137	3 557	3 989	4 423	4 889
127	431	761	1 117	1 499	1 901	2 309	2 711	3 163	3 559	4 001	4 441	4 903
131	433	769	1 123	1 511	1 907	2 311	2 713	3 167	3 571	4 003	4 447	4 909
137	439	773	1 129	1 523	1 913	2 333	2 719	3 169	3 581	4 007	4 451	4 919
139	443	787	1 151	1 531	1 931	2 339	2 729	3 181	3 583	4 013	4 457	4 931
149	449	797	1 153	1 543	1 933	2 341	2 731	3 187	3 593	4 019	4 463	4 933
151	457	809	1 163	1 549	1 949	2 347	2 741	3 191	3 607	4 021	4 481	4 937
157	461	811	1 171	1 553	1 951	2 351	2 749	3 203	3 613	4 027	4 483	4 943
163	463	821	1 181	1 559	1 973	2 357	2 753	3 209	3 617	4 049	4 493	4 951
167	467	823	1 187	1 567	1 979	2 371	2 767	3 217	3 623	4 051	4 507	4 957
173	479	827	1 193	1 571	1 987	2 377	2 777	3 221	3 631	4 057	4 513	4 967
179	487	829	1 201	1 579	1 993	2 381	2 789	3 229	3 637	4 073	4 517	4 969
181	491	839	1 213	1 583	1 997	2 383	2 791	3 251	3 643	4 079	4 519	4 973
191	499	853	1 217	1 597	1 999	2 389	2 797	3 253	3 659	4 091	4 523	4 987
193	503	857	1 223	1 601	2 003	2 393	2 801	3 257	3 671	4 093	4 547	4 993
197	509	859	1 229	1 607	2 011	2 399	2 803	3 259	3 673	4 099	4 549	4 999
199	521	863	1 231	1 609	2 017	2 411	2 819	3 271	3 677	4 111	4 561	
211	523	877	1 237	1 613	2 027	2 417	2 833	3 299	3 691	4 127	4 567	
223	541	881	1 249	1 619	2 029	2 423	2 837	3 301	3 697	4 129	4 583	
227	547	883	1 259	1 621	2 039	2 437	2 843	3 307	3 701	4 133	4 591	
229	557	887	1 277	1 627	2 053	2 441	2 851	3 313	3 709	4 139	4 597	
233	563	907	1 279	1 637	2 063	2 447	2 857	3 319	3 719	4 153	4 603	
239	569	911	1 283	1 657	2 069	2 459	2 861	3 323	3 727	4 157	4 621	

669 Primzahlen

2,50 5/22

Schularbeit und Schulrecht

Bei der Nennung von Personen ist – um den Lesefluss nicht zu stören – jeweils die männliche und weibliche Form gemeint.

Nachstehende Informationen entstammen teils wörtlich, teils in gekürzter Form dem Schulunterrichtsgesetz, der Verordnung über die Leistungsbeurteilung (in Pflichtschulen sowie mittleren und höheren Schulen), der Verordnung über die Lehrpläne der allgemein bildenden höheren Schulen und der Verordnung über die Lehrpläne der Hauptschulen.

In der zweiten Klasse beträgt der Zeitrahmen für die Durchführung von Mathematik-Schularbeiten vier bis fünf Unterrichtseinheiten und die Anzahl der Schularbeiten vier bis sechs. Die Festlegung der Anzahl der Schularbeiten erfolgt – vorbehaltlich einer Regelung durch schulautonome Lehrplanbestimmungen – durch den jeweiligen Lehrer.

An einem Tag darf für einen Schüler nur eine Schularbeit vorgesehen sein. Innerhalb von acht Tagen dürfen für einen Schüler höchstens zwei Schularbeiten angesetzt sein. Eine Schularbeit darf nicht an einem Tag, der unmittelbar auf mindestens drei aufeinander folgende unterrichtsfreie Tage folgt, stattfinden. Eine Schularbeit darf nicht an einem Tag, der unmittelbar auf eine mehrtägige Schulveranstaltung (z. B.: Schikurs) bzw. eine schulbezogene Veranstaltung (z. B. ein vom Schulgemeinschaftsausschuss genehmigtes Zeltlager) folgt, stattfinden.

Eine Schularbeit darf nicht nach der vierten Unterrichtsstunde abgehalten werden. Die für die Mathematikschularbeit wichtigen Lehrstoffgebiete müssen mindestens eine Woche vor der Schularbeit bekannt gegeben werden. Der in den letzten beiden Mathematikstunden vor der Schularbeit behandelte neue Lehrstoff darf nicht Gegenstand der Schularbeit sein.

Eine Mathematikschularbeit hat mindestens zwei Aufgaben mit voneinander unabhängigen Lösungen zu enthalten. Die Angabetexte für eine Mathematikschularbeit müssen in vervielfältigter Form vorliegen.

Vorgetäuschte Leistungen, d. h. Leistungen, die z. B. durch Schwindeln oder Abschreiben zustande gekommen sind, sind nicht zu beurteilen. Eine nicht beurteilte Schularbeit zählt wie eine versäumte Schularbeit.

Für die Schularbeiten gibt es die Beurteilungsstufen „Sehr gut“ (1), „Gut“ (2), „Befriedigend“ (3), „Genügend“ (4) und „Nicht genügend“ (5).

Die Schularbeit soll den Schülern innerhalb einer Woche korrigiert und beurteilt zurückgegeben werden.

Wenn die Leistungen von mehr als der Hälfte der Schüler, die an der Schularbeit teilgenommen haben, mit „Nicht genügend“ zu beurteilen sind, so ist die Schularbeit mit neuer Aufgabenstellung aus demselben Lehrstoffgebiet einmal zu wiederholen. Die Wiederholung der Schularbeit soll innerhalb von zwei Wochen nach der Rückgabe der Schularbeit durchgeführt werden. Da der Lehrstoff derselbe ist, muss keine Mindestfrist eingehalten werden. Als Grundlage für die Beurteilung dieser Arbeit ist jene Schularbeit heranzuziehen, bei der der Schüler die bessere Leistung erbracht hat. D. h.: Eine Verschlechterung der Note ist nicht möglich.

Ein Schüler, der mehr als die Hälfte der Schularbeiten (in einem Fach) im Semester versäumt hat, muss eine Schularbeit nachholen. Sind in einem Semester drei Schularbeiten vorgesehen, so ist nicht schon die erste versäumte Schularbeit nachzuholen.

Die freiwillige Wiederholung einer versäumten Schularbeit kann nicht erfolgen.

Nach dem Ende des Schuljahres sind die Schularbeiten ein Jahr lang an der Schule aufzubewahren.

Hinweis:
Umfassende Informationen betreffend das aktuelle Schulrecht kannst du im Internet auf den Schulrecht-Service-Seiten des Bundesministeriums für Unterricht, Kunst und Kultur **http://www.bmukk.gv.at/schulen/recht/index.xml** abrufen.